Effective Java 中文版（原书第3版）

[美] 约书亚 · 布洛克（Joshua Bloch）著
臧秀涛 译

Effective Java (3rd Edition)

人民邮电出版社
北京

图书在版编目（CIP）数据

Effective Java中文版 : 原书第3版 / （美）约书亚·布洛克（Joshua Bloch）著 ; 臧秀涛译. -- 北京 : 人民邮电出版社, 2024.3（2024.4重印）
ISBN 978-7-115-62898-5

Ⅰ. ①E… Ⅱ. ①约… ②臧… Ⅲ. ①JAVA语言－程序设计 Ⅳ. ①TP312.8

中国国家版本馆CIP数据核字(2023)第192620号

版权声明

◆ 著　　[美] 约书亚·布洛克（Joshua Bloch）
译　　臧秀涛
责任编辑　蒋　艳
责任印制　王　郁　胡　南
◆ 人民邮电出版社出版发行　　北京市丰台区成寿寺路 11 号
邮编　100164　　电子邮件　315@ptpress.com.cn
网址　https://www.ptpress.com.cn
涿州市京南印刷厂印刷
◆ 开本：787×1092　1/16
印张：17.75　　2024 年 3 月第 1 版
字数：417 千字　　2024 年 4 月河北第 2 次印刷
著作权合同登记号　图字：01-2023-1918 号

定价：99.80 元

读者服务热线：(010)81055410　印装质量热线：(010)81055316
反盗版热线：(010)81055315
广告经营许可证：京东市监广登字 20170147 号

内 容 提 要

本书是经典 Jolt 获奖作品 *Effective Java* 的第 3 版，对上一版进行了全面更新，涵盖了从 Java 5 到 Java 9 的种种特性，是 Java 开发人员不可缺少的一本参考书。

本书分为 12 章，包含 90 个条目，形式简洁。每个条目都讲述了对 Java 的独到见解，阐明了如何编写高效、优雅的程序，并且提供了清晰、易懂的示例代码。与上一版相比，本书增加了 Lambda 表达式、流、Optional 类、接口默认方法、`try`-with-resources、`@SafeVarargs` 注解、模块等 Java 7 及后续版本所引入的新特性。本书介绍了如何充分利用泛型、枚举、注解、自动装箱、for-each 循环、可变参数、并发机制等各种特性，帮助读者更加有效地使用 Java 编程语言及其基本类库（`java.lang`、`java.util` 和 `java.io`），以及子包（如 `java.util.concurrent` 和 `java.util.function` 等）。

本书并非面向 Java 初学者，而是要求读者有一定的 Java 编程经验。对在 Java 开发方面已经积累一定经验的读者而言，本书可以帮助其更深入地理解 Java 编程语言，以成为更高效、卓越的 Java 开发人员。

内容提要

[illegible]

[illegible]

[illegible]

作 者 简 介

约书亚·布洛克（Joshua Bloch）是美国卡内基-梅隆大学教授，曾是Google公司首席Java架构师、Sun公司杰出工程师和Transarc公司高级系统设计师。他带领团队设计和实现过大量的Java平台特性，包括JDK 5.0语言增强版和获奖的Java Collections Framework。他拥有哥伦比亚大学的计算机科学学士学位和卡内基-梅隆大学的计算机科学博士学位。他的著作还包括*Java Puzzlers*和《Java并发编程实战》（*Java Concurrency in Practice*，曾获Jolt大奖提名）等。

序

如果同事用英语对你说："Spouse of me this night today manufactures the unusual meal in a home. You will join?"你的脑海中可能会接连闪过 3 个念头：第一，他说的是什么；第二，英语肯定不是他的母语；第三，他要请我去他家里吃饭。

如果曾经学习过第二门语言，并试过在课外使用这门语言，你就会知道有 3 件事情是必须掌握的：这门语言是如何组织的（语法），如何命名想要谈论的事物（词汇），以及如何以符合习惯且高效的方式来表达日常事物（用法）。课堂上往往只讲前两点，第三点却很少涉及。所以当你尽力让别人听懂你的话时，却发现母语人士在强忍着不笑出来。

编程语言也是如此。你需要了解核心语言：它是算法式的、函数式的，还是面向对象的？你需要知道它的词汇：标准类库提供了哪些数据结构、运算和功能？你还需要熟悉如何以符合习惯且高效的方式来组织代码。关于编程语言的图书通常只涉及前两点，或者只是零星地探讨一些用法。之所以会出现这样的情况，也许是因为与前两点相关的图书写起来更容易。语法和词汇是语言本身的属性，而语言的使用习惯则是使用这门语言的群体具有的特征。

例如，Java 编程语言是支持单继承的面向对象语言，在方法内支持命令式（面向语句）的编程风格。Java 类库提供了对图形显示、网络、分布式计算和安全性的支持。但如何将这门语言以更好的方式应用于实践呢？

还有一点，程序与口语中的句子不同，也与大多数图书和杂志不同，它很可能会随着时间的推移而改变。仅仅编写出可以高效运行并且容易被其他人理解的代码往往还不够，还必须将代码组织得易于修改。对于某个任务 T，可能有 10 种编写代码的方式。而在这 10 种方法中，可能有 7 种是笨拙、低效或令人费解的。那在剩下的 3 种方法中，对于下一年度发布的软件版本中的任务 T'，哪一种需要的修改最少呢？

有大量的图书可用于学习 Java 语言的语法，包括 Arnold、Gosling 与 Holmes 合著的《Java 编程语言》（*The Java Progamming Language*），以及 Gosling、Joy、我还有 Bracha 等人合著的《Java 语言规范》（*The Java Language Specification*）。同样，介绍 Java 语言相关的类库和 API 的书也非常多。

本书将解决你的第三类需求：符合习惯且高效的用法。本书作者约书亚 · 布洛克（Joshua Bloch）在 Sun 公司多年来一直在扩展、实现和使用 Java 编程语言；他也大量阅读过其他人编写的代码，包括我的。在本书中，他提供了许多很好的建议，而且将其系统性地组织起来，告诉我们如何组织自己的代码，使其运行良好，使别人容易理解，使未来的修改和改进不那么让人头疼，甚至使我们的程序变得优雅，令人赏心悦目。

Guy L. Steele Jr.
马萨诸塞州伯灵顿
2001 年 4 月

序

前　言

第 3 版前言

1997 年，当时 Java 刚诞生不久，Java 之父詹姆斯·戈斯林（James Gosling）将其描述为一种“相当简单”的“蓝领语言”[Gosling97]。大约同时，C++之父本贾尼·斯特劳斯特鲁普（Bjarne Stroustrup）将 C++描述为一种“多范式语言”，“有意和那些只支持以一种范式编写程序的语言区分开来”[Stroustrup95]。斯特劳斯特鲁普给出警示：

> 和大多数新语言一样，Java 所谓的相对简单，一部分是出于幻觉，另一部分是因为它尚不完备。随着时间的推移，Java 的规模和复杂性将大大增加。它的规模将变成原来的两到三倍，与实现相关的扩展或类库也会增加。

现在，20 年过去了，公平地讲，戈斯林和斯特劳斯特鲁普都是正确的。Java 现在变得庞大且复杂，从并行执行到迭代，再到日期和时间的表示，许多事物都有了多种抽象。

尽管随着平台的发展，我的热情已经不像当初那样火热，但我仍然喜欢 Java。随着 Java 的规模和复杂性不断增加，读者对适用于新情况的最佳实践指南的需求更为迫切。在本书中，我尽己所能为读者提供了这样一本指南。希望这个版本能够在延续前两个版本的理念的前提下继续满足读者的需求。

小即是美，但简单不等于容易。

Joshua Bloch
加利福尼亚州圣何塞
2017 年 11 月

附言：如果不提一下最近占用了我相当多时间的一个全行业最佳实践，那就说不过去了。自从 20 世纪 50 年代计算机行业诞生以来，我们一直在自由地重新实现彼此的 API（Application Programming Interface）。这一实践对计算机技术的迅猛发展非常关键。我积极致力于保护这种自由[CompSci17]，并鼓励你们也加入进来。为了让我们的行业持续健康发展，保留重新实现彼此 API 的权利是至关重要的。

第 2 版前言

自从我在 2001 年写了本书的第 1 版之后，Java 平台又发生了很多变化，现在是时候出第 2 版了。最重要的变化是 Java 5 增加了泛型、枚举类型、注解、自动装箱和 for-each 循环。紧随其后的是 Java 5 新增加的并发类库——`java.util.concurrent`。我有幸与吉拉德·布拉查（Gilad Bracha）一起领导了设计这些新语言特性的团队。我还有幸加入了由道格·利（Doug Lea）领导的设计和开发并发类库的团队。

Java 平台的另一个较大的变化是现代集成开发环境（Integrated Development Environment，IDE），如 Eclipse、IntelliJ IDEA 和 NetBeans，以及静态分析工具（如 FindBugs）的广泛采用。

虽然我没有参与这些工作，但也从中受益匪浅，了解到它们是如何影响 Java 开发体验的。

2004 年，我离开 Sun 公司，加入了 Google 公司，但在过去的 4 年里，我继续参与了 Java 平台的开发，在 Google 和 JCP（Java Community Process）的帮助之下，继续开发并发和集合 API。我还有幸使用 Java 平台来开发 Google 内部使用的类库，了解了作为用户的感受。

正如我在 2001 年写第 1 版时一样，我的主要目标是分享自己的经验，使读者可以效仿我成功的地方，同时规避我犯过的错误。本书继续大量使用了来自 Java 平台类库的真实案例。

第 1 版的成功远超预期，我尽力在保持其理念的基础上，涵盖所有必要的新资料，使本书的内容保持最新。本书的篇幅不可避免地有所增加，条目从 57 个增加到 78 个。我不仅增加了 23 个条目，而且彻底修订了第 1 版的内容，还删掉了一些过时的条目。在附录中，大家可以看到第 2 版与第 1 版所用资料的对照情况。

我在第 1 版的前言中说过，Java 编程语言及其类库对于提高软件质量和生产力很有帮助，使用起来也令人愉悦。Java 5 和 Java 6 中的变化使平台变得更好了。现在的平台比 2001 年时要大得多，也更复杂，但一旦学会使用新特性的模式和习惯用法，我们的程序会变得更好，我们的生活也会变得更轻松。希望第 2 版能体现我对 Java 平台持续的热情，并帮助读者更高效、更愉快地使用 Java 平台及其新功能。

Joshua Bloch
加利福尼亚州圣何塞
2008 年 4 月

第 1 版前言

1996 年，我放弃一切前往西部，加入了 Sun 公司的 JavaSoft 部门，这是当时众所周知的充满活力和创新的地方。在接下来的 5 年，我担任了 Java 平台类库的架构师。我设计、实现和维护过许多类库，也为其他许多类库提过意见。能够在 Java 平台不断成熟的过程中主持这些类库的设计工作，这样的机会千载难逢。毫不夸张地说，我有幸与很多这个时代最伟大的软件工程师一起工作。在这个过程中，关于 Java 语言，我学到了很多很多——哪些行得通，哪些行不通，以及怎样使用 Java 语言及其类库能取得最好的效果。

本书是我的一次尝试，我想和读者分享自己的经验，使读者可以效仿我成功的地方，同时规避我犯过的错误。我借鉴了斯科特·迈尔斯（Scott Meyers）的 *Effective C++*一书的格式，该书包含 50 个条目，每个条目讲解一条可以帮我们改进程序和设计的特定规则。我觉得这种格式非常好，希望读者也能喜欢。

在很多情况下，我冒昧地使用了 Java 平台类库中的真实案例来说明这些条目。在描述一些本该做得更好的地方时，我尽量选择自己编写的代码，不过偶尔也会用到其他同事的代码。尽管我做了最大的努力，但是如果无意冒犯到任何人，我在此致以最诚挚的歉意。引用反面的例子不是为了指责，而是本着合作的精神，让我们都能从前人的经验中获益。

尽管本书不是专为负责开发可复用组件的程序员编写的，但我过去 20 年来编写此类组件的经验，不可避免地会在本书中有所体现。我会很自然地从导出 API（Application Programming Interface）的角度思考问题，建议读者也这样做。即使不是在开发可复用组件，从这样的角度思考往往也能提高所编写软件的质量。此外，在不知不觉中写出一个可复用组件，这样的情况也不少见：写了某个有用的东西，将其分享给对面的朋友，很快就有了几位用户，然后使用的人越来越多。这时，你就不能再随心所欲地改变这个 API 了，你会感谢刚开始编写这个软件时为设计 API 所付出的一切努力。

轻量级软件开发方法论（如极限编程）的热衷者可能看不惯我对 API 设计的这种关注。这些方法论强调编写可以工作的最简单的程序。如果你正在使用某个这样的方法论，你会发现，对 API 设计的关注对重构（refactoring）过程很有帮助。重构的基本目标是改善系统结构和避免代码冗余。如果系统组件没有精心设计的 API，这些目标是不可能实现的。

没有哪种语言是完美的，但有些语言非常优秀。我发现 Java 编程语言及其类库对于提高软件质量和生产力很有帮助，使用起来也令人愉悦。希望这本书能够带着我的热情，帮助你更高效、更愉快地使用这种语言。

Joshua Bloch
加利福尼亚州库比蒂诺
2001 年 4 月

致　谢

第 3 版致谢

感谢本书第 1 版和第 2 版的读者对本书的包容以及热情的接纳，感谢他们将本书传达的理念记在心里，感谢他们让我知道本书给他们和他们的工作带来的积极影响。感谢在课程中使用这本书的众多教授，感谢采用这本书的众多工程团队。

感谢 Addison-Wesley 和 Pearson 的整个团队，感谢他们的友好、专业、耐心，以及在极大压力之下表现出的优雅。在整个出版过程中，编辑 Greg Doench 始终镇定自若，他是一位优秀的编辑，也是一位完美的绅士。恐怕他会因为本书的出版过程平添几多白发，对此我深表歉意。项目经理 Julie Nahil 和项目编辑 Dana Wilson 也都是理想的人选，他们勤奋、利索、做事有条理而且待人和气。文字编辑 Kim Wimpsett，一丝不苟，品位高雅。

我再次得到了我所能想象的最好的审校团队的支持，真诚地感谢其中的每一位。核心团队几乎审校了每一个章节，他们包括 Cindy Bloch、Brian Kernighan、Kevin Bourrillion、Joe Bowbeer、William Chargin、Joe Darcy、Brian Goetz、Tim Halloran、Stuart Marks、Tim Peierls 以及 Yoshiki Shibata。其他审校人员包括 Marcus Biel、Dan Bloch、Beth Bottos、Martin Buchholz、Michael Diamond、Charlie Garrod、Tom Hawtin、Doug Lea、Aleksey Shipilëv、Lou Wasserman 以及 Peter Weinberger。这些审校人员提出了许多建议，使本书得到很大的改进，也让我避免了很多尴尬。

特别感谢 William Chargin、Doug Lea 和 Tim Peierls，他们为本书中的很多想法提供了反馈，他们毫不吝惜地奉献了自己的时间和学识。

最后，我要感谢我的妻子 Cindy Bloch，感谢她鼓励我写作，感谢她不仅阅读了初稿中的每个条目，还为本书编写了索引，感谢她帮我处理好写书过程中出现的各种大大小小的问题，感谢她在我写作时对我的包容。

第 2 版致谢

感谢本书第 1 版的读者对本书的包容以及热情的接纳，感谢他们将本书传达的理念记在心里，感谢他们让我知道本书给他们和他们的工作带来的积极影响。感谢在课程中使用这本书的众多教授，感谢采用这本书的众多工程团队。

感谢 Addison-Wesley 和 Pearson 的整个团队，感谢他们的友好、专业、耐心，以及在极大压力之下表现出的优雅。在整个出版过程中，编辑 Greg Doench 始终镇定自若，他是一位优秀的编辑，也是一位完美的绅士。制作经理 Julie Nahil，具备一个制作经理该有的一切：勤奋、利索、做事有条理而且待人和气。文字编辑 Barbara Wood，一丝不苟，品位高雅。

我再次得到了我所能想象的最好的审校团队的支持，真诚地感谢其中的每一位。核心团队审校了每一个章节，他们包括 Lexi Baugher、Cindy Bloch、Beth Bottos、Joe Bowbeer、Brian Goetz、Tim Halloran、Brian Kernighan、Rob Konigsberg、Tim Peierls、Bill Pugh、Yoshiki Shibata、Peter Stout、Peter Weinberger 以及 Frank Yellin。其他审校人员包括 Pablo Bellver、Dan Bloch、Dan Bornstein、Kevin Bourrillion、Martin Buchholz、Joe Darcy、Neal Gafter、Laurence Gonsalves、Aaron Greenhouse、Barry Hayes、Peter Jones、Angelika Langer、Doug Lea、Bob Lee、Jeremy Manson、Tom May、Mike McCloskey、Andriy Tereshchenko 以及 Paul Tyma。这些审校人员提出了许多建议，使本书得到很大的改进，也让我避免了很多尴尬。再次强调，书中仍然存在的任何问题都是我的责任。

特别感谢 Doug Lea 和 Tim Peierls，他们为本书中的很多想法提供了反馈，他们毫不吝惜地奉献了自己的时间和学识。

感谢我在 Google 公司的经理 Prabha Krishna，感谢她持续不断的支持和鼓励。

最后，我要感谢我的妻子 Cindy Bloch，感谢她鼓励我写作，感谢她不仅阅读了初稿中的每个条目，还帮我使用 FrameMaker 进行排版，并且为本书编写了索引，感谢她帮我处理好写书过程中出现的各种大大小小的问题，感谢她在我写作时对我的包容。

第 1 版致谢

感谢 Patrick Chan 建议我写这本书，并将该想法告诉了该系列图书的总编辑 Lisa Friendly、该系列图书的技术编辑 Tim Lindholm 以及 Addison-Wesley 的执行编辑 Mike Hendrickson。感谢 Lisa、Tim 和 Mike 鼓励我继续这个项目，感谢他们对我能写完这本书所保持的超常的耐心和坚定的信念。

感谢 James Gosling 和他的初创团队，让我有了这么好的素材，也感谢追随 James 脚步的诸多 Java 平台工程师。特别要感谢 Sun 公司 Java 平台工具和类库部门的同事，感谢他们的见解、鼓励和支持。这个团队由 Andrew Bennett、Joe Darcy、Neal Gafter、Iris Garcia、Konstantin Kladko、Ian Little、Mike McCloskey 和 Mark Reinhold 组成，前成员还包括 Zhenghua Li、Bill Maddox 和 Naveen Sanjeeva。

感谢我的经理 Andrew Bennett 和我的总监 Larry Abrahams，感谢他们对写作这本书的充分和热情的支持。感谢 Java Software 工程副总裁 Rich Green，感谢他为工程师提供的可以自由地进行创造性思考并发表其成果的环境。

感谢我所能想象到的最好的审校团队的支持，真诚地感谢其中的每一位：Andrew Bennett、Cindy Bloch、Dan Bloch、Beth Bottos、Joe Bowbeer、Gilad Bracha、Mary Campione、Joe Darcy、David Eckhardt、Joe Fialli、Lisa Friendly、James Gosling、Peter Haggar、David Holmes、Brian Kernighan、Konstantin Kladko、Doug Lea、Zhenghua Li、Tim Lindholm、Mike McCloskey、Tim Peierls、Mark Reinhold、Ken Russell、Bill Shannon、Peter Stout、Phil Wadler 以及两位未署名的审校人员。这些审校人员提出了许多建议，使本书得到很大的改进，也让我避免了很多尴尬。书中仍然存在的任何问题都是我的责任。

很多同行（有在 Sun 公司的，也有不在 Sun 公司的）参与了本书的技术审校，帮助提高了本书的质量。其中，Ben Gomes、Steffen Grarup、Peter Kessler、Richard Roda、John Rose 和 David Stoutamire 都提供了非常有用的见解。特别感谢 Doug Lea，他为本书中的很多想法提供了反馈，他毫不吝惜地奉献了自己的时间和学识。

感谢 Julie Dinicola、Jacqui Doucette、Mike Hendrickson、Heather Olszyk、Tracy Russ

以及 Addison-Wesley 的整个团队，感谢他们的支持和专业。即使在一个几乎不可能完成的时间进度下，他们也总是友好和包容。

感谢 Guy Steele 为本书撰写了序言。我很荣幸他能参与到这本书中来。

最后，感谢我的妻子 Cindy Bloch，感谢她鼓励以及偶尔催促我写这本书，感谢她阅读了初稿中的每个条目，感谢她帮我使用 FrameMaker 进行排版，感谢她为本书编写索引，感谢她在我写作时对我的包容。

资源与支持

资源获取

本书提供思维导图等资源，要获得以上资源，您可以扫描下方二维码，根据指引领取。

提交勘误

作译者和编辑尽最大努力来确保书中内容的准确性，但难免会存在疏漏。欢迎您将发现的问题反馈给我们，帮助我们提升图书的质量。

当您发现错误时，请登录异步社区（https://www.epubit.com/），按书名搜索，进入本书页面，点击“发表勘误”，输入勘误信息，点击“提交勘误”按钮即可（见下图）。本书的作者和编辑会对您提交的勘误进行审核，确认并接受后，您将获赠异步社区的100积分。积分可用于在异步社区兑换优惠券、样书或奖品。

图书勘误　　发表勘误

页码：1　　页内位置（行数）：1　　勘误印次：1

图书类型：◉ 纸书　○ 电子书

添加勘误图片（最多可上传4张图片）

+　　提交勘误

全部勘误　　我的勘误

与我们联系

我们的联系邮箱是 contact@epubit.com.cn。

如果您对本书有任何疑问或建议，请您发邮件给我们，并请在邮件标题中注明本书书名，以便我们更高效地做出反馈。

如果您有兴趣出版图书、录制教学视频，或者参与图书翻译、技术审校等工作，可以发邮件给本书的责任编辑（sunzhesi@ptpress.com.cn）。

如果您所在的学校、培训机构或企业，想批量购买本书或异步社区出版的其他图书，也可以发邮件给我们。

如果您在网上发现有针对异步社区出品图书的各种形式的盗版行为，包括对图书全部或部分内容的非授权传播，请您将怀疑有侵权行为的链接发邮件给我们。您的这一举动是对作者权益的保护，也是我们持续为您提供有价值的内容的动力之源。

关于异步社区和异步图书

"异步社区"（www.epubit.com）是由人民邮电出版社创办的 IT 专业图书社区，于 2015 年 8 月上线运营，致力于优质内容的出版和分享，为读者提供高品质的学习内容，为作译者提供专业的出版服务，实现作者与读者在线交流互动，以及传统出版与数字出版的融合发展。

"异步图书"是异步社区策划出版的精品 IT 图书的品牌，依托于人民邮电出版社在计算机图书领域 30 余年的发展与积淀。异步图书面向 IT 行业以及各行业使用 IT 技术的用户。

目　录

第1章　引言

本书旨在帮助读者高效使用 Java 编程语言及其基础类库 java.lang、java.util 和 java.io，以及诸如 java.util.concurrent 和 java.util.function 等子包。本书也会不时讨论其他类库。

本书共包含 90 个条目，每个条目都会讨论一条规则。这些规则体现了优秀且有经验的程序员通常会坚持的一些有益做法。本书将这些条目大致划分为 11 个章节，每个章节会涉及软件设计的某个具体方面。因此，不一定需要按部就班地从头到尾阅读，每个条目基本都是独立的。这些条目之间有很多交叉引用，因此可以轻松地找到自己需要的内容。

自本书的上一个版本出版以来，Java 平台又增加了很多新特性。本书中的大部分条目都以某种方式使用了这些特性。表 1-1 列出了这些主要特性会在哪些条目中讲解。

表 1-1　主要特性对应的条目

特　性	条　目	发行版本
Lambda 表达式	条目 42～44	Java 8
Stream 流	条目 45～48	Java 8
Optional 类	条目 55	Java 8
接口默认方法	条目 21	Java 8
try-with-resources	条目 9	Java 7
@SafeVarargs 注解	条目 32	Java 7
Module 模块化	条目 15	Java 9

大多数条目都会通过程序示例加以说明。本书有个突出的特点，就是包含了很多用来说明设计模式（Design Pattern）和习惯用法（Idiom）的代码示例。本书还会在适当的地方提供与这一领域的标准参考文献《设计模式：可复用面向对象软件的基础》（*Design Patterns: Elements of Reusable Object-Oriented Software*）[Gamma95]一书的交叉引用。

许多条目还会包含一个或多个程序示例，用来说明在实践中应该避免的做法。这类例子，有时被称为反模式（Antipattern），在注释中会被清楚地标注为“// 不要这样做!”。在每一种情况下，对应的条目都会解释为什么这样做不好，并提供替代方案。

本书不适合初学者，而是假设读者已经熟悉 Java。如果你还不熟悉，可以考虑选择一本优秀的 Java 入门书，如彼得·塞斯措夫特（Peter Sestoft）的 *Java Precisely* [Sestoft16]。本书适合任何有 Java 基本知识的人阅读，同时也能使高级程序员从中得到启发。

本书中的大多数规则都源于几条基本原则。清晰性和简洁性最为重要：组件的行为不能使用户感到意外。组件应该尽可能小，但也不能过小。[1]代码应该被复用，而不是被复制。组件之间的依赖性应保持在最低限度。错误越早被检测出来越好，最好是在编译时就被发现并解决。

虽然本书中的规则并不能百分之百适用于任何情况，但它们确实是绝大多数情况下的最佳编程实践。你并不应该一味遵循这些规则，但是如果偶尔需要打破它们，也一定要有充分的理由。学习编程的艺术，就像学习其他大多数学科一样，都是先学习规则，然后再学习何时打破这些规则。

本书的大部分内容并不是讨论性能的，而是关注如何编写出清晰、正确、可用、健壮、灵活和可维护的程序。如果能够编写出这样的程序，那么要得到所需要的性能，往往也就比较简单了（**条目 67**）。有些条目确实讨论了性能问题，有的还提供了性能数据。这些数据，书中会加上“在我的机器上”这样的字眼，因此最多只能将其视作近似值。

有必要介绍一下我的计算机，这是一台有些年头的组装机，CPU 是四核 Intel Core i7-4770K，主频为 3.5GHz，内存是 16GB 的 DDR3-1866 CL9，操作系统是 Microsoft Windows 7 Professional SP1（64 位），运行的 OpenJDK 是 Azul 的 Zulu 9.0.0.15。

在讨论 Java 编程语言及其类库的特性时，有时候需要指出具体的发行版本。为方便起见，本书没有使用正式的版本名称，而是选择使用简称。表 1-2 列出了正式版本名称和本书所用简称之间的对应关系。

表 1-2　正式版本名称对应的简称

正式版本名称	简　称
JDK 1.0.x	Java 1.0
JDK 1.1.x	Java 1.1
Java 2 Platform, Standard Edition, v1.2	Java 2
Java 2 Platform, Standard Edition, v1.3	Java 3
Java 2 Platform, Standard Edition, v1.4	Java 4
Java 2 Platform, Standard Edition, v5.0	Java 5
Java Platform, Standard Edition 6	Java 6
Java Platform, Standard Edition 7	Java 7
Java Platform, Standard Edition 8	Java 8
Java Platform, Standard Edition 9	Java 9

书中的示例相对完整，但是当完整性和可读性不可兼得时，会优先保证可读性。示例会直接使用 `java.util` 和 `java.io` 包中的类。要编译这些示例，需要在代码中添加一行或多行 `import` 声明，或其他类似的样板代码。异步社区网站提供了每个示例的完整版本，读者可以直接编译和运行。

在大多数情况下，本书会使用《Java 语言规范：基于 Java SE 8》（*The Java Language Specification, Java SE 8 Edition*）[JLS]中定义的技术术语。有几个术语值得特别提一下。Java

[1] 在本书中，术语组件（Component）是指任何可复用的软件元素，小到单个方法，大到由多个包组成的复杂框架，都可以是一个组件。

语言支持 4 种类型：*接口*（包括注解）、*类*（包括枚举）、*数组*和*基本类型*。前 3 种被称为*引用类型*（reference type）。类的实例和数组都是*对象*（object），而基本类型的值不是。类的*成员*（member）由其*字段*（field）、*方法*（method）、*成员类*（member class）和*成员接口*（member interface）组成。方法的*签名*（signature）由其名称及其形式参数的类型组成；签名不包括方法的返回类型。

本书也使用了一些与《Java 语言规范：基于 Java SE 8》不同的术语。例如，本书会将*继承*（inheritance）用作*子类化*（subclassing）的同义词。本书没有对接口使用继承这一术语，而是简单地表达为一个类*实现*（implement）了一个接口，或者一个接口*扩展*（extend）了另一个接口。对于没有指定访问级别的情况，本书会使用传统的*包私有*（package-private）这个术语，而没有使用技术上更严谨的*包访问*（package access）[JLS, 6.6.1]。

本书还使用了一些在《Java 语言规范：基于 Java SE 8》中没有定义的术语。术语*导出 API*（exported API），或者简单地说就是 API，指的是类、接口、构造器、成员以及序列化形式（serialized form），程序员可以通过它们访问类、接口或者包。[①]使用 API 编写程序的程序员，称为该 API 的*用户*（user）。如果某个类的实现中用到了一个 API，则称该类为这个 API 的*客户端*（client）。

类、接口、构造器、成员和序列化形式统称为 *API 元素*（API element）。导出 API 由所有可在定义这个 API 的包之外访问的 API 元素构成。任何客户端都可以使用这些 API 元素，而 API 的创建者负责支持它们。并非巧合的是，Javadoc 工具在其默认操作模式下生成的文档中也会包含这些元素。笼统地讲，一个包的导出 API，是由该包中的每个公有（`public`）类或接口中公有的和受保护的（`protected`）成员及构造器组成的。

Java 9 向 Java 平台引入了*模块系统*（module system）。如果一个类库使用了模块系统，其导出 API 就是该类库的模块声明导出的所有包的导出 API 的组合。

① 术语 API 是 Application Programming Interface 的缩写，这里会优先使用这个术语，而不是更常见的术语*接口*，以避免和 Java 语言中的 `interface` 这个概念混淆。

第2章　创建和销毁对象

本章关注的是创建和销毁对象：何时和如何创建对象，何时和如何避免创建对象，如何确保对象及时销毁，以及如何管理在对象销毁之前必须进行的各种清理动作。

条目1：用静态工厂方法代替构造器

在设计类时，传统方法是为其提供公有的构造器，从而让客户端通过这样的构造器来得到其实例。还有一种每个程序员都应该掌握的技术：让类提供一个公有的*静态工厂方法*（static factory method），就是一个用来返回这个类的实例的静态方法。下面是来自 `Boolean` 类（基本类型 `boolean` 的*封装类*）的一个简单示例。该方法会将 `boolean` 基本类型值转换为 `Boolean` 对象引用：

```
public static Boolean valueOf(boolean b) {
    return b ? Boolean.TRUE : Boolean.FALSE;
}
```

请注意，静态工厂方法与《设计模式：可复用面向对象软件的基础》[Gamma95]一书中的*工厂方法*（Factory Method）模式并不相同。这里描述的静态工厂方法在该书中没有直接的对应。

在设计类时，可以将静态工厂方法作为公有的构造器的替代或补充，供客户端使用。提供前者而非后者，有利也有弊。

静态工厂方法的第一个优点是，与构造器不同，它们有名称。如果构造器的参数本身不能清晰地描述所返回对象的信息，相比之下，如果使用静态工厂方法，而且给它精心挑选一个名称，使用起来就会更容易，调用该方法的客户端的代码可读性也会更好。例如，构造器 `BigInteger(int, int, Random)` 会返回一个为*可能素数*（probable prime）的 `BigInteger`，但如果用一个名为 `BigInteger.probablePrime` 的静态工厂方法来表示，效果会更好。①

一个类只能有一个带有特定签名的构造器。有的程序员会通过改变参数列表中参数类型的顺序，来提供两个不同的构造器，从而绕开这一限制。此举并不可取。对于这样的 API，用户根本记不住该用哪个构造器，调用了错误的构造器也在所难免。而且在阅读使用了这些构造器的代码时，如果不参考该类的文档，往往很难理解其作用。

静态工厂方法有名称，也就不存在前面讨论的这些限制了。如果类需要多个带有相同签名的构造器，就可以用精心选择了不同名称的多个静态工厂方法来代替，从而让区别看起来更加明显。

静态工厂方法的第二个优点是，与构造器不同，不用在每次被调用时都创建一个新对象。这就使得不可变类（**条目17**）可以使用预先构建好的实例，或者在构建实例时将其缓

① 这个方法是在 Java 4 中增加的。

存下来并反复分发，以避免创建不必要的重复对象。`Boolean.valueOf(boolean)` 就是一个例子，该方法不会创建对象。这种技术和享元（Flyweight）模式[Gamma95]类似。如果程序经常请求创建相同的对象，特别是当创建对象的开销非常大时，利用这种技术可以极大地提高性能。

对于重复多次的调用，静态工厂方法可以返回同一个对象，这就使得不管在什么时候，类都能严格控制存在哪些实例。这样的类被称为*实例受控*（instance-controlled）的类。为什么需要编写实例受控的类呢？原因有以下几点。首先，可以确保一个类是 Singleton（**条目 3**），或是不可实例化的（**条目 4**）。其次，可以实现一个不可变的值类（**条目 17**），保证不存在两个相同的实例。所谓相同，就是当且仅当 `a == b` 时，`a.equals(b)` 才为 `true`。这是*享元模式*的基础[Gamma95]。比如枚举（enum）类型（**条目 34**）就可以保证这一点。

静态工厂方法的第三个优点是，与构造器不同，它们可以返回所声明的返回类型的任何子类型的对象。这样在选择返回对象的类时，就有了很大的灵活性。

这种灵活性有一种应用是，不用将类设计为公有的，就可以让 API 返回这个类的对象。以这种方式将实现类隐藏起来，API 会非常简洁。这种技术适用于*基于接口的框架*（**条目 20**），因为在这种框架中，接口为静态工厂方法提供了自然的返回类型。

在 Java 8 之前，接口中不能包含静态方法。按照惯例，接口 `Type` 的静态工厂方法会被放到一个名为 `Types` 的、不可实例化的*伴生类*（**条目 4**）中。例如，Java 集合类框架（Java Collections Framework）为其中的接口提供了 45 个工具类实现，分别提供了不可修改集合、同步集合，等等。几乎所有这些实现都是通过一个不可实例化的类（`java.util.Collections`）中的静态工厂方法导出的。所返回对象的类都是非公有的。

如果将这 45 个工具类都设计为公有的，那么与目前的这种设计相比，集合类框架就会大出很多。这种设计不仅减小了 API 的体积，还降低了用户的心智负担，程序员为了使用这个 API 而必须掌握的概念，在数量和难度上都降低了。程序员知道所返回的对象会完全遵循其接口指定的 API，因此不需要额外阅读其实现类的文档。此外，使用这样的静态工厂方法，客户端就必须通过接口而不是实现类来引用返回的对象，这是一种好习惯（**条目 64**）。

从 Java 8 开始就没有“接口中不能包含静态方法”这样的限制了，因此通常不再需要为接口专门提供一个不可实例化的伴生类。原先放在伴生类中的很多公有的静态成员，应该被放在接口中。然而需要注意的是，仍然有必要将这些静态方法背后的大部分实现代码，放在一个单独的、包私有的类中。这是因为，Java 8 仍然要求接口中的所有静态成员都是公有的。Java 9 支持私有的静态方法，但是静态字段和静态成员类仍然必须是公有的。

静态工厂方法的第四个优点是，在方法每次被调用时，所返回对象的类可以随输入参数的不同而改变。所声明的返回类型的任何子类型都是被允许的。在不同的 Java 发行版本中，所返回对象的类也可以不同。

`EnumSet` 类（**条目 36**）没有公有的构造器，只有静态工厂方法。在 OpenJDK 的实现中，根据底层枚举类型的元素数量，它们会返回两个子类之一的实例：如果元素数量小于或等于 64，就像大多数枚举类型那样，静态工厂方法会返回一个 `RegularEnumSet` 实例，其底层是一个 `long` 类型的值；如果数量大于 64，该工厂方法会返回一个 `JumboEnumSet` 实例，其底层是一个 `long` 数组。

这两个实现类的存在对客户端来说是不可见的。如果对于小型的枚举类型，`RegularEnumSet` 的性能优势不复存在，这个类就有可能在未来的发行版本中被删除，而这不会造成任何不良影响。同样地，如果能提升性能，未来的发行版本中可能会添加 `EnumSet` 的第三个甚至第四个实现。客户端既不知道，也不关心它们从这个静态工厂方法得到的对象的具体的类，它们只关心一点：该类是 `EnumSet` 的某个子类。

静态工厂方法的第五个优点是，在编写包含该方法的类时，所返回对象的类并不一定要存在。这种灵活的静态工厂方法构成了*服务提供者框架*（Service Provider Framework）的基础，例如 Java 数据库连接（Java Database Connectivity，JDBC）API。服务提供者框架是一个系统，在这个系统中，多个提供者都可以实现某项服务，而系统会将这些实现都提供给客户端，从而使客户端与实现解耦。

服务提供者框架有三个基本组件：*服务接口*（Service Interface），它代表一个实现；*提供者注册* API（Provider Registration API），提供者用它将实现注册到框架中；以及*服务访问* API（Service Access API），客户端用它来获取这个服务的实例。服务访问 API 支持客户端指定一些条件来选择某个实现。如果没有指定，API 可以返回一个默认实现的实例，或让客户端先遍历所有可用的实现，然后再作出选择。服务访问 API 就是灵活的静态工厂，构成了服务提供者框架的基础。

服务提供者框架还有一个可选的组件，就是*服务提供者接口*（Service Provider Interface），它代表的是负责生成服务接口实例的工厂对象。在没有服务提供者接口的情况下，实现必须通过反射来进行实例化（**条目 65**）。以 JDBC 为例，`Connection` 扮演的是服务接口的角色，`DriverManager.registerDriver` 是提供者注册 API，`DriverManager.getConnection` 是服务访问 API，而 `Driver` 是服务提供者接口。

服务提供者框架模式有很多变体。例如，服务访问 API 可以向客户端返回一个比提供者要求的更丰富的服务接口。这就是*桥接*（Bridge）模式[Gamma95]。依赖注入框架（**条目 5**）可以被看作功能强大的服务提供者。从 Java 6 开始，Java 平台引入了一个通用的服务提供者框架，即 `java.util.ServiceLoader`，所以不需要再自己编写，而且通常也不应该自己编写了（**条目 59**）。JDBC 没有使用 `ServiceLoader`，因为它比 `ServiceLoader` 出现得更早。

只提供静态工厂方法的主要缺点是，如果没有公有的或受保护的构造器，就无法为这样的类创建子类。例如，对于集合类框架中的任何一个工具实现类，都无法创建其子类。不过也可以说因祸得福，因为这样恰恰会鼓励程序员使用组合而非继承（**条目 18**），这正是不可变类型所必需的（**条目 17**）。

静态工厂方法的第二个缺点是，程序员很难找到它们。它们在 API 文档中并不像构造器那样显眼，所以可能很难弄清楚如何实例化一个提供了静态工厂方法而不是构造器的类。希望 Javadoc 工具有一天让静态工厂方法在显示上更醒目一些。同时，通过在类或接口注释中引起人们对静态工厂的注意，并遵循通用的命名惯例，可以减少这方面的问题。下面是静态工厂方法的一些通用命名惯例，这里只列出了其中一小部分：

- `from`——一个类型转换方法，它接收一个参数并返回该类型的一个对应的实例，例如：

  ```
  Date d = Date.from(instant);
  ```

- `of`——一个聚合方法，它接收多个参数并返回该类型的一个包含这些参数的实例，例如：

  ```
  Set<Rank> faceCards = EnumSet.of(JACK, QUEEN, KING);
  ```

- `valueOf`——比 `from` 和 `of` 更烦琐的一个替代方法，例如：

```
BigInteger prime = BigInteger.valueOf(Integer.MAX_VALUE);
```

- instance 或 getInstance——根据参数（如果有的话）的描述返回一个实例，但每次返回的实例未必有相同的值，例如：

```
StackWalker luke = StackWalker.getInstance(options);
```

- create 或 newInstance——与 instance、getInstance 类似，但是有一点不同，该方法会确保每次调用都返回一个新的实例，例如：

```
Object newArray = Array.newInstance(classObject, arrayLen);
```

- get*Type*——与 getInstance 类似，但是在该工厂方法处于不同的类中时使用。方法名中的 *Type* 是该工厂方法所返回的对象的类型，例如：

```
FileStore fs = Files.getFileStore(path);
```

- new*Type*——与 newInstance 类似，但是当该工厂方法处于不同的类中时使用。方法名中的 *Type* 是该工厂方法所返回的对象的类型，例如：

```
BufferedReader br = Files.newBufferedReader(path);
```

- *type*——get*Type* 和 new*Type* 的一个简洁的替代版本，例如：

```
List<Complaint> litany = Collections.list(legacyLitany);
```

总而言之，静态工厂方法和公有的构造器各有所长，重要的是了解其相对优势。通常应该首选静态工厂，所以切忌在没有考虑静态工厂的情况下本能地提供公有的构造器。

条目 2：当构造器参数较多时考虑使用生成器

静态工厂和构造器有一个共同的缺点：当可选参数非常多时，不能很好地扩展。考虑这样一种情况，要用一个类来表示贴在包装食品上的营养成分标签。这些标签有几个必需的字段，例如每份的分量、每包装所含份数以及每份的卡路里，还有 20 多个可选字段，例如总脂肪、饱和脂肪、反式脂肪、胆固醇、钠，等等。对于大部分产品而言，这些可选字段大多是零，不是零的字段只占少数。

对于这样一个类，应该为其编写什么样的构造器或静态工厂方法呢？程序员通常会使用重叠构造器（telescoping constructor）模式：第一个构造器只有必需的参数，第二个构造器有一个可选参数，第三个构造器有两个可选参数，依此类推，最后一个构造器包含所有可选参数。如下面的代码所示。为了简洁起见，这里只演示了 4 个可选字段：

```
// 重叠构造器模式——不能很好地扩展
public class NutritionFacts {
    private final int servingSize;  // (每份的分量，单位为毫升)        必需的
    private final int servings;     // (每包装所含份数)                必需的
    private final int calories;     // (每份的卡路里)                  可选的
    private final int fat;          // (每份所含脂肪，单位为克)        可选的
    private final int sodium;       // (每份所含钠，单位为毫克)        可选的
    private final int carbohydrate; // (每份所含碳水化合物，单位为克)  可选的

    public NutritionFacts(int servingSize, int servings) {
        this(servingSize, servings, 0);
    }

    public NutritionFacts(int servingSize, int servings,
            int calories) {
        this(servingSize, servings, calories, 0);
```

```
    }

    public NutritionFacts(int servingSize, int servings,
            int calories, int fat) {
        this(servingSize, servings, calories, fat, 0);
    }

    public NutritionFacts(int servingSize, int servings,
            int calories, int fat, int sodium) {
        this(servingSize, servings, calories, fat, sodium, 0);
    }

    public NutritionFacts(int servingSize, int servings,
           int calories, int fat, int sodium, int carbohydrate) {
        this.servingSize  = servingSize;
        this.servings     = servings;
        this.calories     = calories;
        this.fat          = fat;
        this.sodium       = sodium;
        this.carbohydrate = carbohydrate;
    }
}
```

在创建实例时，可以使用包含了想要设置的所有参数的最短参数列表的构造器：

```
NutritionFacts cocaCola =
    new NutritionFacts(240, 8, 100, 0, 35, 27);
```

经常有这样的情况，构造器需要很多你并不想设置的参数，但在调用时，还是不得不为这些参数传递值。在这个实例中，我们为 fat 传递了一个 0。在“只有”6 个参数的情况下，看起来好像还不是很糟糕，但随着参数数量的增加，情况很快就会失控。

简而言之，**重叠构造器模式可以工作，但是当参数的数量非常多时，客户端代码写起来很困难，读起来也就更难了**。阅读代码的人很难理解所有这些值都是什么意思，必须仔仔细细地清点这些参数，然后才能弄明白。一长串类型相同的参数会导致微妙的程序错误。如果客户端不小心颠倒了其中两个参数的顺序，编译器虽然不会报错，但程序在运行时会表现异常（**条目 51**）。

对于构造器存在很多可选参数的情况，还有一种选择，就是使用 *JavaBeans* 模式。在这种模式下，我们先调用一个无参构造器来创建对象，然后再调用 setter 方法来设置每个必要的参数以及我们感兴趣的每个可选参数：

```
// JavaBeans 模式——允许不一致性，要求可变性
public class NutritionFacts {
    // 将参数初始化为默认值（如果有的话）
    private int servingSize  = -1; // 必需的；没有默认值
    private int servings     = -1; // 必需的；没有默认值
    private int calories     = 0;
    private int fat          = 0;
    private int sodium       = 0;
    private int carbohydrate = 0;

    public NutritionFacts() { }
```

```
    // setter
    public void setServingSize(int val)  { servingSize = val; }
    public void setServings(int val)     { servings = val; }
    public void setCalories(int val)     { calories = val; }
    public void setFat(int val)          { fat = val; }
    public void setSodium(int val)       { sodium = val; }
    public void setCarbohydrate(int val) { carbohydrate = val; }
}
```

这种模式没有重叠构造器模式的那些缺点。创建实例很容易，虽然有些冗长，但生成的代码不难阅读：

```
NutritionFacts cocaCola = new NutritionFacts();
cocaCola.setServingSize(240);
cocaCola.setServings(8);
cocaCola.setCalories(100);
cocaCola.setSodium(35);
cocaCola.setCarbohydrate(27);
```

遗憾的是，JavaBeans 模式也有严重的缺点。由于构造被分割成多个调用，**一个 JavaBean 对象在构造过程中可能会处于不一致的状态。**类无法仅靠检查构造器参数的有效性来保证一致性。如果要使用的对象正好处于不一致状态，则可能导致故障，而且故障发生的位置常常与包含故障的代码相去甚远，因而难以调试。还有一个连带的问题，如果选择了 JavaBeans 模式，**这个类就不可能再成为不可变类了**（**条目 17**），要确保线程安全，程序员就要付出额外的努力。

当然可以通过手动"冻结"来减少这些缺点，在对象构造完毕之前不允许使用，但这种做法比较笨拙，在实践中很少使用。此外，它仍然有可能在运行时引发错误，因为编译器无法确保程序员在使用对象之前调用了这样的冻结方法。

幸运的是，还有第三种选择，它结合了重叠构造器模式的安全性和 JavaBeans 模式的可读性。它是生成器（Builder）模式[Gamma95]的一种形式。客户端不直接生成想要的对象，而是调用一个带有所有必需的参数的构造器（或静态工厂），得到一个生成器对象（builder object）。然后客户端在这个生成器对象上调用类似 setter 的方法来设置每个感兴趣的可选参数。最后，客户端调用一个无参的 `build` 方法来生成这个对象，该对象通常是不可变的。我们一般会把这个生成器设计为它所负责构建的类中的静态成员类（**条目 24**）。下面是一个示例：

```
// 生成器模式
public class NutritionFacts {
    private final int servingSize;
    private final int servings;
    private final int calories;
    private final int fat;
    private final int sodium;
    private final int carbohydrate;

    public static class Builder {
        // 必需的参数
        private final int servingSize;
        private final int servings;
```

```
        // 可选的参数——初始化为默认值
        private int calories      = 0;
        private int fat           = 0;
        private int sodium        = 0;
        private int carbohydrate  = 0;

        public Builder(int servingSize, int servings) {
            this.servingSize = servingSize;
            this.servings    = servings;
        }

        public Builder calories(int val)
            { calories = val;      return this; }
        public Builder fat(int val)
            { fat = val;           return this; }
        public Builder sodium(int val)
            { sodium = val;        return this; }
        public Builder carbohydrate(int val)
            { carbohydrate = val;  return this; }

        public NutritionFacts build() {
            return new NutritionFacts(this);
        }
    }

    private NutritionFacts(Builder builder) {
        servingSize  = builder.servingSize;
        servings     = builder.servings;
        calories     = builder.calories;
        fat          = builder.fat;
        sodium       = builder.sodium;
        carbohydrate = builder.carbohydrate;
    }
}
```

`NutritionFacts` 类是不可变的，所有参数的默认值都放在了一起。这个生成器的 setter 方法会返回生成器对象本身，这样就可以将一系列的调用链接起来，形成一个**流式的 API**（fluent API）。使用这个类的客户端代码是这样的：

```
NutritionFacts cocaCola = new NutritionFacts.Builder(240, 8)
        .calories(100).sodium(35).carbohydrate(27).build();
```

这样的客户端代码很容易编写，更重要的是，也很容易阅读。**生成器模式模拟了 Python 和 Scala 中的命名可选参数**。

为了简洁起见，示例中省略了有效性检查。要想尽快发现无效的参数，可以在生成器的构造器和方法中检查参数的有效性。在由 `build` 方法调用的构造器中，要检查涉及多个参数的不变式（invariant）[①]。为了防止不变式受到攻击，在复制了来自生成器的参数之后，要在对象字段上执行检查（**条目 50**）。如果检查失败，则抛出 `IllegalArgumentException`（**条目 72**），并利用其详细消息来说明哪些参数无效（**条目 75**）。

① 不变式是在程序执行过程中始终保持成立的条件。本书会多次用到这一概念。——译者注

生成器模式非常适合类层次结构。可以使用一组平行层次结构的生成器，将每个生成器都嵌套在相应的类中。抽象类有抽象的生成器；具体类有具体的生成器。例如，假设有一个表示各种各样的比萨的类层次结构，其根部是一个这样的抽象类：

```
// 用于类层次结构的生成器模式
public abstract class Pizza {
   public enum Topping { HAM, MUSHROOM, ONION, PEPPER, SAUSAGE }
   final Set<Topping> toppings;

   abstract static class Builder<T extends Builder<T>> {
      EnumSet<Topping> toppings = EnumSet.noneOf(Topping.class);
      public T addTopping(Topping topping) {
         toppings.add(Objects.requireNonNull(topping));
         return self();
      }

      abstract Pizza build();

      // 子类必须重写该方法来返回“this”
      protected abstract T self();
   }

   Pizza(Builder<?> builder) {
      toppings = builder.toppings.clone(); // 参见条目 50
   }
}
```

注意，`Pizza.Builder` 是*泛型类型*（generic type）的，带有一个*递归类型参数*（recursive type parameter）（**条目 30**）。它和抽象的 `self` 方法一起，使得链式调用在子类中也可以正常工作，而无须转换。因为 Java 没有提供自身类型（self type），所以有了这样的变通方法，就是所谓的*模拟自身类型*（simulated self-type）习惯用法。

下面是 `Pizza` 类的两个具体子类，其中一个表示经典纽约风味的比萨，另一个表示披萨饺（calzone）。前者有一个必需的表示大小的参数，而后者可以指定酱放在里面还是外面：

```
public class NyPizza extends Pizza {
    public enum Size { SMALL, MEDIUM, LARGE }
    private final Size size;

    public static class Builder extends Pizza.Builder<Builder> {
        private final Size size;

        public Builder(Size size) {
            this.size = Objects.requireNonNull(size);
        }

        @Override public NyPizza build() {
            return new NyPizza(this);
        }

        @Override protected Builder self() { return this; }
    }
```

```
    private NyPizza(Builder builder) {
        super(builder);
        size = builder.size;
    }
}

public class Calzone extends Pizza {
    private final boolean sauceInside;

    public static class Builder extends Pizza.Builder<Builder> {
        private boolean sauceInside = false; // 默认

        public Builder sauceInside() {
            sauceInside = true;
            return this;
        }

        @Override public Calzone build() {
            return new Calzone(this);
        }

        @Override protected Builder self() { return this; }
    }

    private Calzone(Builder builder) {
        super(builder);
        sauceInside = builder.sauceInside;
    }
}
```

注意，每个子类的生成器中的 build 方法都被声明为返回正确的子类：NyPizza.Builder 的 build 方法返回 NyPizza，而 Calzone.Builder 的 build 方法返回 Calzone。将子类方法的返回类型声明为超类对应方法返回类型的子类型，这种技术称为**协变返回类型**（covariant return type）。这样客户端在使用这些生成器时就无须转换了。

使用这些“层次式生成器”的客户端代码与使用简单的 NutritionFacts 生成器的客户端代码基本相同。为了简洁起见，下面的客户端代码示例假设相关枚举常量已经被静态导入：

```
NyPizza pizza = new NyPizza.Builder(SMALL)
        .addTopping(SAUSAGE).addTopping(ONION).build();
Calzone calzone = new Calzone.Builder()
        .addTopping(HAM).sauceInside().build();
```

与构造器相比，生成器有个小优点：因为每个参数都是在自己对应的方法中指定的，所以可以有多个可变（varargs）参数。生成器也可以将多次调用某个方法时分别传入的参数聚合到一个字段中，如前面的 addTopping 方法所示。

生成器模式非常灵活。可以重复使用一个生成器来构建多个对象。每次调用 build 方法时，我们可以调整生成器的参数，以改变所创建的对象。生成器可以在对象创建时自动填充一些字段，例如每次创建对象时都会自动增加的一个序列号。

生成器模式也有缺点。要创建一个对象，必须先创建其生成器。尽管在实践中创建生成器的开销可能微不足道，但是在对性能非常敏感的场景下，这可能会成为问题。此外，生成器模式比重叠构造器模式更为烦琐，所以只有在参数多到值得这么做时（比如 4 个或更多），才应该被使用。但请记住，我们可能会在未来添加更多参数。如果一开始选的是构造器或静态工厂，然后到了因为参数过多而失控的临界点，又转而使用生成器，这时候废弃的构造器或静态工厂会显得非常不协调。因此，最好一开始就使用生成器。

总而言之，**当我们要设计的类的构造器或静态工厂具有多个参数，特别是其中的许多参数是可选的或具有相同的类型时，生成器模式是个不错的选择**。与重叠构造器模式相比，使用生成器的客户代码更容易阅读和编写，生成器也比 JavaBeans 更安全。

条目 3：利用私有构造器或枚举类型强化 Singleton 属性

Singleton 是指只能被实例化一次的类 [Gamma95]。Singleton 通常用于表示无状态的对象，如函数（**条目 24**），或本质上唯一的系统组件。**将一个类设计为 Singleton 会使其客户端测试变得十分困难**，因为 Singleton 不能继承，我们无法创建一个用来替代它的模拟实现。

有两种常见的实现 Singleton 的方式。其原理都是将构造器设置为私有的，通过导出一个公有的静态成员来提供对唯一实例的访问。第一种方式是用一个 `final` 字段作为这个公有静态的成员：

```
// 使用public final字段的Singleton
public class Elvis {
    public static final Elvis INSTANCE = new Elvis();
    private Elvis() { ... }

    public void leaveTheBuilding() { ... }
}
```

私有的构造器只被调用了一次，用来初始化公有的静态 `final` 字段 `Elvis.INSTANCE`。因为没有提供公有的或受保护的构造器，也就保证了 `Elvis` 的全局唯一性：一旦 `Elvis` 类被初始化，就只会有一个 `Elvis` 实例存在，既不会多，也不会少。这是客户端无法改变的，但需要注意一点：越权的客户端可以借助 `AccessibleObject.setAccessible` 方法，通过反射机制调用私有的构造器（**条目 65**）。如果需要防御这类攻击，可以修改构造器，使其在被要求创建第二个实例时抛出异常。

第二种方式是提供一个静态工厂方法作为公有的成员：

```
// 使用静态工厂的Singleton
public class Elvis {
    private static final Elvis INSTANCE = new Elvis();
    private Elvis() { ... }
    public static Elvis getInstance() { return INSTANCE; }

    public void leaveTheBuilding() { ... }
}
```

对 `Elvis.getInstance` 方法的所有调用都会返回同一个对象引用，不会有其他的 `Elvis` 实例被创建出来，不过同样需要注意前面提到的通过反射调用构造器的情形。

第一种方式的主要优点是，API 可以清楚地表明该类是个 Singleton：公有的静态字段是 `final` 的，因此它将永远包含同一个对象引用。第二个优点是它更简单。

第二种方式的一个优点是，它提供了足够的灵活性，即使以后我们不再想将这个类设计为 Singleton，也不需要修改其 API。工厂方法现在返回的是唯一实例，但它很容易被修改，比如为每个调用它的线程返回一个唯一的实例。第二个优点是，如果应用程序需要，我们可以编写一个*泛型 Singleton 工厂*（generic singleton factory）（**条目 30**）。使用静态工厂的最后一个优点是，*方法引用*（method reference）可以被用作 `Supplier`[①]，例如 `Elvis::getInstance` 就是一个 `Supplier<Elvis>`。在具体使用时，除非这些优点中的某一个对我们是有意义的，否则应该优先考虑第一种方式。

不管 Singleton 是用上述哪种方式实现的，如果想让它支持*序列化*（**第 12 章**），仅靠在其声明中加上 `implements Serializable` 是不够的。为保证其满足 Singleton 的性质，还需要用 `transient` 来声明其所有实例字段，并提供一个 `readResolve` 方法（**条目 89**）。否则，每当序列化的实例被反序列化时，都会有一个新实例被创建出来，在我们的示例中，也就会出现“假的 `Elvis`”。要防止发生这种情况，可以在 `Elvis` 类中加入下面的 `readResolve` 方法：

```
// readResolve 方法用来保证类的 Singleton 性质
private Object readResolve() {
    // 返回真正的 Elvis 实例，让垃圾收集器来处理假 Elvis
    return INSTANCE;
}
```

实现 Singleton 的第三种方式是声明一个只包含单个元素的枚举类型：

```
// 用枚举实现 Singleton——首选方法
public enum Elvis {
    INSTANCE;

    public void leaveTheBuilding() { ... }
}
```

这种方式与第一种方式类似，但更为简洁，而且自带了序列化机制，还为防止多次实例化问题提供了坚实的保证，再复杂的序列化或反射攻击都不用担心。你可能会感觉这种方式有点不太自然，但**单元素的枚举类型往往是实现 Singleton 的最佳方式**。不过请注意，如果要设计的 Singleton 必须扩展 `Enum` 之外的超类，就不能使用这种方法（尽管可以声明实现多个接口的枚举）。

条目 4：利用私有构造器防止类被实例化

有时需要编写仅包含静态方法和静态字段的类。虽然有些人逃避以“对象”的方式思考设计而滥用了这样的类，导致这些类声名狼藉，但是它们确实有其用武之地。可以利用这样的类，以 `java.lang.Math` 或 `java.util.Arrays` 的方式，把处理基本类型值或数组的相关方法组织到一起。也可以利用这样的类，以 `java.util.Collections` 的方式，把一些用于处理实现了某个接口的对象的静态方法（包括工厂，参见**条目 1**）组织到一起。（从 Java 8 开始，也可以把这些方法放进接口中，如果我们可以修改这个接口的话。）最后，还可以利用这样的类，把某个 `final` 类上的方法组织到一起，因为 `final` 类无法被继承，所以这些方法也不可能被放入它的某个子类中。

这样的*工具类*（utility class）并不是为了被实例化而设计的：实例化对它并没有什么

① `Supplier` 是 `java.util.function` 中的函数式接口，可以将 Lambda 表达式或方法引用赋给它。——译者注

意义。然而，如果没有显式的构造器，编译器会提供一个公有的、无参的默认构造器(default constructor)。对于用户而言，这个构造器与其他构造器没有任何区别。在已发行的 API 中，经常可以看到一些无意间被实例化的类。

试图通过将类设计为抽象类来防止它被实例化是行不通的。因为我们可以创建其子类，而子类可以被实例化。此外，这样还会误导用户，让他们以为这个类是专门为了继承而设计的（**条目 19**）。不过，有个简单的习惯用法可以防止类被实例化。只有当类中不包含显式的构造器时，编译器才会为其生成默认构造器，因此**可以让类包含一个私有的构造器来防止它被实例化**：

```
// 不可实例化的工具类
public class UtilityClass {
    // 阻止编译器创建默认构造器
    private UtilityClass() {
        throw new AssertionError();
    }
    ...  // 其余代码省略
}
```

因为显式的构造器是私有的，所以在这个类的外部不可以访问它。这里抛出的 AssertionError 并不是硬性要求，不过它提供了一个保险，可以防止在类的内部不小心调用到这个构造器。这样就可以保证这个类在任何情况下都不会被实例化了。这个习惯用法有点违背直觉，好像构造器就是专门设计成不能被调用一样。因此，明智的做法是写上注释，如前面的代码中所示。

不过这个习惯用法带来了一个副作用——这样的类无法被子类化了。子类中所有的构造器都必须显式或隐式地调用超类的构造器，而在这种情况下，子类根本没有可访问的超类构造器可以调用。

条目 5：优先考虑通过依赖注入来连接资源

很多类会依赖一个或多个底层资源。例如，拼写检查工具要依赖词典。将这样的类实现为静态工具类（**条目 4**）的做法并不少见：

```
// 不恰当地使用了静态工具类——不够灵活且难以测试
public class SpellChecker {
    private static final Lexicon dictionary = ...;

    private SpellChecker() {} // 不可实例化

    public static boolean isValid(String word) { ... }
    public static List<String> suggestions(String typo) { ... }
}
```

同样地，将其实现为 Singleton 的做法也不少见（**条目 3**）：

```
// 不恰当地使用了 Singleton——不够灵活且难以测试
public class SpellChecker {
    private final Lexicon dictionary = ...;

    private SpellChecker(...) {}
    public static SpellChecker INSTANCE = new SpellChecker(...);
```

```
    public boolean isValid(String word) { ... }
    public List<String> suggestions(String typo) { ... }
}
```

以上两种方法都不能令人满意，因为它们都假定只有一本词典值得使用。然而在实际中，每种语言都有自己的词典，特殊词汇还要使用特殊词典。此外，有时还需要用特殊词典进行测试。想靠一本词典满足所有需要，简直是痴心妄想。

可以尝试让 SpellChecker 支持多本词典，即在现有的拼写检查工具中，将 dictionary 修改为非 final 字段，并加入一个修改词典的方法。不过这么做有点笨拙，而且容易出错，在并发环境下甚至有可能无法正常工作。**对于行为会被底层资源以参数化方式影响的类而言，静态工具类和 Singleton 类都不适合。**

这里需要的是能够支持这个类（在该示例中就是 SpellChecker）的多个实例，每个实例都使用客户端想要的资源（在该示例中就是词典）。满足该要求的一个简单模式是，**在创建新实例时将资源传入构造器**。这是依赖注入（dependency injection）的一种形式：词典是拼写检查工具的一个依赖项（dependency），在创建该工具的实例时将词典注入（inject）其中。

```
// 依赖注入带来了灵活性和可测试性
public class SpellChecker {
    private final Lexicon dictionary;

    public SpellChecker(Lexicon dictionary){
        this.dictionary = Objects.requireNonNull(dictionary);
    }

    public boolean isValid(String word) { ... }
    public List<String> suggestions(String typo) { ... }
}
```

依赖注入模式是如此简单，以至于许多程序员已经使用了多年，却不知道它还有个名字。尽管拼写检查工具这个示例只有一个资源（词典），但是依赖注入可以处理任意数量的资源和任意的依赖关系。它维持了不可变性（**条目 17**），所以多个客户端可以共享所依赖的对象（如果客户端想要相同的底层资源的话）。依赖注入同样适用于构造器、静态工厂（**条目 1**）及生成器（**条目 2**）。

该模式还有个很有用的变体——将一个资源工厂（factory）传递给构造器。这里的资源工厂是一个对象，可以被重复调用，来创建某个类型的实例。这样的工厂体现了工厂方法（Factory Method）模式[Gamma95]。Java 8 引入的 Supplier<T>接口非常适合用来表示工厂。以 Supplier<T>作为输入的方法，通常应该使用有限制的通配符类型（bounded wildcard type）来约束工厂的类型参数（**条目 31**），从而允许客户端传入这样的工厂——它能够创建指定类型的任何子类型的对象。例如，下面的方法会使用客户端提供的负责生成每片瓷砖的工厂来创建一幅镶嵌画：

```
Mosaic create(Supplier<? extends Tile> tileFactory) { ... }
```

尽管依赖注入极大地提升了灵活性和可测试性，但它可能会使包含数千个依赖项的大型项目变得杂乱无章。通过使用依赖注入框架（dependency injection framework），如 Dagger [Dagger]、Guice [Guice]或 Spring [Spring]，可以完全避免这种混乱。本书不会涉及这些框架的使用，但是请注意，为手动依赖注入设计的 API，一般也适用于这些框架。

总而言之，对于依赖于一个或多个底层资源，而且资源的行为会对其行为造成影响的类，不要使用 Singleton 或静态工具类来实现，也不要让该类直接创建这些资源。相反，应该将资源或创建资源的工厂传递给构造器（或静态工厂，或生成器）。这种做法，也就是所谓的依赖注入，将极大地提升类的灵活性、可复用性和可测试性。

条目 6：避免创建不必要的对象

复用对象，而不是每次需要时都创建一个新的功能相同的对象，往往是更好的选择。复用是更快，也是更流行的方式。不可变对象（**条目 17**）总是可以复用的。

举一个反例，考虑如下语句：

```
String s = new String("bikini"); // 不要这样做
```

这条语句每次执行都会创建一个新的 String 实例,而这些对象的创建都是不必要的。传递给 String 构造器的参数（"bikini"）本身就是一个 String 实例，与调用构造器创建的所有对象功能完全相同。如果这样的语句出现在循环或被频繁调用的方法中，可能会不必要地创建出数百万个 String 实例。

改进后的版本如下所示：

```
String s = "bikini";
```

这个版本只用了一个 String 实例，而不是每次执行都创建一个新的实例。此外，它可以保证，运行在同一虚拟机中的其他任何包含相同字符串字面常量的代码，都会复用该对象 [JLS, 3.10.5]。

对于既提供了静态工厂方法（**条目 1**），又提供了构造器的不可变类，通常首选前者，以避免创建不必要的对象。例如，工厂方法 Boolean.valueOf(String) 就比构造器 Boolean(String) 更好，而且后者在 Java 9 中已经被废弃了。构造器每次被调用都必须创建一个新对象，而工厂方法就从来没有这样的要求，在实践中也不会这么做。除了复用不可变的对象外，对于可变的对象，如果我们知道它们不会被修改，也可以复用。

有些对象的创建开销要比其他对象高昂得多。如果频频需要这样一个创建开销高昂的对象，最好是将其缓存下来以供复用。遗憾的是，在创建这样的对象时，并不是一眼就能看出是否属于这类情况。假设我们要编写一个方法，确定一个字符串是否为有效的罗马数字。下面是一种最容易的做法，使用正则表达式来实现：

```
// 性能改进空间很大
static boolean isRomanNumeral(String s) {
    return s.matches("^(?=.)M*(C[MD]|D?C{0,3})"
            + "(X[CL]|L?X{0,3})(I[XV]|V?I{0,3})$");
}
```

这个实现的问题在于，它依赖 String.matches 方法。**虽然 String.matches 是检查一个字符串是否与某个正则表达式匹配的最容易的方式，但它并不适合在性能非常关键的场景下重复调用**。其原因是，方法内部会为这个正则表达式创建一个 Pattern 实例，并且仅使用一次，之后就成为垃圾，等待垃圾收集器回收了。创建 Pattern 实例的开销很大，因为它需要将这个正则表达式编译成一个有限状态机（finite state machine）。

为了提升性能，可以在类初始化时显式地将这个正则表达式编译成一个 Pattern 实例（该实例是不可变的），缓存下来，并在每次调用 isRomanNumeral 方法时复用同一个实例：

```
// 复用创建开销高的对象以提高性能
public class RomanNumerals {
    private static final Pattern ROMAN = Pattern.compile(
            "^(?=.)M*(C[MD]|D?C{0,3})"
            + "(X[CL]|L?X{0,3})(I[XV]|V?I{0,3})$");

    static boolean isRomanNumeral(String s) {
        return ROMAN.matcher(s).matches();
    }
}
```

如果被频繁调用，那么改进后的 isRomanNumeral 版本可以显著提升性能。在我的机器上，对于包含 8 个字符的输入字符串，原始版本需要 1.1 微秒，而改进版本只需要 0.17 微秒，速度快了 6.5 倍。不仅性能得到了提升，可读性也有所提高。将原本不可见的 Pattern 实例表示为一个静态的 final 字段，我们就可以给它起个名字，这比单独看正则表达式更容易理解。

如果包含改进后的 isRomanNumeral 的类被初始化了，但是这个方法从来没被调用过，那么 ROMAN 字段还是会被毫无必要地初始化。可以通过*延迟初始化*（lazily initializing）避免这样的问题（**条目 83**），就是在 isRomanNumeral 方法第一次被调用时才初始化 ROMAN 字段，不过*不推荐*这么做。大多数情况下，延迟初始化会将实现变得更加复杂，并且不会带来明显的性能改进（**条目 67**）。

如果对象是不可变的，很明显它可以安全地复用；但在其他情况下就不是这么显而易见的，有时甚至是违反直觉的。考虑*适配器*（adapter）[Gamma95]，也叫*视图*（view），的情况。适配器是这样的对象：它将功能委托给一个*后备对象*（backing object），为其提供一种替代接口。因为适配器除了后备对象之外不会保存其他状态信息，所以对于某个给定对象的给定适配器，不需要为其创建多个实例。

例如，Map 接口的 keySet 方法会返回包含该 Map 对象中所有键（key）的一个 Set 视图。乍一看，似乎每次调用 keySet 都要创建一个新的 Set 实例，不过事实上，在一个给定的 Map 对象上每次调用 keySet 可能返回的是同一个 Set 实例。尽管被返回的 Set 实例通常是可变的，但是所有返回的对象在功能上是相同的：一个对象改变了，其他对象都会改变，因为它们的后备对象是同一个 Map 实例。虽然创建多个 keySet 视图对象基本无害，但没有必要，也没什么好处。

自动装箱（autoboxing）也会创建不必要的对象。自动装箱使得程序员可以混用基本类型和它们的封装类，由编译器根据需要自动进行装箱和拆箱。**自动装箱模糊了基本类型与其封装类的区别，但是并没有消除这种区别。**二者之间存在微妙的语义差别和明显的性能差别（**条目 61**）。考虑如下方法，它负责计算所有 int 类型正整数值的总和。要实现该功能，程序必须使用 long 类型的运算，因为一个 int 不足以容纳这个总和：

```
// 出奇地慢，能注意到对象创建吗
private static long sum() {
    Long sum = 0L;
    for (long i = 0; i <= Integer.MAX_VALUE; i++)
        sum += i;

    return sum;
}
```

这个程序可以得出正确的答案，但本不该这么慢，只因为打错了一个字符，就慢了很多。变量 sum 被声明为了 Long 类型，而不是 long，这意味着该程序构造了大约 2^{31} 个不必要的 Long 实例（大致每次将 long 类型的 i 加到 Long 类型的 sum 上时就会构造一个）。将 sum 的声明从 Long 改为 long，在我的机器上，程序的运行时间从 6.3 秒减少到 0.59 秒。结论显而易见：**应该优先使用基本类型而不是其封装类，并提防无意中的自动装箱。**

千万不要误解本条目，这里并不是说“创建对象的开销非常大，应该尽量避免创建对象”。恰恰相反，对于构造器几乎没做什么明确工作的小对象，其创建和回收的开销非常小，特别是在现代的 JVM 实现上。为了增强程序的清晰性、简洁性和功能性而创建额外的对象，一般来说不是坏事。

除非创建对象的开销极为高昂，否则通过维护自己的*对象池*（object pool）来避免创建对象并不是好的选择。一个有*正当理由*使用对象池的典型例子是数据库连接。建立数据库连接的开销高到值得复用这些对象。然而，一般来说，维护自己的对象池会使代码变得混乱，增加内存占用，并影响性能。现代 JVM 有高度优化的垃圾收集器，对于轻量级对象，其性能很容易胜过这样的对象池。

本条目与探讨*保护性复制*（defensive copying）的**条目 50** 形成了有趣对比。本条目说，“当应该复用现有对象时，不要创建新对象”；而**条目 50** 则说，“当应该创建新对象时，不要复用现有对象”。与不必要地创建了重复对象相比，如果在需要使用保护性复制的时候复用了对象，危害要严重得多。在必要时没有使用保护性复制，可能会导致隐藏的故障和安全漏洞；而不必要地创建了对象，只会影响程序的风格和性能。

条目 7：清除过期的对象引用

对于从手动管理内存的语言（如 C 或 C++）转到支持垃圾收集的语言（如 Java）的程序员，工作会变得容易很多，因为对象用完后会被自动回收。刚体验到这一点时，会感觉就像魔法一样。很容易让人产生不用再考虑内存管理的印象，但事实并非如此。

我们都知道栈（stack）这个数据结构，下面是一个比较简单的栈实现：

```
// 能发现内存泄漏吗
public class Stack {
    private Object[] elements;
    private int size = 0;
    private static final int DEFAULT_INITIAL_CAPACITY = 16;

    public Stack() {
        elements = new Object[DEFAULT_INITIAL_CAPACITY];
    }

    public void push(Object e) {
        ensureCapacity();
        elements[size++] = e;
    }

    public Object pop() {
        if (size == 0)
            throw new EmptyStackException();
```

```
        return elements[--size];
    }

    /**
     * 确保再来一个元素也有空间保存，每当数组
     * 需要增长时，简单地将容量增大一倍。
     */
    private void ensureCapacity() {
        if (elements.length == size)
            elements = Arrays.copyOf(elements, 2 * size + 1);
    }
}
```

这个程序没有明显的错误（泛型版本见**条目 29**）。你可以对它进行详尽的测试，它可以顺利通过每一项，但程序中隐藏着一个问题。笼统地说，这个程序存在“内存泄漏”，具体表现为随垃圾收集器活动增加或内存占用增加而导致的性能下降。在极端情况下，这种内存泄漏会导致*磁盘换页*（disk paging），甚至出现抛出 `OutOfMemoryError` 的程序故障，不过这种故障相对来说比较罕见。

那么，内存泄漏在哪里呢？就上面的实现而言，如果一个该类型的栈先增长，再收缩，那么从栈顶弹出的对象将不会被当作垃圾回收，即便使用这个栈的程序不再引用这些对象。这是因为栈中仍然维护着对这些对象的*过期引用*（obsolete reference）。过期引用就是再也不会被解引用[①]的引用。在这个示例中，元素数组的“活跃部分”之外的任何引用都是过期引用。这里的活跃部分是由 `elements` 数组中下标小于 `size` 的所有元素组成的。

在支持垃圾收集的语言中，内存泄漏（称之为“*无意的对象保持*”可能更恰当）非常隐蔽。如果一个对象引用被无意保持了，不仅这个对象无法被垃圾收集处理，而且它所引用的任何对象也不会被处理。因此，即使只有少数对象引用被无意保持，也可能会有很多对象无法被垃圾收集处理，这对性能有着潜在的巨大影响。

这类问题解决起来也很简单：一旦引用过期，就将其设置为 `null`。在我们的 `Stack` 类中，一旦一个元素被从栈顶弹出，栈中对这个元素的引用就过期了。`pop` 方法的修正版本如下所示：

```
public Object pop() {
    if (size == 0)
        throw new EmptyStackException();
    Object result = elements[--size];
    elements[size] = null; // 清除过期引用
    return result;
}
```

清除过期引用还有个好处，如果随后又错误对其进行了解引用，程序将立即抛出 `NullPointerException` 并退出，而不是静悄悄地继续做着错误的事情。尽可能快地检测出编程错误总是有好处的。

在吃过一次过期引用的亏之后，程序员可能会矫枉过正：在程序使用完每个对象引用之后都马上将其设置为 `null`。这既没有必要，也不可取；这样会毫无必要地弄乱程序。**清除对象引用应该是例外，而不是常态**。清除过期引用最好的方法是让包含该引用的变量

① 解引用是指通过这个引用访问它所指向的对象。——译者注

随其作用域结束。如果在尽可能窄的作用域内定义每个变量，清除操作也就可以比较自然地做到了（**条目 57**）。

那么，什么时候应该将一个引用设置为 `null` 呢？`Stack` 类的哪方面的特性使其容易发生内存泄漏呢？简单来说，就是一点：`Stack` 类*自己管理自己的内存*。这个类中的*存储池*（storage pool）是由 `elements` 数组的元素组成的（注意，这些元素是对象引用单元，而不是对象本身）。数组活跃部分（如前面定义）的元素已经被*分配出去*，其余部分则是空闲的。垃圾收集器却无法知道这一点；对于垃圾收集器而言，`elements` 数组中的所有对象引用都是同样有效的。只有程序员知道数组的非活跃部分不重要。一旦数组元素进入非活跃部分，就手动将其设置为 `null`，这样程序员就把这一事实传达给了垃圾收集器。

一般来说，**每当出现类自己管理自己的内存的情形时，程序员都应该警惕内存泄漏。**每当释放一个元素时，其中包含的任何对象引用都应该清除。

另一个常见的内存泄漏来源是缓存。一旦将对象引用放入缓存中，就很容易忘记其存在，不用之后还会让它长时间留在缓存中。这个问题有几种解决方案。如果足够幸运，需要实现的是这样的缓存：对于一条缓存项（包括键和值），只有在缓存外有对其键的引用时，它才有存在的意义，那么就可以用 `WeakHashMap` 来实现。缓存项在过期之后被会被自动删除。请记住，只有当缓存项预期的生命周期由指向其键的外部引用而不是由值决定时，`WeakHashMap` 才有用。

更常见的情况是，一个缓存项什么时候用得着，并不是那么明确，所以其生命周期也不是确定的，随着时间的推移，其价值会越来越低。在这种情况下，应该不定期地清理缓存中不再使用的项。这可以通过一个后台线程（如 `ScheduledThreadPoolExecutor`）来完成，也可以在向缓存中加入新项时顺便处理。`LinkedHashMap` 类就是借助 `removeEldestEntry` 方法，为使用后一种方式提供了方便。对于更加复杂的缓存，可能需要直接使用 `java.lang.ref` 了。

第三个常见的内存泄漏来源是*监听器*（listener）和其他*回调*（callback）。如果你实现了一个 API，客户端注册了回调，但是没有显式地注销，除非你采取一些措施，否则这些回调对象就会不断累积起来。确保回调及时被垃圾收集处理的一个方法是只存储对它们的*弱引用*（weak reference），例如，将其仅作为 `WeakHashMap` 中的键来存储。

因为内存泄漏通常不会表现为明显的故障，所以可能会在一个系统中存在很多年。通常只有通过仔细地检查代码或借助*堆剖析器*（heap profiler）这样的调试工具才能发现。学会如何预测这样的问题，防患于未然，非常重要。

条目 8：避免使用终结方法和清理方法

终结方法（finalizer）**是不可预测的，往往存在危险，而且一般来说并不必要。**使用终结方法有可能导致行为不稳定、性能降低，以及可移植性问题。终结方法确实有其用武之地，本条目后面会介绍，但是通常应该避免使用。从 Java 9 开始，终结方法已经被废弃了，但 Java 类库仍在使用。Java 9 引入了*清理方法*（cleaner）来代替终结方法。**清理方法的危险性比终结方法要小，但仍然是不可预测的，而且运行很慢，一般来说也是不必要的。**

C++程序员需要注意，不要把终结方法或清理方法看作 Java 版的*析构函数*（destructor）。在 C++中，析构函数是回收与对象相关资源的常规方式，是构造器的必不可少的对应物。

而在 Java 中，当一个对象不再可达时，垃圾收集器会回收与之相关的存储空间，不需要程序员专门处理。C++的析构函数也被用来回收其他非内存资源。在 Java 中，一般用 `try-with-resources` 和 `try-finally` 块来完成类似的工作（**条目 9**）。

终结方法和清理方法有个缺点，它们无法保证会被及时执行[JLS, 12.6]。从一个对象变得不再可达，到其终结方法或清理方法运行，中间花掉多长时间都有可能。这意味着不应该**在终结方法或清理方法中做任何**对时间有严格要求（**time-critical**）**的事情**。例如，依赖它们来关闭文件就是非常严重的错误，因为已打开文件的描述符是一种有限的资源。如果由于系统迟迟没有运行终结方法或清理方法而使许多文件处于打开状态，程序可能会因为无法再打开文件而运行失败。

终结方法和清理方法能否及时执行，主要是由垃圾收集算法决定的，不同的实现差异很大。如果程序依赖于终结方法和清理方法的及时执行，那么这个程序的行为也就可能随之有很大的差异。完全有可能出现这样的情形：一个程序在测试用的 JVM 上运行很完美，但是到了最重要的客户所使用的 JVM 上却运行失败了。

延迟终结是真实存在的问题。为类提供终结方法，有可能无限期延迟其实例的回收过程。有位同事调试过一个长期运行的图形界面应用，该应用在抛出 `OutOfMemoryError` 之后便神秘地退出了。分析发现，在应用程序退出的时候，其终结队列（finalizer queue）上有数千个图形对象在等待终结和回收。遗憾的是，终结线程运行的优先级要比应用程序的其他线程低，所以对这些对象实际进行终结处理的速度赶不上它们进入终结队列的速度。Java 语言规范并没有保证哪个线程会执行终结方法，所以除了避免使用终结方法，没有任何可移植的方法能防范此类问题。在这方面，清理方法比终结方法要好一些，因为类的设计者可以控制自己的清理线程，但是清理方法仍然在后台运行，而且受垃圾收集器控制，也不能保证及时清理。

Java 语言规范不仅不保证终结方法和清理方法会及时运行，甚至根本不保证它们会运行。在某些不再可达的对象上，完全有可能这些方法还没有运行，程序就结束了。因此，**永远不要依赖终结方法或清理方法来更新持久化状态**。例如，依赖终结方法或清理方法来释放某个共享资源（如数据库）上的持久化锁，很容易让整个分布式系统陷入停顿。

不要被 `System.gc` 和 `System.runFinalization` 这些方法所诱惑。它们确实可能会增加终结方法或清理方法被执行的概率，但并不能保证一定会执行。有两个方法曾经声称可以保证：`System.runFinalizersOnExit` 与其臭名昭著的孪生兄弟 `Runtime.runFinalizersOnExit`。这两个方法有致命的缺陷，已经被废弃几十年了[ThreadStop]。

终结方法的另一个问题是，在终结过程中被抛出的未被捕获的异常会被忽略，而且对象终结过程会就此结束 [JLS, 12.6]。未被捕获的异常会使其他对象处于损坏状态。如果另一个线程试图使用这样一个被损坏的对象，那么不知道会发生什么。通常情况下，未被捕获的异常会终止当前线程，并打印栈轨迹（stack trace）信息，但如果它发生在终结方法中，就不会这样了，它甚至连警告都不会打印出来。清理方法没有这个问题，因为使用清理方法的类库可以控制其线程。

使用终结方法和清理方法还会有严重的性能损失。在我的机器上，创建一个简单的 `AutoCloseable` 对象，使用 try-with-resources 来关闭，最后等垃圾收集器回收，所消耗的时间大约是 12 纳秒。而使用终结方法的话，所消耗的时间会增加到 550 纳秒。换句话说，创建对象并使用终结方法来销毁，大约要多花 50 倍的时间。这主要是因为终结方法会影响垃圾收集的效率。如果用清理方法来处理该类的所有实例，其速度与终结方法相当（在我的机器上，处理每个实例大约需要 500 纳秒）。但是如果只是将其用作*安全网*（safety net），则清理方法要快得多。后面会介绍安全网。在这种情况下，创建、清理和销毁一个对象在我的机器上需要大约 66 纳秒，这意味着*如果*没有实际用到安全网，我们要为了确保它，多付出 5 倍（不是 50 倍）的成本。

终结方法还有一个严重的安全问题：它使我们的类容易受到_终结方法攻击_（finalizer attack）。这种攻击背后的思路很简单：如果在类的构造器或与其功能类似的序列化方法（`readObject` 和 `readResolve`，详见**第 12 章**）中会抛出异常，攻击者就可以利用这一点，为其创建一个子类，该恶意子类的终结方法就可以在这个本应"夭折"、尚未构造完全的对象上运行。而这个终结方法可以将对当前对象的引用记录到一个静态字段中，从而阻止它被垃圾收集处理。一旦这个异常的对象被记录下来，就可以轻而易举地在它上面调用本不应该存在的任何方法了。**从构造器中抛出异常，本来是足以阻止对象产生的；但是当存在终结方法时，情况就不同了。**这种攻击可能会产生严重的后果。`final` 类不会受到此类攻击，因为攻击者无法为其编写一个恶意子类。**为了保护非 `final` 类免受此类攻击，可以在其中编写一个空的 `final` 的 `finalize` 方法。**

那么，如果类的对象中封装了需要终止的资源，比如文件或线程，应该做些什么来代替终结方法或清理方法呢？其实很简单，只须**让这样的类实现 `AutoCloseable` 接口**，并要求客户端在每个实例不再需要时就调用其 `close` 方法，通常可以使用 `try`-with-resources 来确保即使存在异常也能正常终止（**条目 9**）。有个细节值得提一下，实例必须记录它是否已经被关闭：`close` 方法必须把对象不再有效这个信息记录在一个字段中，而其他方法必须检查这个字段，如果这些方法是在对象被关闭之后调用的，则抛出 `IllegalStateException`。

终结方法和清理方法到底有什么用武之地呢？可能有两个合法的用途。其一是用作安全网，以防资源的所有者忘记调用其 `close` 方法。虽然不能保证终结方法或清理方法会及时运行（甚至根本不会运行），但如果客户端未能释放资源，则晚释放总比永远不释放要好得多。如果想编写一个用作安全网的终结方法，请仔细考虑一下投入产出比，看看这么做是否值得。有些 Java 类，如 `FileInputStream`、`FileOutputStream` 和 `ThreadPoolExecutor`，都提供了能用作安全网的终结方法。

其二是涉及具有*本地对等体*（native peer）的对象。本地对等体是一个（非 Java 的）*本地对象*（native object），普通对象通过本地方法将功能委托给它。因为本地对等体不是一个普通对象，所以垃圾收集器并不知道其存在，也不能在其 Java 对等体被回收时回收它。如果性能可以接受，并且本地对等体没有持有关键资源，终结方法或清理方法可能适合这样的任务。然而，如果性能不可接受，或者本地对等体持有的资源必须被及时回收，则该类应该有一个 `close` 方法，如前面所述。

清理方法使用起来有点麻烦。下面用一个简单的 `Room` 类来演示一下这个功能。假设房间在回收之前必须先清理。`Room` 类实现了 `AutoCloseable` 接口；它的自动清理安全网使用了一个清理方法，这只是内部实现细节，外部不需要关注。和终结方法不同，清理方法不会污染类的公有 API：

```
// 一个可以自动关闭的类，使用清理方法作为安全网
public class Room implements AutoCloseable {
```

```
    private static final Cleaner cleaner = Cleaner.create();

    // 需要清理的资源。绝对不要引用 Room
    private static class State implements Runnable {
        int numJunkPiles; // 房间里垃圾堆的数量

        State(int numJunkPiles) {
            this.numJunkPiles = numJunkPiles;
        }

        // 由 close 方法或清理方法调用
        @Override public void run() {
            System.out.println("Cleaning room");
            numJunkPiles = 0;
        }
    }

    // 房间的状态，与 cleanable 共享
    private final State state;

    // cleanable，当可以被垃圾收集处理的时候清理房间
    private final Cleaner.Cleanable cleanable;

    public Room(int numJunkPiles) {
        state = new State(numJunkPiles);
        cleanable = cleaner.register(this, state);
    }

    @Override public void close() {
        cleanable.clean();
    }
}
```

静态嵌套类 State 持有清理方法打扫房间所需要的资源。在这个例子中，资源就是 numJunkPiles 字段，代表房间的脏乱程度。在更现实的情况中，它可能是一个 final 的 long 类型变量，其中包含了指向本地对等体的指针。State 实现了 Runnable 接口，并且其 run 方法最多被 Cleanable 调用一次，这个 Cleanable 是我们在 Room 构造器中用 cleaner 注册 State 实例时得到的。触发调用 run 方法的情况有两种：通常情况下，是由 Room 的 close 方法调用 Cleanable 的 clean 方法触发；如果 Room 实例已经可以被垃圾收集处理了，但是客户端还未调用 close 方法，清理方法会调用 State 的 run 方法（只能说有可能）。

有一点非常关键，就是 State 实例不能引用其 Room 实例。否则会出现循环依赖，进而导致 Room 实例无法被垃圾收集处理（也无法被自动清理）。因此，State 必须是静态嵌套类，因为非静态的嵌套类会包含对其包围实例的引用（**条目 24**）。同样不建议使用 Lambda 表达式，因为它们很容易捕获对包围对象的引用。

正如我们前面所说的，Room 的清理方法只是用作一个安全网。如果客户端将所有的 Room 实例化操作都放在 try-with-resource 块中，则永远不需要自动清理。我们用下面这个规规矩矩的客户端代码来演示一下：

```
public class Adult {
    public static void main(String[] args) {
        try (Room myRoom = new Room(7)) {
            System.out.println("Goodbye");
        }
    }
}
```

不出所料，运行 Adult 程序，会打印 Goodbye，然后打印 Cleaning room。但是下面这个不守规矩的程序呢，它永远不会打扫房间吗？

```
public class Teenager {
    public static void main(String[] args) {
        new Room(99);
        System.out.println("Peace out");
    }
}
```

你可能认为程序会打印 Peace out，然后打印 Cleaning room，但在我的机器上，它从来没有打印 Cleaning room，而是直接退出了。这就是我们前面说的不可预测。Cleaner 的文档中说，“清理方法在 System.exit 期间的行为取决于具体的实现。对于是否调用清理动作，不做任何保证。”虽然文档没有明确说明，但是对于程序的正常退出，情况也是如此。在我的机器上，在 Teenager 的 main 方法中加上 System.gc() 这么一行，就可以使程序在退出之前打印 Cleaning room，但不能保证你在自己的机器上也能看到同样的行为。

总而言之，不要使用清理方法或 Java 9 之前的发行版本中的终结方法，除非作为安全网，或用于终止非关键的本地资源。即便如此，也要注意其不确定性和对性能的影响。

条目 9：与 try-finally 相比，首选 try-with-resources

Java 类库中有很多需要通过调用 close 方法手动关闭的资源。这样的例子包括 InputStream、OutputStream 和 java.sql.Connection。客户端经常会忘记关闭资源，可想而知，这会严重影响性能。虽然其中很多资源都使用终结方法作为安全网，但效果并不好（**条目 8**）。

在过去，try-finally 语句是保证资源正确关闭的最佳方式，即使面对异常或从方法中返回的情形：

```
// try-finally——不再是关闭资源的最佳方式
static String firstLineOfFile(String path) throws IOException {
    BufferedReader br = new BufferedReader(new FileReader(path));
    try {
        return br.readLine();
    } finally {
        br.close();
    }
}
```

这可能看起来还不算差，但当我们加入第二个资源时，情况就变糟了：

```
// 当要处理的资源不止一个时，try-finally 就很难看了
static void copy(String src, String dst) throws IOException {
```

```
        InputStream in = new FileInputStream(src);
        try {
            OutputStream out = new FileOutputStream(dst);
            try {
                byte[] buf = new byte[BUFFER_SIZE];
                int n;
                while ((n = in.read(buf)) >= 0)
                    out.write(buf, 0, n);
            } finally {
                out.close();
            }
        } finally {
            in.close();
        }
    }
```

可能很难令人相信，即使是优秀的程序员，大多数时候也会犯这样的错误。我在 *Java Puzzlers : Traps, Pitfalls, and Corner Cases*[Bloch05]一书的第 88 页就犯过这个错误，不过这么多年来并没有人发现。事实上，在 2007 年，Java 类库中有 2/3 的 close 方法的使用都是错误的。

即使是正确地使用了 try-finally 语句来关闭资源的代码，就像前面两个示例所演示的那样，也存在微妙的缺陷。try 块和 finally 块中的代码都有可能抛出异常。例如，在 firstLineOfFile 方法中，对 readLine 的调用有可能因为底层物理设备的故障而抛出异常，对 close 的调用也有可能因为同样的原因而失败。在这种情况下，第二个异常会完全掩盖第一个异常。第一个异常不会被记录在异常栈轨迹信息中，在真实系统中，这会极大提高调试的难度，为了诊断问题，我们通常想看的是第一个异常。虽然可以编写代码来抑制第二个异常，让第一个异常正常表现出来，但几乎没有人这样做，因为处理起来太繁琐了。

在 Java 7 引入 try-with-resources 语句[JLS, 14.20.3]之后，这些问题都迎刃而解了。要配合该语句使用，资源必须实现 AutoCloseable 接口，该接口仅包含一个返回类型为 void 的 close 方法。Java 类库和第三方类库中的很多类和接口目前都实现或扩展了 AutoCloseable。如果要编写一个代表某个必须关闭的资源的类，那么这个类也应该实现 AutoCloseable。

下面是第一个使用 try-with-resources 的示例：

```
// try-with-resources——关闭资源的最佳方式
static String firstLineOfFile(String path) throws IOException {
    try (BufferedReader br = new BufferedReader(
            new FileReader(path))) {
        return br.readLine();
    }
}
```

下面是第二个使用 try-with-resources 的示例：

```
// 在多个资源上使用 try-with-resources，简洁明了
static void copy(String src, String dst) throws IOException {
    try (InputStream   in = new FileInputStream(src);
         OutputStream out = new FileOutputStream(dst)) {
        byte[] buf = new byte[BUFFER_SIZE];
        int n;
```

```
        while ((n = in.read(buf)) >= 0)
            out.write(buf, 0, n);
    }
}
```

与使用 try-finally 的原始版本相比，使用 try-with-resources 的版本更短，可读性也更好，还提供了更好的诊断支持。以 firstLineOfFile 方法为例，如果 readLine 调用和（代码中看不到的）close 调用都抛出了异常，后者的异常会被抑制（suppressed），以便让前者正常表现出来。事实上，为了保留我们真正想看到的异常，可能会抑制多个异常。这些被抑制的异常并没有被简单丢弃，而是会被打印到栈轨迹信息中，并标明它们被抑制了。也可以通过 Java 7 在 Throwable 中加入的 getSuppressed 方法以编程方式访问它们。

可以在 try-with-resources 语句中放入 catch 子句，就像在常规的 try-finally 语句中一样。这样在处理异常时，就不需要再嵌套一层代码，以至把代码弄得乱七八糟了。下面这个示例略显造作，在这个版本中，firstLineOfFile 方法没有抛出异常，它会接收一个默认值，如果它无法打开文件或无法读取内容，就返回这个默认值：

```
// 带有 catch 子句的 try-with-resources
static String firstLineOfFile(String path, String defaultVal) {
    try (BufferedReader br = new BufferedReader(
            new FileReader(path))) {
        return br.readLine();
    } catch (IOException e) {
        return defaultVal;
    }
}
```

结论非常明显了：在处理必须关闭的资源时，应该总是选择 try-with-resources，而不是 try-finally。这样得到的代码更简短、更清晰，生成的异常也更有价值。try-with-resources 语句使得编写正确的代码更容易，而使用 try-finally 是几乎无法实现的。

第 3 章　对所有对象都通用的方法

虽然 Object 是一个具体类，但它主要是为了被扩展而设计的。它的所有非 final 方法（equals、hashCode、toString、clone 和 finalize）都有明确的“通用约定”（general contract），因为从设计上讲，这些方法就是希望被重写的。任何重写这些方法的类都有责任遵守其通用约定；如果没有遵守，那些依赖这些约定的类（如 HashMap 和 HashSet）在使用它们时就无法正常运行。

本章会讲解何时以及如何重写 Object 类的非 final 方法。本章会略过 finalize 方法，因为在**条目 8** 中已经讨论过了。Comparable.compareTo 虽然不是 Object 类的方法，但是本章也会加以讨论，因为它具有类似的特性。

条目 10：在重写 equals 方法时要遵守通用约定

重写 equals 方法看似简单，但有几个容易犯错的地方，而且犯错的后果可能会很严重。要避免犯错，最简单的方式就是不重写，这样的话，该类的实例会只与其自身相等。如果满足下述条件中的一个，不重写 equals 方法就是合理的：

- **该类的每个实例在本质上都是唯一的。**对于诸如 Thread 这样代表*活动实体*（active entity）而不是值（value）的类来说，这是成立的。Object 中的 equals 实现就可以为其提供完全正确的行为。
- **该类没有必要提供一个“*逻辑相等*”（logical equality）的测试。**例如，java.util.regex.Pattern 可以重写 equals 方法，以检查两个 Pattern 实例表示的是不是完全相同的正则表达式，但设计者认为用户不需要或不想要这样的功能。在这种情况下，从 Object 继承的 equals 实现就很理想。
- **超类已经重写了 equals 方法，而且其行为适合这个类。**例如，大多数 Set 实现中的 equals 实现都是从 AbstractSet 继承的，List 实现中的 equals 是从 AbstractList 继承的，Map 实现中的则是从 AbstractMap 继承的。
- **类是私有的或包私有的，我们可以确信其 equals 方法绝对不会被调用。**如果你有极强的风险防范意识，也可以像下面这样重写，以确保它不会被意外调用：

```
@Override public boolean equals(Object o) {
    throw new AssertionError(); // 该方法不会被调用
}
```

那么，什么时候适合重写 equals 方法呢？就是当一个类在对象相同之外还存在*逻辑相等*的概念，而且其上层超类都没有重写 equals 方法的时候。这通常就是值类（value class）的情况。值类是表示某个值的类，如 Integer 或 String。程序员在使用 equals 方法来比较指向值对象的引用时，一般是要判断它们在逻辑上是否相等，而不是要判断它们是否指向同一个对象。所以要满足程序员的预期，就必须重写 equals 方法；而且重写之后，还能使该类的实例在用作映射表（Map）的键或集合（Set）的元素时，其行为可以预测并满足需要。

有一种值类不需要重写 equals 方法，那就是在**条目 1** 中介绍过的实例受控的类，它会确保每个值最多存在一个对象。枚举类型（**条目 34**）就属于这种情况。对于这些类，逻辑相等和对象相同其实是一回事，所以 Object 的 equals 方法可以用作判断逻辑相等的 equals 方法。

在重写 equals 方法时，必须遵守其通用约定。下面就是其约定，出自 Object 的文档。

equals 方法用来判断等价关系（equivalence relation）。它有如下属性。

- 自反性（reflexive）：对于任何非 null 的引用值 x，x.equals(x) 必须返回 true。
- 对称性（symmetric）：对于任何非 null 的引用值 x 和 y，当且仅当 y.equals(x) 返回 true 时，x.equals(y) 必须返回 true。
- 传递性（transitive）：对于任何非 null 的引用值 x、y 和 z，如果 x.equals(y) 返回 true，并且 y.equals(z) 返回 true，那么 x.equals(z) 必须返回 true。
- 一致性（consistent）：对于任何非 null 的引用值 x 和 y，只要 equals 比较中用到的信息没有修改，多次调用 x.equals(y) 必须一致地返回 true 或一致地返回 false。
- 对于任何非 null 的引用值 x，x.equals(null) 必须返回 false。

除非你有数学天赋，否则乍看上去可能会觉得害怕，不过千万不要忽视这个约定！如果违反了，可能会发现自己的程序表现不正常，甚至崩溃，而且很难定位到问题的源头。我们可以模仿 John Donne 的话说一句：没有类是一座孤岛。①一个类的实例经常被传递给另一个类。许多类（包括所有的集合类）都要依赖这一点，那就是传递给它们的对象都遵守了 equals 的通用约定。

现在你已经知道了违反 equals 通用约定的危险，下面让我们详细了解一下这个约定。值得欣慰的是，尽管看起来吓人，其实没那么复杂。一旦理解了，遵守起来也不难。

那么，什么是等价关系呢？笼统地说，它是一个运算符，这个运算符可以将一个元素集合划分成若干个子集，每个子集中的元素被认为是彼此等价的。这些子集被称为等价类（equivalence class）。对于一个有用的 equals 方法来说，每个等价类中的所有元素从用户角度看必须是可交换的。现在我们依次查看这 5 个要求。

自反性——第一个要求只是说对象与其自身必须相等。这个要求想违反都不容易。假设真违反了这个规则，就会出现这样的情况：在将这个类的一个实例添加到集合中后，再用 contains 方法来检查一下，结果找不到这个实例。

对称性——第二个要求说的是，任何两个对象就它们是否相等这个问题必须达成一致。与第一个要求不同，很容易无意中违反这个要求。例如，考虑下面这个类，它实现了一个不区分大小写的字符串。它的 toString 方法会保留原来的大小写形式，但 equals 方法在执行比较时会忽略大小写：

```
// 存在问题的程序——破坏了对称性
public final class CaseInsensitiveString {
```

① John Donne（约翰·多恩，1572 年—1631 年），英国诗人。《没有人是一座孤岛》（*No Man Is An Island*）是他的诗作。——译者注

```
    private final String s;

    public CaseInsensitiveString(String s) {
        this.s = Objects.requireNonNull(s);
    }

    // 存在问题——破坏了对称性
    @Override public boolean equals(Object o) {
        if (o instanceof CaseInsensitiveString)
            return s.equalsIgnoreCase(
                ((CaseInsensitiveString) o).s);
        if (o instanceof String)  // 只支持单向，没有实现可交换性
            return s.equalsIgnoreCase((String) o);
        return false;
    }
    ...  // 其余代码略去
}
```

这个类中的 equals 方法的意图不错，它希望可以与普通字符串互相比较。假设有一个不区分大小写的字符串和一个普通字符串：

```
CaseInsensitiveString cis = new CaseInsensitiveString("Polish");
String s = "polish";
```

不出所料，cis.equals(s)会返回 true。问题在于，虽然 CaseInsensitiveString 类中的 equals 方法知道普通字符串，但是 String 类中的 equals 方法并不知道这个不区分大小写的字符串。因此，s.equals(cis)会返回 false，显然违反了对称性。假设把一个不区分大小写的字符串放入一个集合中：

```
List<CaseInsensitiveString> list = new ArrayList<>();
list.add(cis);
```

此时执行 list.contains(s)会返回什么呢？没人知道。在当前的 OpenJDK 实现中，它碰巧返回 false，但这只是在该特定实现上的结果。换个实现，可能会返回 true，或抛出运行时异常。**一旦违反了 equals 的约定，根本不知道当其他对象用到这个类的对象时会有什么样的表现。**

要解决这个问题，只需要把考虑欠妥的、尝试与 String 进行互相比较的代码从 equals 方法中删掉。删掉之后可以再重构该方法，使它变成一条单独的返回语句：

```
@Override public boolean equals(Object o) {
    return o instanceof CaseInsensitiveString &&
        ((CaseInsensitiveString) o).s.equalsIgnoreCase(s);
}
```

传递性——equals 约定的第三个要求是，如果一个对象与第二个对象相等，并且第二个对象与第三个对象相等，则第一个对象必须与第三个对象相等。同样，不难想象，这个要求很容易无意中违反。考虑这样一种情况，子类在超类的基础上添加了一个值组件（value component）。换句话说，子类添加了会影响 equals 比较的信息。让我们从一个简单的不可变二维整数点类（Point）开始：

```
public class Point {
    private final int x;
    private final int y;

    public Point(int x, int y) {
```

```
        this.x = x;
        this.y = y;
    }

    @Override public boolean equals(Object o) {
        if (!(o instanceof Point))
            return false;
        Point p = (Point)o;
        return p.x == x && p.y == y;
    }
    ...  // 其余代码略去
}
```

假设要扩展这个类，为一个点添加颜色信息：

```
public class ColorPoint extends Point {
    private final Color color;

    public ColorPoint(int x, int y, Color color) {
        super(x, y);
        this.color = color;
    }

    ...  // 其余代码略去
}
```

它的 equals 方法应该是什么样的呢？如果完全不提供 equals 方法，其 equals 实现就会从 Point 类继承，所以在执行比较时会忽略颜色信息。虽然没有违反 equals 方法的约定，但显然是不能接受的。假设我们写了一个 equals 方法，仅当其参数是另一个位置和颜色都相同的带颜色的点时，才返回 true。

```
// 存在问题——破坏了对称性
@Override public boolean equals(Object o) {
    if (!(o instanceof ColorPoint))
        return false;
    return super.equals(o) && ((ColorPoint) o).color == color;
}
```

这个方法的问题在于，比较一个普通的点和一个带颜色的点，与反过来比较，结果可能不同。前者会忽略颜色信息，而后者总返回 false，因为参数的类型不正确。为了更加具体地说明，让我们创建一个普通的点和一个带颜色的点：

```
Point p = new Point(1, 2);
ColorPoint cp = new ColorPoint(1, 2, Color.RED);
```

p.equals(cp)返回 true，而 cp.equals(p)返回 false。你可能会尝试这样解决，在进行“混合比较”时，让 ColorPoint.equals 忽略颜色信息：

```
// 存在问题——破坏了对称性
@Override public boolean equals(Object o) {
    if (!(o instanceof Point))
        return false;

    // 如果 o 是一个普通 Point 对象，则比较时不考虑颜色
    if (!(o instanceof ColorPoint))
        return o.equals(this);
```

```
    // 如果 o 是一个 ColorPoint 对象，则进行完整的比较
    return super.equals(o) && ((ColorPoint) o).color == color;
}
```

这种方式确实保证了对称性，但却牺牲了传递性：

```
ColorPoint p1 = new ColorPoint(1, 2, Color.RED);
Point p2 = new Point(1, 2);
ColorPoint p3 = new ColorPoint(1, 2, Color.BLUE);
```

现在 p1.equals(p2) 和 p2.equals(p3) 都返回 true，而 p1.equals(p3) 会返回 false，明显破坏了传递性。前两个比较不会考虑颜色信息，第三个则会考虑。

此外，这种方法可能会导致无限递归：假设有两个 Point 的子类，比如说 ColorPoint 和 SmellPoint，每个类都有个这样的 equals 方法，那么调用 myColorPoint.equals (mySmellPoint) 将抛出 StackOverflowError。

那该如何解决呢？事实证明，这是面向对象语言中等价关系的一个基本问题。**除非愿意放弃面向对象的抽象机制所带来的优势，否则没有办法在扩展可实例化的类的同时，既增加值组件，同时又维持其 equals 约定。**

你可能听说过，有人想通过在 equals 方法中用 getClass 测试代替 instanceof 测试来解决这个问题：

```
// 存在问题——破坏了里氏替换原则
@Override public boolean equals(Object o) {
    if (o == null || o.getClass() != getClass())
        return false;
    Point p = (Point) o;
    return p.x == x && p.y == y;
}
```

这会导致两个对象只有其实现类相同时才有可能相等。虽然这样看上去好像并不坏，但后果是无法接受的：Point 的某个子类的实例仍然是一个 Point，而且仍然需要表现得和 Point 一样，但如果选择上面的方法，这点就无法做到了！假设要编写一个方法来判断某个点是否在单位圆上。下面是一种实现方式：

```
// 初始化 unitCircle，使其包含单位圆上的所有 Point
private static final Set<Point> unitCircle = Set.of(
        new Point( 1,  0), new Point( 0,  1),
        new Point(-1,  0), new Point( 0, -1));

public static boolean onUnitCircle(Point p) {
    return unitCircle.contains(p);
}
```

虽然这未必是实现该功能的最快方式，但它可以正常工作。假设我们想简单扩展一下 Point 类，比如让它的构造器记录创建了多少个实例，不过没有增加值组件：

```
public class CounterPoint extends Point {
    private static final AtomicInteger counter =
            new AtomicInteger();

    public CounterPoint(int x, int y) {
        super(x, y);
        counter.incrementAndGet();
    }
```

```
    public static int numberCreated() { return counter.get(); }
}
```

里氏替换原则（Liskov substitution principle）指出，一个类型的任何重要属性都应该适用于其所有子类型，以便为该类型编写的任何方法在其子类型上同样有效[Liskov87]。这就是我们前面的说法的正式描述，即 Point 的某个子类（如 CounterPoint）的实例仍然是一个 Point，而且仍然需要表现得和 Point 一样。但假设我们将一个 CounterPoint 实例传递给 onUnitCircle 方法。如果 Point 类使用的是基于 getClass 的 equals 方法，则无论 CounterPoint 实例的 x 和 y 坐标是多少，onUnitCircle 方法都将返回 false。之所以会这样，是因为大多数集合都会使用 equals 方法来测试其中是否包含某个元素，onUnitCircle 方法所使用的 Set 也不例外，CounterPoint 不会与任何一个 Point 相等。但是，如果在 Point 上使用的是一个正确的、基于 instanceof 的 equals 方法，则同样的 onUnitCircle 方法在遇到 CounterPoint 实例时，能够正常工作。

虽然没有令人满意的方法可以在扩展可实例化的类的同时增加值组件，但有一个不错的变通方法：遵循**条目 18** 的建议，“组合优先于继承”。与其让 ColorPoint 扩展 Point，不如为 ColorPoint 定义一个私有的 Point 字段并提供一个公有的视图（view）方法（**条目 6**），该方法返回与当前的带颜色的点位置相同的 Point 对象。

```
// 增加一个值组件，而不破坏 equals 的通用约定
public class ColorPoint {
    private final Point point;
    private final Color color;

    public ColorPoint(int x, int y, Color color) {
        point = new Point(x, y);
        this.color = Objects.requireNonNull(color);
    }

    /**
     * 返回这个 ColorPoint 的 Point 视图
     */
    public Point asPoint() {
        return point;
    }

    @Override public boolean equals(Object o) {
        if (!(o instanceof ColorPoint))
            return false;
        ColorPoint cp = (ColorPoint) o;
        return cp.point.equals(point) && cp.color.equals(color);
    }
    ...  // 其余代码略去
}
```

Java 平台类库中有一些类确实扩展了可实例化的类并增加了值组件。例如，java.sql.Timestamp 就扩展了 java.util.Date，并添加了一个 nanoseconds 字段。Timestamp 的 equals 实现违反了对称性，如果在同一集合中或以其他方式混用了 Timestamp 和 Date 对象，可能会导致不可预测的行为。Timestamp 类有个免责声明，

警告程序员不要混用 Date 和 Timestamp 对象。虽然说只要分开使用就不会出问题，但确实也没什么手段能防止混用，而且由此产生的错误可能很难调试。Timestamp 类的这种行为是个错误，不应模仿。

注意，我们可以向抽象类的子类中添加值组件而不违反 equals 的约定。对于遵循**条目 23**“优先使用类层次结构而不是标记类”得到的类层次结构而言，这一点非常重要。例如，可以设计一个没有值组件的抽象类 Shape，再为其设计一个添加了 radius 字段的子类 Circle，以及一个添加了 length 和 width 字段的子类 Rectangle。只要无法直接创建超类的实例，就不会出现前面提到的各种问题。

一致性——equals 约定的第四个要求是，如果两个对象相等，除非其中的一个被修改了，或两个都被修改了，否则它们必须一直相等。换句话说，可变对象在不同的时间可能与不同的对象相等，而不可变对象则不会。所以在设计类时，要认真思考是否应该将其设计为不可变的（**条目 17**）。如果结论是应该，就要确保其 equals 方法能保证这一限制：相等的对象一直相等，不相等的对象则一直不相等。

无论类是否是不可变的，都**不要让 equals 方法依赖不可靠的资源**。如果违反了这条禁令，就很难满足一致性的要求了。例如，java.net.URL 的 equals 方法会比较两个 URL 关联的主机的 IP 地址。将主机名翻译成 IP 地址可能需要访问网络，而随着时间的推移，所返回的结果未必会始终一致。这可能会导致 URL 的 equals 方法违反 equals 约定，而且在实践中已经引发过问题。URL 的 equals 方法的这种行为是个巨大的错误，不应模仿。遗憾的是，为满足兼容性，它还不能被修改。为了避免这类问题，equals 方法应该只对驻留在内存中的对象进行确定性的计算。

非空性——最后这个要求没有一个正式的名字，所以这里就姑且称之为“非空性”（non-nullity）了。这个要求说的是，所有对象与 null 都必须是不相等的。在调用 o.equals(null)时，虽然不太可能出现不小心返回了 true 的场景，但也不难想象不小心抛出 NullPointerException 的场景。这是通用约定所不允许的。很多类的 equals 方法都通过显式的 null 测试来防止这样的情况：

```
// 显式地检查是否为 null——没有必要
@Override public boolean equals(Object o) {
    if (o == null)
        return false;
    ...
}
```

这个测试是不必要的。为了测试参数与当前对象是否相等，equals 方法必须先将该参数强制转换为适当的类型，以便可以调用其访问器方法或访问其字段。在进行转换之前，该方法必须使用 instanceof 运算符来检查其参数的类型是否正确：

```
// 隐式地检查是否为 null——首选方式
@Override public boolean equals(Object o) {
    if (!(o instanceof MyType))
        return false;
    MyType mt = (MyType) o;
    ...
}
```

如果缺少这个类型检查，当 equals 方法被传入一个错误类型的参数时，equals 方法会抛出 ClassCastException，这就违反了 equals 的约定。按照 Java 语言规范的说明，如果第一个操作数是 null，不管第二个操作数是什么类型，instanceof 运算符都会返回 false[JLS, 15.20.2]。因此，如果传入的是 null，这个类型检查会返回 false，所以不需要显式地检查参数是否为 null。

将前面的要求综合起来，可以得出以下编写高质量 equals 方法的技巧：

1. **使用==运算符检查参数是否为指向当前对象的引用**。如果是，则返回 true。这只是个性能优化，如果后续进行比较的开销有可能非常大，这么做就是值得的。

2. **使用 instanceof 运算符检查参数是否具有正确的类型**。如果不是，则返回 false。一般来说，这里所谓的"正确的类型"，就是这个方法所在的类。偶尔也可能指这个类所实现的某个接口。如果当前类实现的接口细化了 equals 约定，支持在实现了该接口的多个类之间进行比较，那么就使用接口。诸如 Set、List、Map 和 Map.Entry 等集合接口都有这个特性。

3. **将参数强制转换为正确的类型**。因为转换之前已经执行了 instanceof 测试，所以转换保证会成功。

4. **对于类中的每个"重要"字段，检查参数的这一字段和当前对象的相应字段是否匹配**。如果所有测试都成功了，则返回 true；否则返回 false。如果在第 2 步中用来对参数进行检测的类型是一个接口，则必须通过这个接口的方法来访问参数的字段；如果该类型是一个类，也许就可以直接访问参数的字段，当然，这取决于其可访问性。

如果字段的类型是 float 和 double 之外的基本类型，使用==运算符来比较；如果字段是对象引用类型，递归调用其 equals 方法；如果字段是 float 类型，使用静态的 Float.compare(float, float) 方法；如果字段是 double 类型，则使用 Double.compare(double, double)。之所以必须特殊处理 float 和 double 类型的字段，是因为 Float.NaN、-0.0f 和类似的 double 值的存在；更多细节可参考 JLS 15.21.1 或 Float.equals 的文档。虽然可以使用静态方法 Float.equals 和 Double.equals 来比较 float 和 double 字段，但每次比较都会存在自动装箱，所以会导致性能很差。对于数组字段，可以用上面这些准则来处理它的每一个重要元素。如果数组字段的每个元素都很重要，可以使用其中一个 Arrays.equals 方法来处理。

一些包含 null 的对象引用字段可能是合法的。为了避免出现 NullPointerException，可以使用静态方法 Objects.equals(Object, Object) 来检查这样的字段是否相等。

对于某些类，比如前面的 CaseInsensitiveString，字段的比较不是简单的相等性测试，而是复杂得多。如果是这种情况，可以考虑存储其字段的一个标准形式（canonical form），让 equals 方法在标准形式上进行开销较低的精确比较，而不是进行开销更高的非精确比较。这种技术最适合不可变类（**条目 17**）；如果对象可以改变，则必须及时更新其标准形式。

字段比较的顺序也可能会影响 equals 方法的性能。为了获得最好的性能，应该首先比较那些更有可能不同的字段，或比较开销不那么高的字段，当然两个条件都满足更好。一定不要比较不属于对象的逻辑状态的字段，比如用于对操作进行同步的锁字段。不需要比较可以从其他"重要字段"计算出来的衍生字段（derived field），不过这样做可以提升 equals 方法的性能。如果某个衍生字段相当于对整个对象的综合描述，在比较这个衍生字段就能判断对象不相等的情况下，可以省下对实际数据进行比较的开销。例如，假设有一个表示多边形的 Polygon 类，我们缓存了其面积。如果两个多边形的面积不相等，就不需要费力去比较它们的顶点和边了。

在写完自己的 equals 方法之后，可以问自己3个问题：它满足对称性吗？满足传递性吗？满足一致性吗？只问还不够，还要写单元测试来检查。除非 equals 方法是用 AutoValue 框架（后面会介绍）生成的，这种情况可以放心地省掉测试。如果提问并测试之后，发现某个要求没有满足，就要找出原因，并相应地修改。当然，我们的 equals 方法还必须满足其他两个要求（自反性和非空性），但这两个要求一般都会满足，不用专门处理。

在下面这个简单的 PhoneNumber 类中，我们用前面总结的经验为其构建了一个 equals 方法：

```
// 带有典型的equals方法的类
public final class PhoneNumber {
    private final short areaCode, prefix, lineNum;

    public PhoneNumber(int areaCode, int prefix, int lineNum) {
        this.areaCode = rangeCheck(areaCode, 999, "area code");
        this.prefix   = rangeCheck(prefix,   999, "prefix");
        this.lineNum  = rangeCheck(lineNum, 9999, "line num");
    }

    private static short rangeCheck(int val, int max, String arg) {
        if (val < 0 || val > max)
           throw new IllegalArgumentException(arg + ": " + val);
        return (short) val;
    }

    @Override public boolean equals(Object o) {
        if (o == this)
            return true;
        if (!(o instanceof PhoneNumber))
            return false;
        PhoneNumber pn = (PhoneNumber)o;
        return pn.lineNum == lineNum && pn.prefix == prefix
                && pn.areaCode == areaCode;
    }
    // 其余代码略去
}
```

下面是最后的几个注意事项：

- **重写 equals 方法时，应该总是重写 hashCode 方法**（条目11）。
- **不要自作聪明。**如果只是简单地测试字段是否相等，要遵守 equals 方法的通用约定并不难。如果过度地考虑了各种相等关系，就很容易陷入麻烦。通常不应该将任何别名考虑在内。例如，File 类不应该将多个指向同一文件的符号链接视为相等。幸好，它没有这样做。
- **不要将 equals 方法声明中的 Object 替换为其他类型。**经常出现这样的情况，程序员写了一个像下面这样的 equals 方法，然后花上几个小时苦思冥想它为什么不能正常工作。

```
// 存在问题——参数类型必须是 Object
public boolean equals(MyClass o) {
    ...
}
```

问题在于，这个方法没有重写（override）Object.equals（该方法的参数是 Object 类型的），而是重载（overload）了它（**条目 52**）。提供这样一个“强类型”的 equals 方法是不可接受的，哪怕已经有了正确的那个，因为它有可能使子类中的 Override 注解产生误报，让我们误以为这是安全的。

正如本条目所演示的，应该坚持使用 Override 注解，这样可以防止我们犯这样的错误（**条目 40**）。下面的 equals 方法无法通过编译，错误信息会准确地告诉我们哪里出了问题：

```
// 仍然存在问题，但无法通过编译
@Override public boolean equals(MyClass o) {
    ...
}
```

编写和测试 equals（及 hashCode）方法非常乏味，得到的代码也没什么新意。与手动编写和测试相比，更好的选择是使用 Google 开源的 AutoValue 框架，只需在自己的类上使用一个注解，这个框架就可以自动生成这些方法。在大多数情况下，由 AutoValue 生成的方法和我们自己编写的基本相同。

IDE 也有生成 equals 和 hashCode 方法的功能，但与使用 AutoValue 相比，它们生成的代码更冗长，可读性也会差一些，而且不能自动跟踪类中的变化，所以还是需要测试。即便如此，让 IDE 生成 equals（和 hashCode）方法通常还是比手动实现更好，因为人会粗心大意，而 IDE 不会。

总而言之，除非迫不得已，否则不要重写 equals 方法：在很多情况下，从 Object 继承的 equals 实现就能满足需要。如果确实要重写，请确保比较了所有的重要字段，并确保比较过程没有违反 equals 约定的 5 个方面。

条目 11：重写 equals 方法时应该总是重写 hashCode 方法

重写 equals 方法的每个类都必须重写 hashCode。如果没有这样做，类就会违反 hashCode 的通用约定，这将使其实例无法正常应用于诸如 HashMap 和 HashSet 等集合中。其通用约定如下（摘自 Object 类的文档，略有修改）：

- 在应用程序执行的过程中，当在一个对象上重复调用 hashCode 方法时，只要在 equals 的比较中用到的信息没有修改，它就必须一致地返回同样的值。当然，这个值并不需要在应用每次执行时都保持一致。
- 如果根据 equals(Object) 方法，两个对象是相等的，那么在这两个对象上调用 hashCode 方法，必须产生同样的整数结果。
- 如果根据 equals(Object) 方法，两个对象不相等，那么在这两个对象上调用 hashCode 方法，并不要求产生不同的结果。不过程序员应该知道，为不相等的对象产生不同的结果，可能会提高哈希表（hash table）的性能。

重写了 equals 方法但没有重写 hashCode，主要违反的是上面的第 2 条：相等的对象必须有相等的哈希码（**hash code**）。两个不同的实例，有可能根据这个类的 equals 方法在逻辑上是相等的，但是对 Object 的 hashCode 方法来说，它们只是两个没什么共同点的对象。因此，Object 的 hashCode 方法会返回两个看上去随机的数字，而不是这条约定所要求的两个相等的数字。

例如，假设想使用**条目 10** 中的 PhoneNumber 类的实例作为 HashMap 中的键：

```
Map<PhoneNumber, String> m = new HashMap<>();
m.put(new PhoneNumber(707, 867, 5309), "Jenny");
```

这时，如果执行m.get(new PhoneNumber(707, 867, 5309))，你可能认为会返回"Jenny"，但并非如此，它返回的是 null。注意，这里涉及两个 PhoneNumber 实例：一个用于插入 HashMap 中，另一个是试图用于检索，它和第一个实例相等。由于 PhoneNumber 类没有重写 hashCode，导致这两个相等的实例的哈希码并不相等，违反了 hashCode 约定。因此，put 方法将电话号码存到了一个哈希桶（hash bucket）中，但是 get 方法很可能会在另一个不同的桶中查找这个电话号码。即使这两个实例在经过哈希计算后碰巧被存到了同一个桶中，几乎可以肯定，get 方法也会返回 null，因为 HashMap 有一个优化，它会将与每个项关联的哈希码缓存下来，如果哈希码不匹配，它就不会再费力气去检查对象相等与否了。

这个问题很容易修复，只需要为 PhoneNumber 编写一个恰当的 hashCode。那么，hashCode 方法应该是什么样子的呢？如果不够慎重，很容易编写出一个差劲的 hashCode。例如，下面这个总是合法的，但绝不应该使用：

```
// 最糟糕的合法 hashCode 实现——永远不要使用这样的写法
@Override public int hashCode() { return 42; }
```

这个实现是合法的，因为它确保相等的对象有相等的哈希码。然而，这个实现又非常糟糕，因为它使得每个对象都有相同的哈希码。因此，每个对象都会被哈希到同一个桶中，这样哈希表就退化成了链表。它使得本应以线性级时间运行的程序变成了以平方级时间运行。对于大型的哈希表来说，这就是能否正常工作的区别了。

一个好的哈希函数往往会为不相等的实例生成不相等的哈希码。这正是 hashCode 约定的第 3 条的含义。理想情况下，对于由不相等的实例组成的任意大的集合，一个哈希函数应该将它们的哈希码在所有的 int 值上均匀分布。不过这样的理想状况很难实现。好在实现大致接近并不是特别难。下面是一个简单的解决办法。

1. 声明一个名为 result 的 int 变量，将其初始化为对象中第一个重要字段的哈希码 c，c 的计算方式见步骤 2.a。（回忆**条目 10**，重要字段是指会影响 equals 比较的字段。）
2. 对于对象中其余的每个重要字段 f，完成如下步骤。
   a. 为该字段计算出一个 int 类型的哈希码 c。
      i. 如果该字段为基本类型，则使用 *Type*.hashCode(f)来计算，其中 *Type* 是 f 的类型对应的封装类。
      ii. 如果该字段为对象引用，并且这个类的 equals 方法会通过递归调用 equals 对它进行比较，则在该字段上递归调用 hashCode。如果需要更复杂的比较，可以为该字段计算出一个“标准表示”（canonical representation），并在这个标准表示上调用 hashCode。如果该字段的值为 null，则使用 0（也可以是其他常数，但习惯上使用 0）。

iii. 如果该字段是数组，则按照处理单独字段的方式来处理其中的每一个重要元素。也就是说，通过递归应用这些规则为数组中的每个重要元素计算出一个哈希码，并按照步骤 2.b 合并这些值。如果这个数组中没有重要元素，则使用一个最好不为 0 的常数。如果数组中的所有元素都很重要，则使用 Arrays.hashCode。

b. 按如下方式将步骤 2.a 中计算出的哈希码 c 合并到 result 中。

```
result = 31 * result + c;
```

3. 返回 result。

在写完 hashCode 方法后，可以问自己一个问题：相等的实例是否有相等的哈希码？编写单元测试来验证自己的直觉（除非是用 AutoValue 生成的 equals 和 hashCode 方法，这种情况下可以放心地省掉这些测试）。如果相等的实例哈希码不同，请找出原因并解决。

在计算哈希码时可以将衍生字段排除在外。换句话说，如果一个字段的值可以通过其他字段计算出来，那么在计算哈希码的时候可以不考虑它。在 equals 比较中没有用到的任何字段，也必须排除在外，否则有可能违反 hashCode 约定的第 2 条。

步骤 2.b 中的乘法使得哈希值依赖于字段处理顺序，如果类中有多个类似的字段，这样可以得到更好的哈希函数。例如，如果将 String 的哈希函数中的乘法去掉，那么只是字母顺序不同的所有字符串都会有相同的哈希码。之所以选择 31，是因为它是一个奇素数。如果选择了偶数，并且乘法溢出了的话，就会丢失信息，因为乘以 2 相当于移位。使用素数的优势并不是那么清楚，但习惯上都这么做。31 有一个很好的性质是，可以将乘法替换为移位和减法——31 * i == (i << 5) - i，这样在某些架构上会有更好的性能。现代虚拟机会自动进行这种优化。

让我们用前面介绍的经验为 PhoneNumber 类写一个 hashCode 方法：

```
//hashCode 方法
@Override public int hashCode() {
    int result = Short.hashCode(areaCode);
    result = 31 * result + Short.hashCode(prefix);
    result = 31 * result + Short.hashCode(lineNum);
    return result;
}
```

因为这个方法返回的是一个简单的确定性计算的结果，其输入只有 PhoneNumber 实例中的 3 个重要字段，所以很明显，相等的 PhoneNumber 实例会有相等的哈希码。事实上，这个方法是 PhoneNumber 的一个完美的 hashCode 实现，水平相当于 Java 平台类库中的 hashCode 实现。它很简单，速度也相当快，并能合理地将不相等的电话号码分散到不同的哈希桶中。

虽然利用本条目介绍的经验可以设计出相当不错的哈希函数，但这些函数还不是水准最高的。它们的质量可以与 Java 平台类库中值类型的哈希函数比肩，能够满足大部分场景的需要。如果确实需要基本不会产生碰撞的哈希函数，可以参考 Guava 的 com.google.common.hash.Hashing [Guava]。

Objects 类有一个静态方法，可以接收任意数量的对象并返回为它们计算出的一个哈希码。利用这个名为 hash 的方法，用一行代码就可以写出 hashCode 方法，而且其质量可以与基于前面经验所编写的版本媲美。遗憾的是，用 hash 计算会更慢，因为它会涉及创建一个用来传递数量可变的参数的数组，如果有基本类型的参数，还会涉及自动装箱和自动拆箱。这种风格的哈希函数建议只在性能没那么重要的情况下使用。下面是使用该方法为 PhoneNumber 编写的一个哈希函数：

```
// 一行代码实现的 hashCode 方法——性能一般
@Override public int hashCode() {
    return Objects.hash(lineNum, prefix, areaCode);
}
```

如果类是不可变的，并且计算哈希码的开销很大，那么可以考虑将哈希码缓存在对象中，而不是在每次被请求时重新计算。如果我们认为这个类型的大多数对象都会被用作哈希键，那就应该在实例创建时将哈希码计算出来。否则就选择将哈希码的初始化延迟到 hashCode 方法第一次被调用时。不过在使用延迟初始化（**条目 83**）的时候要多加小心，以保证这个类是线程安全的。PhoneNumber 类不值得这样处理，但出于演示的目的，我们也引入了延迟初始化。请注意，hashCode 字段的初始值（在这个例子中是 0）不应该是某个常见实例的哈希码。

```
// 会缓存哈希码的 hashCode 方法，使用了延迟初始化
private int hashCode; // 被自动初始化为 0

@Override public int hashCode() {
    int result = hashCode;
    if (result == 0) {
        result = Short.hashCode(areaCode);
        result = 31 * result + Short.hashCode(prefix);
        result = 31 * result + Short.hashCode(lineNum);
        hashCode = result;
    }
    return result;
}
```

不要为了提升性能而将重要字段排除在哈希码的计算之外。虽然这样产生的哈希函数有可能速度更快，但其糟糕的质量也可能导致哈希表的性能低到无法使用。特别是，哈希函数可能会遇到一个规模很大的实例集合，实例之间的差别恰恰体现在我们忽略的字段上。如果发生这种情况，哈希函数会将大量的实例映射到少数几个哈希码上，本应以线性级时间运行的程序会变成以平方级时间运行。

这个问题不只是理论上的，在现实中就存在。在 Java 2 之前，String 的哈希函数最多选择字符串中的 16 个字符参与计算：从第一个字符开始，等间隔地选择字符。对于存在大量层次关系的名字信息，比如 URL，这个函数的表现跟我们前面描述的病态行为一般无二。

不要为 hashCode 返回的值提供详细的说明，这样客户端就不能理所当然地依赖它了；我们也可以灵活地修改。Java 类库中的许多类，如 String 和 Integer，将其 hashCode 方法返回的确切值指定为其实例值的一个函数。这不是一个好主意，反而是一个我们不得不接受的错误：它限制了我们在未来版本中改进这个哈希函数的能力。如果没有指定其细节，当我们找到了这个函数的缺陷，或发现了更好的哈希函数时，就可以在后面的发行版本中修改。

总而言之，每当重写 equals 时都必须重写 hashCode，否则程序将不能正常运行。hashCode 方法必须遵守 Object 指定的通用约定，而且必须提供合理的功能，为不相等的实例分配不相等的哈希码。尽管稍显乏味，但是使用本条目介绍的经验也不难实现。正如**条目 10** 所提到的，AutoValue 框架为手动编写 equals 和 hashCode 方法提供了一个很

好的替代方案，IDE 也提供了部分类似功能。

条目 12：总是重写 toString 方法

虽然 Object 类提供了 toString 方法的一个实现，但它所返回的字符串通常不是类的用户所希望看到的。它由类名、@符号以及哈希码的无符号十六进制形式组成，如 PhoneNumber@adbbd。toString 的通用约定指出，所返回的字符串应该是“一个简洁但信息丰富，而且适合人阅读的表达形式”。也许有人会说 PhoneNumber@adbbd 就很简洁，而且容易理解，但是它提供的信息量明显不如 707-867-5309 大。toString 的约定还指出，“建议所有子类都重写这个方法”。这确实是个好建议。

尽管不像遵守 equals 和 hashCode 的通用约定那样至关重要（**条目 10** 和**条目 11**），**但提供一个好的 toString 实现可以让我们的类用起来更舒适，使用该类的系统也更容易调试**。当对象被传递给 println、printf、字符串连接运算符（+）或 assert，或被调试器打印时，toString 方法会被自动调用。即使我们从未在对象上调用 toString，但其他人可能会调用它。例如，一个引用了我们的对象的组件，可能会将这个对象的字符串表示包含在其错误消息日志中。如果我们没有重写 toString，这个消息可能就毫无用处了。

如果为 PhoneNumber 类提供了一个不错的 toString 方法，那么要生成一条有用的诊断信息就会非常简单：

```
System.out.println("Failed to connect to " + phoneNumber);
```

无论是否重写了 toString，程序员都会以这种方式生成诊断信息，但如果不重写，这些信息就没什么用处了。提供一个好的 toString 方法，不仅对这个类的实例有好处，对包含对这些实例的引用的对象也有好处，特别是集合。在打印一个 Map 对象时，你更愿意看到哪种信息呢，{Jenny=PhoneNumber@adbbd}还是{Jenny=707-867-5309}?

如果条件允许，toString 方法应该返回当前对象中包含的所有有意义的信息，如电话号码这个例子所示。如果对象很大，或所包含的状态不方便用字符串表示，那么要包含所有有意义的信息就不切实际了。对于这类情况，toString 应该返回一条总结信息，如 Manhattan residential phone directory (1487536 listings)或 Thread [main,5,main]。理想情况下，这个字符串应该是自描述的（self-explanatory）的。（Thread 的例子没做到这一点。）如果没有把对象的所有有意义的信息都包含在其字符串表示中，测试失败时得到的报告信息就会像下面这样：

```
Assertion failure: expected {abc, 123}, but was {abc, 123}.
```

在实现 toString 方法时，我们必须做出一个重要决定：是否要在文档中指定返回值的格式。对于值类（value class），比如电话号码类或矩阵类，建议这样做。指定格式的好处是，该格式可以作为一种标准的、明确的、适合人阅读的对象表示。这种表示可用于输入和输出，还可以用于持久化的、适合人阅读的数据对象中，比如 CSV 文件。如果指定了格式，通常最好再提供一个匹配的静态工厂或构造器，这样程序员就很容易在对象和它的字符串表示之间来回转换。Java 平台类库中的许多值类都采用了这种方法，包括 BigInteger、BigDecimal 和大部分基本类型的封装类。

指定 toString 返回值的格式的缺点是，如果这个类被广泛使用的话，一旦指定了格式，就会一直受制于这种格式。程序员会编写代码来解析这种表示，生成这种表示，还会将其嵌入到持久化数据中。如果在将来的发行版本中修改了这种表示的格式，就会破坏这些程序员的代码和数据，他们会对此产生抱怨。如果选择不指定格式，就保留了在后续发行版本中增加信息或改进格式的灵活性。

无论是否决定指定格式，都应该在文档中清晰地表明自己的意图。如果要指定格式，就应该严谨地写清楚。例如，如下就是**条目 11** 的 `PhoneNumber` 类的 `toString` 方法：

```
/**
 * 返回该电话号码的字符串表示。
 * 字符串由 12 个字符组成，其格式为"XXX-YYY-ZZZZ"，其中"XXX"为区号（area code），
 * "YYY"为中心局前缀（prefix），"ZZZZ"为线路号（line number）。
 * 每个大写字母代表一个十进制数字。
 *
 * 如果这个电话号码的三个部分中的任何一部分因为位数太少而无法填满该部分，就在前面加 0 来补齐。
 * 例如，如果线路号的值是 123，则该字符串表示的最后 4 个字符是"0123"。
 */
@Override public String toString() {
    return String.format("%03d-%03d-%04d",
            areaCode, prefix, lineNum);
}
```

如果决定不指定格式，文档注释应该是下面这样的。

```
/**
 * 返回该药水的简要描述。
 * 这里没有指定该字符串表示的具体格式，未来有可能改变，
 * 比较典型的形式是下面这样：
 *
 * "[Potion #9: type=love, smell=turpentine, look=india ink]"
 */
@Override public String toString() { ... }
```

在看完这条注释之后，如果程序员还编写依赖格式的细节的代码，或生成依赖其细节的持久化数据，那么一旦格式被改变，他们就只能自己承担后果了。

无论是否指定格式，都应该**为 `toString` 返回值中包含的信息提供编程访问方式。**例如，`PhoneNumber` 类应该提供用于访问区号（area code）、中心局前缀（prefix）和线路号（line number）的方法。如果没有提供，就会使得需要这些信息的程序员不得不自己解析这个字符串表示。除了降低性能和给他们带来不必要的工作之外，这个过程也很容易出错，还会导致系统变得脆弱，如果格式发生变化，系统就会崩溃。如果不提供访问器方法，这个字符串格式就会变成一个事实上的 API，即使我们已经说明这个格式未来有可能改变。

在静态工具类（**条目 4**）中编写 `toString` 方法是没有意义的。对于大多数枚举类型而言，我们也不应该为其编写 `toString` 方法（**条目 34**），因为 Java 会提供一个非常不错的方法。然而，对于其子类会共享同样的字符串表示形式的任何抽象类，都应该为其编写 `toString` 方法。例如，大部分集合实现中的 `toString` 方法都是从抽象的集合类继承而来的。

条目 10 讨论过的 Google 开源的 AutoValue 工具可以为我们生成 `toString` 方法，大部分 IDE 也可以。它们生成的方法能够很好地告诉我们每个字段的内容，但是并不擅长说清楚这个类的现实意义。例如，为 `PhoneNumber` 类使用自动生成 `toString` 方法，就是不合适的（因为电话号码有标准的字符串表示形式），但是为 `Potion` 类使用自动生成的

toString 方法就非常不错。即便如此，自动生成的 toString 方法也比从 Object 继承的要好得多，因为后者没有提供有关这个对象的值的任何信息。

总而言之，在我们编写的每个可实例化的类中都要重写 Object 的 toString 实现，除非有超类已经这样做了。这样会使类用起来更舒服，而且有助于调试。toString 方法应该以一种美观的格式返回对这个对象的简洁、有用的描述。

条目 13：谨慎重写 clone 方法

Cloneable 接口本想成为类的一个 mixin 接口（**条目 20**），表明这样的类支持克隆。遗憾的是，这个目的并没有实现。主要是因为该接口中缺少一个 clone 方法，而 Object 类的 clone 方法是受保护的。如果不借助反射（**条目 65**），并不能仅仅因为一个对象实现了 Cloneable 接口就在其上调用 clone 方法。即使借助反射来调用，也有可能失败，因为无法保证这个对象存在可访问的 clone 方法。尽管存在这样或那样的问题，这个功能还是得到了非常广泛的应用，所以理解它很有必要。本条目会讲解如何实现一个表现良好的 clone 方法，并探讨什么时候适合重写 clone 方法，以及有哪些替代方案。

既然 Cloneable 接口中没有任何方法，那么它的作用是什么呢？对于 Object 类中受保护的 clone 实现而言，这个接口决定了其行为：如果类实现了 Cloneable，Object 的 clone 方法会返回当前对象的一个逐字段复制而来的副本；否则就会抛出 CloneNotSupportedException。不过这是接口的一种非常反常的用法，不应被模仿。通常情况下，实现接口是为了向其用户表明这个类可以做什么。但在这种情况下，它只是改变了超类中的一个受保护的方法的行为。

尽管规范没有明确说明，但**实际上，实现 Cloneable 接口的类应该提供一个可以正常运作的、公有的 clone 方法**。为了达到这个目的，该类及其所有超类都必须遵守一个非常复杂、无法强制实施而且基本没有文档说明的协议。由此得到的是 Java 核心语言之外的一种脆弱且危险的机制：它可以在不调用构造器的情况下创建对象。

clone 方法的通用约定比较弱。以下内容是从 Object 的文档中复制的。

创建并返回该对象的副本。“副本”的确切含义可能取决于该对象的类。一般的含义是，对于任何对象 x，表达式

```
x.clone() != x
```

将为 true，并且表达式

```
x.clone().getClass() == x.getClass()
```

将为 true，不过这些并不是绝对的要求。虽然通常情况下，表达式

```
x.clone().equals(x)
```

将为 true，不过这也不是绝对的要求。

按照惯例，这个方法返回的对象应该通过调用 super.clone 来获得。如果类及其所有超类（Object 类除外）都遵守这个约定，以下表达式将为 true：

```
x.clone().getClass() == x.getClass()。
```

按照惯例，返回的对象与被克隆的对象应该是相互独立的。为了实现这种独立性，对于 super.clone 返回的对象，我们可能需要在这个方法返回之前修改它的一个或多个字段。

这种机制与构造器调用链隐约相似，但并不是强制性的：如果类的 clone 方法返回的

实例不是通过调用 super.clone 获得的，而是通过调用构造器，编译器并不会报错，但会影响这个类的子类，当子类中的 clone 方法调用 super.clone 时，生成的对象的类型会是错误的，子类的 clone 方法也就不能正常工作了。如果重写 clone 方法的类是 final 的，没有遵守这个惯例的话不会有风险，因为它不会有子类，所以我们无须担心。但是话又说回来，如果一个 final 类的 clone 方法不调用 super.clone，那这个类实现 Cloneable 接口的意义是什么呢？因为它并没有依赖 Object 的 clone 实现的行为。

假设有一个类，其超类已经提供了表现良好的 clone 方法，我们想让这个类实现 Cloneable 接口。首先调用 super.clone。我们得到的对象将是原始对象的功能完整的副本。在这个对象中，类中声明的任何字段的值都会与原始对象相同。如果每个字段包含的都是基本类型值或指向不可变对象的引用，则返回的对象可能正是我们所需要的，无须进一步处理。例如，**条目 11** 中的 PhoneNumber 类就是这种情况，但是请注意，**不可变类不应该提供 clone 方法**，因为克隆不可变类的对象纯属浪费。记住这个提醒，下面是 PhoneNumber 中的 clone 方法的样子：

```
// 类中没有指向可变状态的引用，其 clone 方法如下
@Override public PhoneNumber clone() {
    try {
        return (PhoneNumber) super.clone();
    } catch (CloneNotSupportedException e) {
        throw new AssertionError();  // 不可能发生
    }
}
```

要让这个方法生效，还必须修改 PhoneNumber 的类声明，使其实现 Cloneable 接口。虽然 Object 的 clone 方法返回的是 Object，但是这个 clone 方法返回的是 PhoneNumber。这样做是合法的，也是应该的，因为 Java 支持协变返回类型（covariant return type）。换句话说，重写方法的返回类型可以是被重写方法的返回类型的子类。这样就不需要在客户代码中进行转换了。在返回之前，必须将 super.clone 的结果从 Object 强制转换为 PhoneNumber，不过不用担心，这个转换肯定会成功。

调用 super.clone 的代码被放在了一个 try-catch 块中。这是因为 Object 声明其 clone 方法会抛出 CloneNotSupportedException，这是一个检查型异常（checked exception）。因为 PhoneNumber 实现了 Cloneable 接口，所以我们知道调用 super.clone 肯定会成功，并不会抛出异常。不过此处仍然需要这样的样板代码，这说明 CloneNotSupportedException 应该被设计为非检查型异常（**条目 71**）。

如果对象包含的字段引用了可变对象，使用前面介绍的简单 clone 实现可能会带来灾难性后果。例如，考虑**条目 7** 中的 Stack 类：

```
public class Stack {
    private Object[] elements;
    private int size = 0;
    private static final int DEFAULT_INITIAL_CAPACITY = 16;

    public Stack() {
        this.elements = new Object[DEFAULT_INITIAL_CAPACITY];
    }

    public void push(Object e) {
```

```
        ensureCapacity();
        elements[size++] = e;
    }

    public Object pop() {
        if (size == 0)
            throw new EmptyStackException();
        Object result = elements[--size];
        elements[size] = null; // 清除过期引用
        return result;
    }

    // 确保再来一个元素也有空间保存
    private void ensureCapacity() {
        if (elements.length == size)
            elements = Arrays.copyOf(elements, 2 * size + 1);
    }
}
```

假设要让这个类支持克隆。如果 clone 方法只是返回 super.clone()，对于生成的 Stack 实例而言，其 size 字段的值是正确的，但其 elements 字段将和原始的 Stack 实例指向同一个数组。修改原始实例中的数组会破坏克隆体中的不变式，反之亦然。我们很快就会发现，程序会产生无意义的结果，或抛出 NullPointerException。

如果调用 Stack 类中唯一的构造器，永远不会发生这种情况。**实际上，clone 方法充当了构造器的作用；必须确保它不会对原始对象造成伤害，并确保它在克隆体上正确地建立不变式。**为了使 Stack 上的 clone 方法正常工作，它必须复制栈内部的内容。最简单的做法是递归调用 elements 数组上的 clone 方法：

```
// 类中存在指向可变状态的引用，其 clone 方法如下
@Override public Stack clone() {
    try {
        Stack result = (Stack) super.clone();
        result.elements = elements.clone();
        return result;
    } catch (CloneNotSupportedException e) {
        throw new AssertionError();
    }
}
```

注意，不必将 elements.clone 的结果强制转换为 Object[]。在数组上调用 clone，所返回的数组的运行时类型和编译时类型都会与被克隆数组相同。这是复制数组时首选的习惯用法。事实上，要说 clone 功能有什么非使用不可的场景的话，可能就是数组了。

还要注意的是，如果 elements 字段是 final 的，前面的解决方案就无法工作了，因为 clone 方法不能把一个新值赋值给这个字段。这是个根本性问题：就像序列化一样，**Cloneable 架构与引用可变对象的 final 字段的正常使用并不兼容**，除非这些可变对象可以在对象及其克隆体之间安全地共享。如果想让类支持克隆，可能需要将某些字段前的 final 修饰符删掉。

仅仅递归调用 clone 方法有时还不够。例如，假设我们正在为一个哈希表编写 clone

方法，该表的内部由一个桶数组组成，这个数组的每个元素都指向一个键值对（key-value pair）链表的第一项。出于性能考虑，这个类在内部实现了自己的轻量级单链表，没有使用java.util.LinkedList：

```
public class HashTable implements Cloneable {
    private Entry[] buckets = ...;

    private static class Entry {
        final Object key;
        Object value;
        Entry  next;

        Entry(Object key, Object value, Entry next) {
            this.key   = key;
            this.value = value;
            this.next  = next;
        }
    }
    ... // 其余代码略去
}
```

假设我们只是递归地克隆这个桶数组，就像对Stack所做的那样：

```
// 有问题的clone方法——会导致共享可变状态
@Override public HashTable clone() {
    try {
        HashTable result = (HashTable) super.clone();
        result.buckets = buckets.clone();
        return result;
    } catch (CloneNotSupportedException e) {
        throw new AssertionError();
    }
}
```

虽然克隆体有自己的桶数组，但这个数组引用的是与原始对象相同的链表，这很容易导致克隆体和原始对象出现非确定性行为。为了解决这个问题，必须复制组成每个桶的链表。下面是一种常见的方式：

```
// 对于存在复杂可变状态的类，递归实现的clone方法
public class HashTable implements Cloneable {
    private Entry[] buckets = ...;

    private static class Entry {
        final Object key;
        Object value;
        Entry  next;

        Entry(Object key, Object value, Entry next) {
            this.key   = key;
            this.value = value;
            this.next  = next;
        }

        // 递归复制以该Entry为表头的链表
```

```
        Entry deepCopy() {
            return new Entry(key, value,
                next == null ? null : next.deepCopy());
        }
    }

    @Override public HashTable clone() {
        try {
            HashTable result = (HashTable) super.clone();
            result.buckets = new Entry[buckets.length];
            for (int i = 0; i < buckets.length; i++)
                if (buckets[i] != null)
                    result.buckets[i] = buckets[i].deepCopy();
            return result;
        } catch (CloneNotSupportedException e) {
            throw new AssertionError();
        }
    }
    ... // 其余代码略去
}
```

私有类 HashTable.Entry 增加了一个支持“深拷贝”（“deep copy”）的方法。HashTable 上的 clone 方法会分配一个正确大小的新 buckets 数组，并在原始的 buckets 数组上进行遍历，深拷贝每个非空的桶。Entry 上的 deepCopy 方法会递归地调用自己，复制以该项为表头的整个链表。虽然这种技术很巧妙，如果桶不是特别长的话，效果也不错，但它并不是克隆链表的好方法，因为链表中的每个元素都会消耗一个栈帧。如果链表比较长，很容易导致栈溢出。为了防止这种情况发生，可以用迭代代替 deepCopy 中的递归：

```
// 迭代复制以该 Entry 为表头的链表
Entry deepCopy() {
    Entry result = new Entry(key, value, next);
    for (Entry p = result; p.next != null; p = p.next)
        p.next = new Entry(p.next.key, p.next.value, p.next.next);
    return result;
}
```

克隆复杂可变对象的最后一种方式是先调用 super.clone，然后将生成的对象中的所有字段设置为它们的初始状态，然后调用更高阶的方法来重新生成原始对象的状态。在 HashTable 的示例中，buckets 字段将被初始化为一个新的桶数组，然后对被克隆的哈希表中的每个键值映射调用 put(key, value) 方法（示例代码中未显示出来）。这种方式得到的 clone 方法非常简单，而且相当优雅，但是运行速度不如直接操作克隆体内部的版本。虽然这种方式很干净，但它与整个 Cloneable 架构背道而驰，因为它盲目地覆盖了构成该架构基础的逐字段对象复制。

像构造器一样，clone 方法决不能在仍处于构造过程中的克隆体上调用可重写的方法（**条目 19**）。如果 clone 调用了一个在子类中被重写的方法，这个方法将在子类有机会修复克隆体的状态之前执行，很有可能导致克隆体和原始对象的损坏。因此，上一段讨论的 put(key, value) 方法应该是 final 的或私有的。（如果它是私有的，那么它很有可能是一个非 final 的公有方法的“辅助方法”。）

Object 的 clone 方法被声明为会抛出 CloneNotSupportedException，但重写

方法并不需要这样。**公有的 clone 方法应该去掉 throws 子句**，因为不抛出检查型异常的方法更容易使用（**条目 71**）。

在设计用于被继承的类（**条目 19**）时，有两个选择，但是无论选择哪一个，这个类都不应该实现 Cloneable 接口。可以选择实现一个功能正常的受保护的 clone 方法，并声明会抛出 CloneNotSupportedException，来模仿 Object 的行为。这样子类可以自由地选择实现或不实现 Cloneable 接口，就像直接扩展 Object 一样。或者，也可以选择不实现功能正常的 clone 方法，而且也不让子类实现它，具体可以通过提供以下退化的 clone 实现来做到：

```
// 用于不支持 Cloneable 的可扩展类中的 clone 方法
@Override
protected final Object clone() throws CloneNotSupportedException {
    throw new CloneNotSupportedException();
}
```

还有一个值得注意的细节。如果要编写一个实现了 Cloneable 接口的线程安全的类，请记住，和其他任何方法一样，这个类的 clone 方法也必须正确地进行同步处理（**条目 78**）。Object 的 clone 方法不是同步的，所以即使其实现满足要求，也必须编写一个同步的 clone 方法，让它返回 super.clone()。

简而言之，所有实现 Cloneable 的类都应该用一个返回类型为类本身的公有方法来重写 clone。这个方法应该首先调用 super.clone，然后修复任何需要修复的字段。通常情况下，这意味着复制任何构成对象内部“深层结构”的可变对象，并将克隆体中对这些对象的引用替换为对其副本的引用。虽然这些内部副本通常可以通过递归调用 clone 来构造，但有时这并不是最好的方式。如果该类只包含基本类型字段或指向不可变对象的引用，这样的情况就很可能不需要修复任何字段。这条规则也有例外。例如，一个代表序列号或其他唯一 ID 的字段，即使它是基本类型的或不可变的，也是需要修复的。

真的有必要这么复杂吗？其实，很多情况下并不需要。如果扩展了一个已经实现了 Cloneable 的类，除了实现一个表现良好的 clone 方法，几乎别无选择。否则，最好提供一种替代性的对象复制手段。**提供**复制构造器（copy constructor）**或**复制工厂（copy factory）**是实现对象复制的更好的方式。**复制构造器就是一个这样的构造器，它只接收一个参数，该参数的类型就是该构造器所在的类，例如：

```
// 复制构造器
public Yum(Yum yum) { ... };
```

复制工厂是与复制构造器类似的静态工厂（**条目 1**）：

```
// 复制工厂
public static Yum newInstance(Yum yum) { ... };
```

与 Cloneable/clone 相比，复制构造器方式及其静态工厂变体有许多优点：它们不依赖于 Java 核心语言之外的、存在风险的对象创建机制；它们不需要遵守基本没有文档说明的约定，更何况这样的约定还没有办法强制实施；它们与 final 字段的正常使用没有冲突；它们不会抛出不必要的检查型异常；它们不需要类型转换。

此外，复制构造器或复制工厂可以接收一个这样的参数：其类型是这个类所实现的接口。例如，按照惯例，所有的通用集合实现都会提供一个其参数为 Collection 或 Map 类型的构造器。基于接口的复制构造器和复制工厂，更恰当的说法是转换构造器（conversion constructor）和转换工厂（conversion factory），支持客户选择副本的实现类型，而不是强迫客户接受原始对象的实现类型。例如，假设有一个名为 s 的 HashSet，而我们想将其复制为 TreeSet。clone 方法不能提供这样的功能，但使用转换构造器就很容易了：new TreeSet<>(s)。

考虑到与 Cloneable 相关的所有问题，新的接口不应该扩展该接口，新的可扩展的类也不应该实现该接口。尽管 final 类实现 Cloneable 的危害要小得多，但应该将其视作一种性能优化，除非是有充足理由的少数情况（**条目 67**），否则也不建议使用。一般来说，复制功能最好通过构造器或工厂来提供。不过数组是个例外，它们最好用 clone 方法来复制。

条目 14：考虑实现 Comparable 接口

与本章讨论的其他方法不同的是，compareTo 方法并不是在 Object 类中声明的。相反，它是 Comparable 接口中唯一的方法。它与 Object 的 equals 方法有相似之处，只是除了简单的相等性比较之外，它还支持按顺序比较，而且它是泛型方法。类实现了 Comparable 接口，就表示其实例具有自然排序（natural ordering）。如果数组中的对象实现了 Comparable 接口，对这个数组进行排序就这么简单：

```
Arrays.sort(a);
```

对于由实现了 Comparable 接口的对象组成的集合，查找、计算极值以及自动维护其有序性同样非常容易。例如，下面的程序依赖于实现了 Comparable 接口的 String 类，将命令行参数列表按照字母顺序打印出来，同时会去掉重复的参数：

```
public class WordList {
    public static void main(String[] args) {
        Set<String> s = new TreeSet<>();
        Collections.addAll(s, args);
        System.out.println(s);
    }
}
```

一旦类实现了 Comparable 接口，它就可以与所有基于这个接口的诸多泛型算法和集合实现进行互操作。只需要付出很少的努力，就能获得巨大的力量。几乎 Java 平台类库中所有的值类，以及所有的枚举类型（**条目 34**）都实现了 Comparable 接口。如果你正在编写一个具有明显的自然排序（比如按字母顺序、数值顺序或时间顺序）的值类，就应该实现 Comparable 接口：

```
public interface Comparable<T> {
    int compareTo(T t);
}
```

compareTo 方法的通用约定与 equals 方法的通用约定相似：

将该对象与指定对象进行比较，以确定顺序关系。当该对象小于、等于或大于指定对象时，分别返回一个负整数、零或正整数。如果指定对象的类型不允许与该对象进行比较，则抛出 ClassCastException。

在下面的描述中，我们用符号 sgn(*expression*)表示数学上的 *signum* 函数，它会根据 *expression* 的值是负数、0 或正数，分别返回-1、0 或 1。

- 对于所有的 x 和 y，实现者必须确保 sgn(x.compareTo(y))==-sgn(y.

compareTo(x))成立。（这意味着当且仅当 y.compareTo(x) 抛出异常，x.compareTo(y)才必须抛出异常。）

- 实现者必须确保该关系的传递性：(x. compareTo(y) > 0 && y.compareTo(z) > 0)意味着 x.compareTo(z) > 0。
- 最后，对于所有的 z，实现者必须确保：如果 x.compareTo(y) == 0，则 sgn(x.compareTo(z)) == sgn(y.compareTo(z))。
- 强烈建议，实现者应该使(x.compareTo(y) == 0) == (x.equals(y))成立，不过这并不是强制要求。一般来说，任何实现了 Comparable 接口却又违反了这个条件的类，均应明确指出这一事实。推荐使用这样的说法："注意：这个类的自然排序和 equals 不一致。"

不要被这个约定的数学性质所吓倒。就像 equals 约定（**条目 10**），这个约定并不像表面看起来那么复杂。equals 方法是在所有对象上施加了一个全局的相等关系，与它不同的是，compareTo 方法不必在不同类型的对象之间进行比较：当遇到不同类型的对象时，compareTo 可以抛出 ClassCastException。通常情况下，它就是这么做的。这个约定确实允许对不同类型的对象进行比较，前提是 compareTo 方法是在一个接口中定义的，而被比较的对象都实现了这个接口。

就像违反 hashCode 约定的类有可能破坏其他依赖哈希的类一样，违反 compareTo 约定的类也会破坏其他依赖比较的类。依赖比较的类包括有序集合 TreeSet 和 TreeMap，以及工具类 Collections 和 Arrays，这些类中包含了查找和排序算法。

我们仔细看一下 compareTo 约定中的几条规定。第一条说的是，如果反转两个对象引用之间的比较方向，就会发生这样的事情：如果第一个对象小于第二个，那么第二个对象必定大于第一个；如果第一个对象等于第二个，那么第二个对象必定等于第一个；如果第一个对象大于第二个，那么第二个对象必定小于第一个。第二条说的是，如果一个对象大于第二个，而且第二个大于第三个，那么第一个必定大于第三个。最后一条说的是，所有比较结果为相等的对象，在分别与其他任何对象比较时，产生的结果必定是相同的。

这三条规定的一个结果是，由 compareTo 方法所施加的相等性测试，必须遵守 equals 约定所施加的相同限制：自反性、对称性和传递性。因此，同样的注意事项也适用：除非愿意放弃面向对象的抽象机制所带来的优势（**条目 10**），否则没有办法在扩展了可实例化的类并增加了新的值组件的同时维持其 compareTo 约定。同样的变通方法也适用。如果想向一个实现了 Comparable 的类中增加一个值组件，请不要扩展它；而要写一个不相关的类，让它包含第一个类的一个实例。然后提供一个"视图"方法来返回所包含的实例。这样就可以在这个包含类上实现任何我们喜欢的 compareTo 方法了，同时也支持其用户在需要时将包含类的实例视为被包含类的实例。

compareTo 约定的最后一段只是一个强烈的建议，并不是非完成不可的要求，它只是说 compareTo 方法所施加的相等性测试通常应该返回与 equals 方法相同的结果。如果遵守了这条规定，我们就说由 compareTo 方法所施加的排序是和 equals 一致的。如果违反了，我们就说排序与 equals 不一致。如果一个类的 compareTo 方法所施加的排序与 equals 不一致，它仍然可以工作，但是以这个类的对象为元素的有序集合就未必能遵守相应集合接口（Collection、Set 或 Map）的通用约定了。这是因为，这些接口的通用约定是通过 equals 定义的，但是有序集合的相等性测试则是由 compareTo 得到的，而不是 equals。如果发生这种情况，也不算什么大灾难，不过还是需要注意的。

例如，以 BigDecimal 类为例，其 compareTo 方法就与 equals 不一致。如果创建一个空的 HashSet 实例，然后将 new BigDecimal("1.0") 和 new BigDecimal("1.00") 添加进去，这个集合将包含两个元素，因为添加到这个集合中的两个 BigDecimal 实例在使用 equals 方法比较时是不相等的。但是，如果使用 TreeSet 而不是 HashSet 来进行同样的操作，那么这个集合将只包含一个元素，因为当使用 compareTo 方法来比较这两个 BigDecimal 实例时，它们是相等的。（详情可参阅 BigDecimal 的文档。）

编写 compareTo 方法与编写 equals 方法很像，但有几个关键的区别。因为 Comparable 接口是参数化的，compareTo 方法是静态类型的，所以不需要对它的参数进行类型检查或强制转换。如果参数的类型不正确，调用语句甚至无法通过编译。如果参数为 null，这个调用应抛出 NullPointerException，而且一旦方法试图访问其成员就会抛出异常。

在 compareTo 方法中，字段被比较的是顺序而不是是否相等。要比较对象引用字段，可以递归调用它们的 compareTo 方法。如果某个字段没有实现 Comparable，或我们需要一个非标准的排序，可以使用 Comparator（比较器）来代替。可以编写自己的比较器，也可以使用现有的比较器，如**条目 10** 中 CaseInsensitiveString 类的 compareTo 方法，就使用了现有的比较器 CASE_INSENSITIVE_ORDER：

```
// 单个对象引用字段的比较
public final class CaseInsensitiveString
        implements Comparable<CaseInsensitiveString> {
    public int compareTo(CaseInsensitiveString cis) {
        return String.CASE_INSENSITIVE_ORDER.compare(s, cis.s);
    }
    ... // 其余代码略去
}
```

注意，CaseInsensitiveString 实现了 Comparable<CaseInsensitiveString> 接口。这意味着一个 CaseInsensitiveString 引用只能与另一个 CaseInsensitiveString 引用进行比较。这是在声明实现 Comparable 接口的类时要遵循的正常模式。

本书以前的版本推荐在 compareTo 方法中使用关系运算符 < 和 > 来比较整型的基本类型字段，使用静态方法 Double.compare 和 Float.compare 来比较浮点型基本类型字段。而在 Java 7 中，所有的基本类型封装类都添加了静态的 compare 方法。**在 compareTo 方法中使用关系运算符<和>非常烦琐，而且容易出错，所以不再推荐。**

如果类有多个重要字段，按什么顺序来比较它们是至关重要的。可以从最重要的字段开始，然后继续进行。如果比较的结果不是 0（0 代表相等），比较就结束了；直接返回其结果即可。如果最重要的字段是相等的，就比较下一个最重要的字段，依此类推，直到找到不相等的字段或比较到最不重要的字段。下面用**条目 11** 中的 PhoneNumber 类的 compareTo 方法演示这种方法：

```
// 多个基本类型字段的比较
public int compareTo(PhoneNumber pn) {
    int result = Short.compare(areaCode, pn.areaCode);
    if (result == 0)  {
        result = Short.compare(prefix, pn.prefix);
        if (result == 0)
            result = Short.compare(lineNum, pn.lineNum);
```

```
    }
    return result;
}
```

在 Java 8 中，Comparator 接口配备了一组比较器构造方法（comparator construction method），这使得比较器构造起来更加方便了。然后，这些比较器可以用来实现 Comparable 接口所要求的 compareTo 方法。许多程序员更喜欢这种方式的简洁，不过要付出一定的性能代价：在我的机器上，对保存 PhoneNumber 实例的数组进行排序，要慢 10%左右。在使用这种方式时，为了简洁起见，可以考虑使用 Java 的静态导入（static import）工具，这样就可以用静态比较器构造方法的简单名字而不是全路径名来引用它们了。下面的代码演示了 PhoneNumber 中的 compareTo 方法是如何使用这种方式来实现的：

```
// 使用比较器构造方法实现的 Comparable
private static final Comparator<PhoneNumber> COMPARATOR =
        comparingInt((PhoneNumber pn) -> pn.areaCode)
          .thenComparingInt(pn -> pn.prefix)
          .thenComparingInt(pn -> pn.lineNum);

public int compareTo(PhoneNumber pn) {
    return COMPARATOR.compare(this, pn);
}
```

这个实现在类初始化时构建了一个比较器，用到了两个比较器构造方法。第一个是 comparingInt。它是一个静态方法，接收一个键提取函数（key extractor function）并返回一个比较器，其中作为参数的函数负责将一个对象引用映射到一个 int 类型的键，而返回的比较器会根据该键对实例进行排序。在前面的示例中，comparingInt 接收了一个负责从 PhoneNumber 中提取区号（area code）的 Lambda 表达式，并返回一个可以根据电话号码中的区号对其进行排序的 Comparator<PhoneNumber>。请注意，这个 Lambda 显式指明了其输入参数的类型（PhoneNumber pn）。事实证明，在这种情况下，Java 的类型推导（type inference）并没有强大到可以自己弄懂其类型，所以为使程序通过编译，我们不得不帮助它。

如果两个电话号码的区号相同，则需要进一步细化比较，这正是第二个比较器构造方法 thenComparingInt 要做的工作。它是 Comparator 上的一个实例方法，接收一个返回类型为 int 的键提取函数，并返回一个比较器，该比较器会首先应用原来的比较器，然后使用提取的键来做进一步的判断。我们可以根据需要堆叠多个 thenComparingInt 调用，从而形成一个词典顺序。在前面的示例中，我们堆叠了两个 thenComparingInt 调用，形成了一个以中心局前缀（prefix）为次级键，以线路号（line number）为三级键的排序。请注意，在两次调用 thenComparingInt 时，我们不必指明键提取器函数的参数类型，Java 的类型推导足够聪明，可以自己解决这个问题。

Comparator 类提供了完备的比较器构造方法。对于基本类型 long 和 double，也有与 comparingInt 和 thenComparingInt 类似的方法。int 版本也可用于 short 等更窄的整型，如 PhoneNumber 所示。double 版本也可用于 float。这样就覆盖了 Java 的所有数值基本类型。

也有用于对象引用类型的比较器构造方法。名为 comparing 的静态方法有两个重载版本。一个版本是接收一个键提取器，它会使用这个键的自然顺序。另一个版本是同时接收一个键提取器和一个比较器,它会在提取的键上使用这个比较器。名为 thenComparing 的实例方法有三个重载版本。其中一个版本只接收一个比较器，它会使用这个比较器来确定次级顺序。第二个版本只接收一个键提取器，它会使用这个键的自然顺序作为次级顺序。最后一个版本同时接收一个键提取器和一个比较器，它会在提取的键上使用这个比较器。

偶尔你可能会看到，有人使用两个值的差来实现 compareTo 或 compare 方法：如果第一个值小于第二个值，那么差就是负数；如果两个值相等，那么差就是零；如果第一个值大于第二个值，那么差就是正数。下面是一个例子：

```
// 存在问题——基于差的比较器，会破坏传递性
static Comparator<Object> hashCodeOrder = new Comparator<>() {
    public int compare(Object o1, Object o2) {
        return o1.hashCode() - o2.hashCode();
    }
};
```

请不要使用这种技术。它存在整数溢出和 IEEE 754 浮点运算问题的风险[JLS 15.20.1, 15.21.1]。此外，与使用本条目所描述的技术来编写的方法相比，这样产生的方法也不太可能快很多。建议要么使用静态的 compare 方法：

```
// 基于静态的 compare 方法的比较器
static Comparator<Object> hashCodeOrder = new Comparator<>() {
    public int compare(Object o1, Object o2) {
        return Integer.compare(o1.hashCode(), o2.hashCode());
    }
};
```

要么使用比较器构造方法：

```
// 基于比较器构造方法的比较器
static Comparator<Object> hashCodeOrder =
        Comparator.comparingInt(o -> o.hashCode());
```

总而言之,每当要实现一个可以合理地进行排序的值类时,都应该让这个类实现Comparable 接口，这样它的实例就可以轻松地被排序、查找和用在基于比较的集合中。在 compareTo 方法的实现中，当比较字段的值时，应避免使用<和>运算符。相反，请使用基本类型的封装类中的静态 compare 方法，或使用 Comparator 接口中的比较器构造方法。

第4章　类和接口

类和接口是 Java 编程语言的核心。它们是抽象的基本单元。Java 语言提供了许多强大的元素，我们可以使用这些元素来设计类和接口。本章所包含的准则可以帮助读者更好地利用这些元素，以便设计出可用、健壮且灵活的类和接口。

条目 15：最小化类和成员的可访问性

区分设计良好的组件和设计不良的组件最重要的因素是，这个组件能在多大程度上将其内部数据和其他实现细节对别的组件隐藏起来。设计良好的组件会隐藏其所有的实现细节，并将 API 与实现清晰地隔离。然后，组件之间仅通过它们的 API 进行通信，而对彼此的内部工作一无所知。这个概念被称为信息隐藏（information hiding）或封装（encapsulation），是软件设计的基本原则之一[Parnas72]。

信息隐藏的重要性表现在多个方面，而其中大部分又与这一事实有关：它将组成系统的组件解耦，使得这些组件可以单独地开发、测试、优化、使用、理解和修改。这加快了系统开发的速度，因为组件的开发可以并行进行。它减轻了系统维护的负担，因为组件可以被更快地理解，并在几乎不影响其他组件的情况下进行调试或替换。虽然信息隐藏本身并不能带来良好的性能，但它可以提高性能调优的效率：在系统开发完成之后，如果通过剖析确定了性能问题是由哪些组件引起的（**条目 67**），就可以专门优化这些组件，同时不影响其他组件的正确性。信息隐藏提高了软件复用的程度，如果组件的耦合度比较低，组件开发出来之后往往在其他地方也用得上。最后，信息隐藏也降低了构建大型系统的风险，因为即使系统最后没有成功，其中的个别组件也有可能是成功的。

Java 有很多帮助实现信息隐藏的设施。访问控制机制[JLS, 6.6]指定了类、接口和成员的可访问性。一个实体的可访问性是由其声明的位置和声明时所用的访问修饰符（`private`、`protected` 和 `public`）共同决定的。合理使用这些修饰符对于信息隐藏至关重要。

有个很简单的经验法则：**尽可能使每个类或成员不可访问**。换句话说，在能让我们所写的软件正常运行的前提下，尽可能降低访问级别。

对于顶层（非嵌套）的类和接口，只有两种可能的访问级别：包私有的（package-private）和公有的（public）。如果我们用 `public` 修饰符来声明一个顶层的类或接口，它就是公有的；否则，它就是包私有的。如果一个顶层的类或接口可以被设计为包私有的，那就应该这样设计。这样它就成了实现的一部分，而不是导出 API 的一部分，我们可以在之后的版本中修改、替换或者删除，而不必担心影响现有的客户端程序。如果将其设计为公有的，我们就有义务永远支持它，以保持兼容性。

对于一个包私有的顶层的类或接口而言，如果只有一个类用到了它，可以考虑将其设计为这个唯一使用它的类的私有静态嵌套类（**条目 24**）。这样它的可访问性就从所在包中的所有类缩小到了只有使用它的那个类。不过，与降低包私有的顶层类的可访问性相比，降低不必要的公有类的可访问性要重要得多：公有类是包的 API 的一部分，而包私有的顶层类已经是实现的一部分。

对于成员（字段、方法、嵌套类和嵌套接口）来说，有四种可能的访问级别，按照可访问性递增的顺序列出如下。

- 私有的（private）——该成员只能从声明它的顶层类中访问。
- 包私有的（package-private）——该成员可以从声明它的包中的所有类中访问。从技术上讲，这被称为包访问，如果没有指定访问修饰符，就是这个访问级别（接口成员除外，它们默认是公有的）。
- 受保护的（protected）——该成员可以从声明它的类的子类中访问（但有一些限制 [JLS, 6.6.2]），也可以从声明它的类所在的包中的任何类中访问。
- 公有的（public）——该成员可以从任何地方访问。

在仔细设计了类的公有 API 之后，我们的反应应该是将其他所有成员都设置为私有的。只有当同一个包中的另一个类确实需要访问某个成员时，才应该移除其 `private` 修饰符，使该成员成为包私有的。如果经常需要这么做，就应该重新审视我们的系统设计了，看看是否还有别的分解方式能让这些类更好地解耦。即便如此，私有的和包私有的成员都是类的实现的一部分，通常不会影响导出 API。然而，如果这个类实现了 `Serializable` 接口（**条目 86** 和**条目 87**），这些字段就有可能“泄漏”到导出 API 中。

对于公有类的成员，当访问级别从包私有的变成受保护的之时，可访问性会大大增加。受保护的成员是这个类的导出 API 的一部分，必须永远支持。另外，导出类的受保护的成员代表了对实现细节的公开承诺（**条目 19**）。应该尽量少用受保护的成员。

有一条关键规则会限制我们降低方法可访问性的能力。如果一个方法重写了超类的方法，那么这个方法在子类中的访问级别不能比在超类中的访问级别更严格[JLS, 8.4.8.3]。这是为了确保子类的实例在任何可以使用超类实例的地方都能使用（里氏替换原则，参见**条目 10**）。如果违反了这一规则，那么当试图编译子类时，编译器就会给出一条错误消息。这条规则有个很有代表性的例子：如果一个类实现了一个接口，那么对于来自这个接口的所有的类方法，这个类都必须将其声明为公有的。

为了便于测试代码，我们可能想让类、接口或成员的可访问性不局限于必要的程度。这在某种程度上是可以的。为了测试公有类的某个成员，将其从私有的变为包私有的，这是可以接受的，但再高就不可以了。换句话说，为了方便测试而使类、接口或成员成为包的导出 API 的一部分，是不可接受的。幸运的是，也没有必要这样做，因为测试可以作为被测包的一部分运行，从而能够访问包私有的元素。

公有类的实例字段尽量不要设计为公有的（**条目 16**）。如果一个实例字段不是 `final` 的，或者它是一个指向可变对象的引用，将其设计为公有的也就相当于放弃了对这个字段中可以保存什么值进行限制的能力。这也意味着放弃了保证涉及这个字段的不变式的能力。此外，当这个字段被修改时，我们也没有采取任何行动的能力，因此，**带有公有可变字段的类通常不是线程安全的**。即使一个字段是 `final` 的，并且引用了一个不可变的对象，如果将其设计为公有的，那么当我们想去掉这个字段转而采用新的内部数据表示时，就没有这样的灵活性了。

同样的建议也适用于静态字段，但有一个例外。可以通过公有的静态 final 字段来暴露常量，前提是这些常量是这个类所提供的抽象的必要组成部分。按照惯例，这类字段的名称将全部采用大写字母，单词之间用下画线分隔（**条目 68**）。有一点非常关键，这些字段包含的应该要么是基本类型的值，要么是指向不可变对象的引用（**条目 17**）。如果字段包含的是指向可变对象的引用，就会存在前面介绍过的非 final 字段的所有缺点。虽然这个引用不能修改，但被引用的对象可以修改，这会带来灾难性的后果。

请注意，一个长度不为零的数组总是可以修改的，所以**如果类有一个公有的静态 final 数组字段，或有一个返回这类字段的访问器方法，这样的设计是错误的**。在这样的情况下，客户端就能修改这个数组的内容，这是安全漏洞的一个常见根源：

```
// 潜在的安全漏洞
public static final Thing[] VALUES = { ... };
```

需要注意的是，有些 IDE 生成的访问器方法会返回对私有数组字段的引用，恰恰会导致这个问题。这个问题有两种解决方式。一种是把公有的数组变成私有的，并添加一个公有的不可变列表：

```
private static final Thing[] PRIVATE_VALUES = { ... };
public static final List<Thing> VALUES =
    Collections.unmodifiableList(Arrays.asList(PRIVATE_VALUES));
```

另一种是把数组变成私有的，并添加一个公有的方法，让它返回该私有数组的一个副本：

```
private static final Thing[] PRIVATE_VALUES = { ... };
public static final Thing[] values() {
    return PRIVATE_VALUES.clone();
}
```

具体选择哪种方式，需要考虑客户端会怎样使用这个结果。哪种返回类型更方便？哪种性能更好？

从 Java 9 开始，*模块系统*（module system）带来了另外两个隐式访问级别。模块是一组包，就像包是一组类一样。一个模块可以通过其*模块声明*（module declaration）中的*导出声明*（export declaration）显式地导出其某些包。按照惯例，模块声明通常会包含在一个名为 module-info.java 的源文件中。模块中未导出的包中的公有成员和受保护的成员，在模块之外是不可访问的；而在模块之内，可访问性不受导出声明的影响。使用模块系统，我们可以在一个模块内的包之间共享类，而不使其对整个世界可见。在未导出的包中，公有类的公有成员和受保护的成员会引发这两个隐式访问级别，这两个级别是正常的公有和受保护级别在模块内的对应。我们很少需要这样的共享机制，而且往往可以通过重新安排包内的类来避免。

与 4 个主要访问级别不同的是，这两个基于模块的级别在很大程度上是建议性的。如果将一个模块的 JAR 文件放置在应用的类路径而不是模块路径上，模块中的包就和没放在模块中一样：这个包的公有类的所有公有的和受保护的成员都具有正常的可访问性，无论这些包是否被模块导出 [Reinhold，1.2]。只有一个地方会严格保证新引入的访问级别，那就是 JDK 本身：Java 类库中未导出的包在其模块之外确实不可访问。

模块提供的访问保护对典型的 Java 程序员而言不仅作用有限，而且在很大程度上是建议性的；要利用它，我们还必须将自己的包组织到模块中，在模块声明中显式地说明所有的依赖关系，重新组织我们的源代码树，而且为了支持从我们的模块内访问非模块化的包，还要采取一些特殊的动作[Reinhold，3]。现在说模块是否会在 JDK 之外得到广泛使用还为时过早，就目前而言，除非迫切需要，否则最好不要使用。

总而言之，应该尽可能（合理地）降低程序元素的可访问性。在精心设计了一个最小的公有 API 之后，应该防止任何游离的类、接口或成员成为这个 API 的一部分。除了作为常量的公有静态 `final` 字段外，公有类不应该有任何公有的字段。请确保公有的静态 `final` 字段所引用的对象是不可变的。

条目 16：在公有类中，使用访问器方法，而不使用公有的字段

有时，我们可能会忍不住编写一些退化的类——只是为了将几个实例字段组织到一起，别无他用：

```
// 像这样的退化的类不应该被设计为 public 的
class Point {
    public double x;
    public double y;
}
```

对于这样的类，因为其数据字段可以直接访问，所以不具备封装（encapsulation）的好处（**条目 15**）。我们不能在不改变其 API 的情况下改变这种表示，我们不能保证其不变式，当它的某个字段被访问时我们也无法采取辅助动作。坚持面向对象编程的程序员认为这样的类就是祸害，应该总是用私有的字段和公有的*访问器方法*（getter）来替代，对于可变类，则提供*修改器方法*（setter）：

```
// 通过访问器方法和修改器方法来封装数据
class Point {
    private double x;
    private double y;

    public Point(double x, double y) {
        this.x = x;
        this.y = y;
    }

    public double getX() { return x; }
    public double getY() { return y; }

    public void setX(double x) { this.x = x; }
    public void setY(double y) { this.y = y; }
}
```

当然，对于公有类而言，坚持面向对象编程思想的看法是正确的：**如果类在包外可以访问，就提供访问器方法**，以保留修改该类的内部表示的灵活性。如果一个公有类暴露了其数据字段，因为很多地方的代码可能都会用到这个类，所以我们就失去了修改其表示的所有希望。

然而，**对于包私有的类或私有的嵌套类，暴露其数据字段本质上并没有什么问题**——只要它们可以充分描述类所提供的抽象。与使用访问器方法相比，不管是在类定义还是在使用它的客户端代码中，用这种方式写的代码都更清晰。虽然客户端代码和这个类的实现被绑到了一起，但是这些代码被限制在该类所在的包中。如果需要修改这个类的内部表示，

我们就可以修改，而不会触及包外的任何代码。对于私有的嵌套类，修改的范围更是被进一步限制在它所在的包围类中。

Java 平台类库中有些类违反了公有类不应该直接暴露其字段的建议。突出的例子包括 java.awt 包中的 Point 类和 Dimension 类。这些类不但不应该效仿，还应该当作警示。正如**条目 67** 所述，暴露 Dimension 类的内部信息这个决策导致了严重的性能问题，而且这个问题时至今日仍在困扰着我们。

虽然让公有类直接暴露其字段从来都不是个好主意，但如果这些字段是不可变的，危害会小一些。我们不能在不改变 API 的情况下改变其内部表示，当它的某个字段被读取时我们也无法采取辅助动作，但我们能保证其不变式。例如，下面这个类可以保证每个实例表示的都是一个合法的时间：

```
// 暴露了不可变字段的公有类——值得怀疑
public final class Time {
    private static final int HOURS_PER_DAY    = 24;
    private static final int MINUTES_PER_HOUR = 60;

    public final int hour;
    public final int minute;

    public Time(int hour, int minute) {
        if (hour < 0 || hour >= HOURS_PER_DAY)
           throw new IllegalArgumentException("Hour: " + hour);
        if (minute < 0 || minute >= MINUTES_PER_HOUR)
           throw new IllegalArgumentException("Min: " + minute);
        this.hour = hour;
        this.minute = minute;
    }
    ... // 其余代码略去
}
```

总而言之，公有类永远不应该暴露可变字段。公有类暴露不可变的字段的危害会小一些，但仍然值得怀疑。然而，对于包私有的类或私有的嵌套类而言，无论字段是可变的还是不可变的，有时暴露它们是可取的。

条目 17：使可变性最小化

不可变类是指其实例无法修改的类。每个实例包含的所有信息在这个对象的整个生命周期中都是固定的，所以我们永远不会看到任何改变。Java 平台类库包含很多不可变类，包括 String、基本类型的封装类、BigInteger 和 BigDecimal 等。使用不可变类有很多不错的理由：与可变类相比，不可变类更容易设计、实现和使用。它们不太容易出错，而且更加安全。

要使一个类成为不可变类，请遵循以下 5 条规则。

- **不要提供修改对象状态的方法。**
- **确保这个类不能被扩展。**这样可以防止粗心或恶意实现的子类的实例改变了状态，进而破坏依赖该类的不可变行为的代码。一般通过将类声明为 final 类型来防止子类化，不过还有一种替代方案，我们稍后再讨论。

- **将所有字段都声明为 `final` 类型**。这样可以清楚地表达我们的意图，并由系统强制实施。此外，如果在没有进行同步的情况下将指向新创建实例的引用从一个线程传给另一个线程，必须确保其行为的正确性，正如《Java 语言规范》的内存模型（memory model）部分所阐明的那样[JLS,17.5;Goetz06,16]。
- **将所有字段都声明为私有的**。这样可以防止客户端通过字段来访问这些对象并直接修改它们。虽然从技术上讲，不可变类可以有公有的 `final` 类型的字段，只要它们包含的是基本类型的值，或是指向不可变对象的引用。但不建议这样做，因为这会阻止我们在后续版本中修改该类的内部表示（**条目 15** 和**条目 16**）。
- **确保对任何可变组件的独占访问**。如果类中存在任何指向可变对象的字段，应该确保该类的用户无法获得指向这些对象的引用。永远不要将这样的字段初始化为用户提供的对象引用，也不要将其从访问器方法返回给用户。在构造器、访问器方法和 `readObject` 方法（**条目 88**）中进行保护性复制（**条目 50**）。

前面的示例中有很多都是不可变类。**条目 11** 中的 `PhoneNumber` 就是一个，它的每个属性都有*访问器方法*（accessor），但没有相应的*修改器方法*（mutator）。下面是一个稍微复杂一些的例子：

```
// 不可变的复数类
public final class Complex {
    private final double re;
    private final double im;

    public Complex(double re, double im) {
        this.re = re;
        this.im = im;
    }

    public double realPart()      { return re; }
    public double imaginaryPart() { return im; }

    public Complex plus(Complex c) {
        return new Complex(re + c.re, im + c.im);
    }

    public Complex minus(Complex c) {
        return new Complex(re - c.re, im - c.im);
    }

    public Complex times(Complex c) {
        return new Complex(re * c.re - im * c.im,
                           re * c.im + im * c.re);
    }

    public Complex dividedBy(Complex c) {
        double tmp = c.re * c.re + c.im * c.im;
        return new Complex((re * c.re + im * c.im) / tmp,
                           (im * c.re - re * c.im) / tmp);
    }
```

```
    @Override public boolean equals(Object o) {
        if (o == this)
            return true;
        if (!(o instanceof Complex))
            return false;
        Complex c = (Complex) o;

        // 可以参考条目10，想想我们为什么用compare代替==
        return Double.compare(c.re, re) == 0
            && Double.compare(c.im, im) == 0;
    }
    @Override public int hashCode() {
        return 31 * Double.hashCode(re) + Double.hashCode(im);
    }

    @Override public String toString() {
        return "(" + re + " + " + im + "i)";
    }
}
```

这个类代表的是*复数*（具有实部和虚部的数）。除了标准的 Object 方法外，它还提供了实部和虚部的访问器方法，并提供了加减乘除四种基本的算术运算。请注意，这里的算术运算会创建并返回一个新的 Complex 实例，而不是修改当前实例。这种模式被称为*函数式*方式，因为方法会返回在其操作数上执行一个函数所得到的结果，而不会修改操作数。相比之下，在*过程式*或*命令式*方式之下，方法会将一个过程应用于其操作数，导致操作数的状态发生改变。还请注意，四则运算方法的名称用的是介词（如 plus），而不是动词（如 add）。这强调了方法不会改变对象值这一事实。BigInteger 和 BigDecimal 类并没有遵循这种命名惯例，导致了很多使用错误。

如果不熟悉函数式方式，可能会觉得它不太自然，但它可以实现不可变性，而不可变性有许多优点。**不可变对象很简单**。不可变对象只能处于一种状态，就是它被创建时的状态。如果能够确保所有的构造器都建立了类的不变式，则可以保证这些不变式始终成立，不需要你或使用这个类的程序员再付出额外的努力。作为对比，可变对象的状态空间多复杂都有可能。如果文档没有精确描述修改器方法所执行的状态转换，就会很难，甚至根本不可能可靠地使用一个可变类。

不可变对象本质上是线程安全的，它们不需要同步。它们不会被多个并发访问的线程破坏，这是实现线程安全最简单的方式。正因为不可变，所以一个线程也就不可能会看到另一个线程对这样的对象造成任何影响，因而**不可变对象可以自由地共享**。因此，不可变类应该鼓励客户端尽可能复用现有实例。要实现这一点，一个简单的做法是为常用值提供公有的静态常量。例如，Complex 类可能会提供这些常量：

```
public static final Complex ZERO = new Complex(0, 0);
public static final Complex ONE  = new Complex(1, 0);
public static final Complex I    = new Complex(0, 1);
```

这种方法可以进一步被扩展。不可变类可以提供静态工厂（**条目1**），将经常被请求的实例缓存下来，以避免在现有实例尚可使用时创建新实例。所有的基本类型的封装类和 BigInteger 类都是这样做的。有了这样的静态工厂，客户端之间就可以共享实例而不是创建新实例，从而降低内存占用和垃圾收集开销。在设计新类时，选择提供静态工厂而不是公有的构造器，可以以后再添加缓存，而无须修改客户端代码，非常灵活。

不可变对象可以自由地共享，还带来了另一个结果——永远不需要对其进行保护性复制（defensive copy）（**条目 50**）。实际上根本不需要进行任何复制，因为就算复制了，这些副本和原始对象也永远是相等的。因此，我们不需要，而且也不应该在不可变类上提供 `clone` 方法或复制构造器（copy constructor）（**条目 13**）。这一点在 Java 平台的早期并没有得到很好的理解，所以 `String` 类确实有一个复制构造器，但我们应该尽量少用（**条目 6**）。

除了可以共享不可变对象，不可变对象之间还可以共享它们的内部数据。例如，`BigInteger` 类在内部使用了符号-数值表示法。符号由一个 `int` 表示，数值由一个 `int` 数组表示。`negate` 方法会生成一个新的 `BigInteger`，它和原来的对象数值相同，但符号相反。它不需要复制数值数组，即使它是可变的；新创建的 `BigInteger` 对象和原始对象会指向同一个内部数组。

不管是可变对象还是不可变对象，都可以将不可变对象当作其构建块，这是非常不错的选择。如果知道一个复杂对象的组件不会在其下发生改变，这个复杂对象的不变式维护起来就会更容易。有个特别好的例子，不可变对象非常适合做 `Map` 的键和 `Set` 的元素：如果把可变对象被放入 `Map` 或 `Set` 中，还要担心对象的值变了怎么办，因为这会破坏 `Map` 或 `Set` 的不变式；但如果用的是不可变对象，就不用担心这个问题了。

不可变对象自然保证了故障的原子性（条目 76）。它们的状态永远不会改变，因此不存在临时不一致的可能性。

不可变类的主要缺点是，它们需要为每个不同的值创建一个单独的对象。创建这些对象的开销可能很大，特别是大型的对象。例如，假设有一个一百万位长的 `BigInteger`，我们想翻转其二进制表示的最低位：

```
BigInteger moby = ...;
moby = moby.flipBit(0);
```

`flipBit` 方法会创建一个新的 `BigInteger` 实例，也有一百万位长，与原来的实例只有一位不同。该操作需要的时间和空间与 `BigInteger` 的大小成正比。我们将其与 `java.util.BitSet` 对比一下。与 `BigInteger` 类似，`BitSet` 表示一个任意长的位序列，但与 `BigInteger` 不同的是，`BitSet` 是可变的。`BitSet` 类提供了一个方法，允许我们在常数时间内改变一个上百万位长的实例的某个位的状态：

```
BitSet moby = ...;
moby.flip(0);
```

如果执行的是一个多步操作，并且每步操作都会生成一个新对象的话，除了最后的结果，所有对象最终都会被丢弃，那么性能问题会被放大。这个问题有两种应对方式。第一种是猜测客户端通常需要执行哪些多步操作，并将它们作为原语提供。如果一个多步操作是作为原语提供的，这个不可变类就不必在每步操作中都创建单独的对象了。而在内部，我们在设计不可变类时可以充分发挥聪明才智。例如，`BigInteger` 有一个包私有的可变“伴生类”，用于加速诸如模幂运算（modular exponentiation）等多步操作。使用可变的伴生类比使用 `BigInteger` 要困难得多，原因如前所述。幸运的是，我们不必使用它：`BigInteger` 的实现者帮我们干了这些脏活累活。

如果能够准确预测客户端想在我们的不可变类上执行哪些复杂操作，包私有的可变伴生类方式可以工作得很好。如果不能，那么最好提供一个公有的可变伴生类。Java 平台类库中采用这种方式的主要例子是 `String` 类，它的可变伴生类是 `StringBuilder`（还有它已经过时的前身——StringBuffer）。

现在我们知道了如何设计不可变类，而且了解了不可变性的利弊，下面我们来讨论一些替代方案。回忆一下，前面提到过，要保证不可变性，一个类绝对不能允许自己被继承。可以这样实现，使用 final 修饰符来声明这个类，不过还有另一种更灵活的选择：不是用 final 修饰符来声明这个类，而是将其所有的构造器设计为私有的或包私有的，并添加静态工厂来代替公有的构造器（**条目 1**）。为了具体说明这种方式，下面就以 Complex 类为例来演示一下：

```
// 用静态工厂代替构造器的不可变类
public class Complex {
    private final double re;
    private final double im;

    private Complex(double re, double im) {
        this.re = re;
        this.im = im;
    }

    public static Complex valueOf(double re, double im) {
        return new Complex(re, im);
    }
    ... // 其余代码不变
}
```

这种方式通常是最好的选择。因为它允许使用多个包私有的实现类，所以最为灵活。对于其所在的包之外的客户端而言，这个不可变类是 effectively final 的，因为不可能扩展来自另一个包中的、没有提供公有的或受保护的构造器的类。除了支持存在多个实现类的灵活性外，这种方式还使得在后续版本中通过改进静态工厂的对象缓存能力来进行优化成为可能。

在当初编写 BigInteger 和 BigDecimal 时，设计者还没有充分理解"不可变类必须是 effectively final 的"这一点，所以这些类的所有方法都是可重写的。遗憾的是，因为要保持向后兼容，这个问题一直无法得以修正。如果要写一个这样的类，其安全性依赖于 BigInteger 或 BigDecimal 参数的不可变性，并且参数来自于不可信的客户端，则必须检查该参数是否为"真正的"BigInteger 或 BigDecimal，而不是它们的某个不可信的子类的实例。如果是后者，则必须基于"这个对象有可能改变"这样的假设，进行保护性复制（**条目 50**）。

```
public static BigInteger safeInstance(BigInteger val) {
    return val.getClass() == BigInteger.class ?
            val : new BigInteger(val.toByteArray());
}
```

本条目开头列出了不可变类的诸多规则，其中包括没有方法可以修改对象，所有字段都必须是 final 的。实际上，这些规则略显严格，可以适当放宽以提高性能。事实上应该是这样：没有方法可以对对象的状态产生外部可见的改变。比如，有些不可变类就有一个或多个非 final 字段，用于将计算开销比较大的值在第一次需要时缓存下来。如果这个值再次被请求，就返回缓存的值，从而节省计算开销。这种技巧之所以有效，是因为对象是不可变的，确保了重复计算会产生相同的结果。

例如，PhoneNumber 类的 hashCode 方法（**条目 11**）会在第一次被调用时计算哈希码，并将其缓存下来，供再次被调用时使用。这种技术是*延迟初始化*（**条目 83**）的一个例子，String 类也用到了。

再介绍一个与序列化有关的注意事项。如果选择让自己的不可变类实现 Serializable 接口，而且类中包含一个或多个指向可变对象的字段，那么即使默认的序列化形式可以接受，也必须提供一个显式的 readObject 或 readResolve 方法，或使用 ObjectOutputStream.writeUnshared 和 ObjectInputStream.readUnshared 方法。否则，攻击者就有可能创建这个不可变类的一个可变实例。**条目 88** 会详细介绍这个主题。

总之，不要轻易为每个 getter 方法编写一个对应的 setter 方法。**在设计类时，除非有充分的理由将其设计为可变的，否则就应该将其设计为不可变的。**不可变类有许多优点，唯一的缺点是在某些情况下可能存在性能问题。应该总是将小型的值对象设计为不可变的，如 PhoneNumber 和 Complex。（Java 平台类库中有几个类本应该设计为不可变的，但是没有，如 java.util.Date 和 java.awt.Point。）对于更大一些的值对象，如 String 和 BigInteger，也应认真考虑将其设计为不可变的。仅当我们确认需要达到令人满意的性能时（**条目 67**），才为我们的不可变类提供一个公有的可变伴生类。

对有些类而言，不可变性可能是种奢望。**如果类无法被设计为不可变的，就应该尽可能限制其可变性。**减少对象可能存在的状态的数量，推断其状态就会更容易，也减少了出错的可能性。因此，除非有充分的理由将字段设计为非 final 的，否则每个字段都应该是 final 的。再结合**条目 15** 的建议，我们的自然倾向应该是：**用 private final 来声明每个字段，除非有充分的理由不这样做。**

构造器应该创建完全初始化的对象，并建立起所有的不变式。除非有充分的理由，否则不要提供一个独立于构造器和静态工厂的公有的初始化方法。同样，也不要为了支持重复使用对象而提供一个“重新初始化”方法（它使对象就像是用不同的初始状态构建而来的）。这样的方法通常没什么性能优势，却增加了复杂性。

CountDownLatch 类体现了这些原则。它是可变的，但其状态空间被有意地设计得非常小。创建一个实例，使用一次，它的使命就完成了：一旦倒计时锁的计数达到零，就不能重复使用了。

最后需要注意的是，本条目中的 Complex 类只是用来演示不可变性的，并不是一个工业级的复数实现。它使用了标准的复数乘法和除法公式，没有正确地处理四舍五入，也没有提供理想的复数 NaN 和复数无穷大的语义[Kahan91, Smith62, Thomas94]。

条目 18：组合优先于继承

继承是实现代码复用的一种强大的方式，但并非总是最佳的工具。使用不当会导致软件变得很脆弱。在同一个包内使用继承是安全的，因为子类和父类的实现都在同一批程序员的控制之下。对于专为扩展而设计并提供了文档说明的类而言，使用继承机制来扩展它也是安全的（**条目 19**）。然而，继承别的包中的普通具体类会存在危险。提示一下，本书使用“*继承*”（inheritance）一词来表示*实现继承*（一个类扩展另一个类）。本条目所讨论的问题并不适用于*接口继承*（一个类实现一个接口或一个接口扩展另一个接口）。

与方法调用不同的是，继承会破坏封装[Snyder86]。换句话说，子类会依赖超类的实现细节来保证其正常功能。而超类可能会随着新版本的发布发生变化，如果真的发生了变化，即使没有碰子类的代码，它也可能会出现问题。因此，除非超类的作者就是为了被扩展而专门设计的这个类并提供了文档说明，否则子类必须和超类一起演进。

为了更具体地说明，假设有个使用了 HashSet 的程序。为了优化程序的性能，我们需要查询这个 HashSet 对象，了解它自创建以来添加了多少个元素（不要与它的当前大小混淆，当元素被删除时，其大小会减小）。要提供这样的功能，可以编写一个 HashSet 的变体，让它记录尝试插入元素的数量，同时让该类提供一个获得这个数字的访问器方法。HashSet 类包含两个能够添加元素的方法，add 和 addAll，因此我们重写了这两个方法：

```
// 存在问题——不恰当地使用了继承
public class InstrumentedHashSet<E> extends HashSet<E> {
    // 尝试插入元素的数量
    private int addCount = 0;

    public InstrumentedHashSet() {
    }

    public InstrumentedHashSet(int initCap, float loadFactor) {
        super(initCap, loadFactor);
    }

    @Override public boolean add(E e) {
        addCount++;
        return super.add(e);
    }
    @Override public boolean addAll(Collection<? extends E> c) {
        addCount += c.size();
        return super.addAll(c);
    }
    public int getAddCount() {
        return addCount;
    }
}
```

这个类看起来很合理，但它并不能实现我们的目的。假设我们创建了这个类的一个实例，并使用 addAll 方法添加 3 个元素，代码如下。顺便提一下，代码中使用静态工厂方法 List.of 创建了一个列表，这个方法是在 Java 9 中添加的；如果使用的是更早的 Java 版本，可以使用 Arrays.asList 代替。

```
InstrumentedHashSet<String> s = new InstrumentedHashSet<>();
s.addAll(List.of("Snap", "Crackle", "Pop"));
```

我们本来期望 getAddCount 方法这时候返回 3，但结果却是 6。出了什么问题呢？从内部来看，HashSet 的 addAll 方法是基于其 add 方法实现的，尽管 HashSet 没有将这个实现细节写在文档中，但这是合理的。在 InstrumentedHashSet 中，addAll 方法将 3 加到 addCount 上，然后使用 super.addAll 调用 HashSet 的 addAll 实现。而 HashSet 的 addAll 实现在每次添加元素时会反过来调用一次 InstrumentedHashSet 中重写的 add 方法。每次调用又会向 addCount 上加 1，所以总共增加了 6：使用 addAll 方法添加的每个元素都会被计算两次。

可以通过让子类不再重写 addAll 方法来“修复”。尽管这样得到的类可以工作，但它的正确性依赖于这一事实：HashSet 的 addAll 方法是基于其 add 方法实现的。这种“自身使用”(self-use)属于实现细节，不能保证 Java 平台的所有实现都是这样的，而且还有可能随着版本的变化而变化。因此，这样得到的 InstrumentedHashSet 类将是非常脆弱的。

稍微好点的做法是重写 addAll 方法，遍历指定的集合，为每个元素调用一次 add 方法。不管 HashSet 的 addAll 方法是不是基于其 add 方法实现的，都能保证正确的结果，因为这里不会再调用 HashSet 的 addAll 实现了。然而，这种技术并不能解决所有问题。它相当于重新实现了超类的方法，而这个方法有可能存在自身使用，也有可能不存在，这么做是非常困难的，而且很耗时间，也很容易出错，还有可能降低性能。此外，这种技术未必总能实现，因为超类的私有字段在子类中是无法访问的，而有些方法却需要访问这样的字段。

还有一个原因会导致子类的脆弱性，超类有可能在后续版本中加入新方法。假设有个程序，其安全性依赖于这一事实：所有被插入集合中的元素都要满足某个谓词(predicate)条件。可以这样保证：设计这个集合的一个子类，重写每个能添加元素的方法，在添加元素之前确保其满足谓词条件。这种方式可以工作得不错，直到超类在后续版本中加入了一个新的能插入元素的方法。一旦发生这种情况，仅仅通过调用子类没有重写的新方法，就有可能成功添加一个“非法”的元素。这并不是纯粹的理论问题，现实中就出现过。当 Hashtable 和 Vector 被修改之后放到 Java 集合类框架中时，就必须修复几个这样的安全漏洞。

这两个问题都是由重写方法导致的。你可能会认为，如果只是添加新方法，而不重写现有方法，那么扩展一个类就是安全的。虽然这种扩展方式确实更安全一些，但也不是没有风险。如果超类在后续版本中加入了一个新方法，好巧不巧，这个方法和我们实现继承时在子类中加入的方法签名一样，但返回类型不同，那么子类就无法再通过编译了 [JLS, 8.4.8.3]。如果方法签名一样，返回类型也一样的话，就又算是重写了，因此我们又会遇到前面描述的问题了。此外，我们的方法能否满足超类的新方法的约定，也是值得怀疑的，因为在我们编写这个子类方法时，约定还不存在呢。

幸运的是，有一种做法可以避免上述所有问题。不要扩展现有类，而是在我们的类中提供一个私有的字段，让它引用现有类的实例。这种设计被称为组合(composition)，因为现有类成了新类的一个组件。新类中的每个实例方法都会调用所包含的现有类的实例上的相应方法，并返回其结果。这被称为*转发*(forwarding)，新类中的方法被称为*转发方法*(forwarding method)。这样创建的类会非常牢靠，不会依赖现有类的实现细节。即使向现有类中添加了新方法，也不会影响我们创建的新类。为了更具体地说明，下面引入一个可以替代 InstrumentedHashSet 的类，这里使用了*组合并转发*(composition-and-forwarding)方式。注意，我们将实现分成了两个部分，类本身以及一个可复用的*转发类*(forwarding class)，转发类中包含的只是所有的转发方法，没有别的。

```
// 包装器类——使用组合来代替继承
public class InstrumentedSet<E> extends ForwardingSet<E> {
    private int addCount = 0;

    public InstrumentedSet(Set<E> s) {
        super(s);
```

```
    }

    @Override public boolean add(E e) {
        addCount++;
        return super.add(e);
    }
    @Override public boolean addAll(Collection<? extends E> c) {
        addCount += c.size();
        return super.addAll(c);
    }
    public int getAddCount() {
        return addCount;
    }
}

// 可复用的转发类
public class ForwardingSet<E> implements Set<E> {
    private final Set<E> s;
    public ForwardingSet(Set<E> s) { this.s = s; }

    public void clear()               { s.clear();            }
    public boolean contains(Object o) { return s.contains(o); }
    public boolean isEmpty()          { return s.isEmpty();   }
    public int size()                 { return s.size();      }
    public Iterator<E> iterator()     { return s.iterator();  }
    public boolean add(E e)           { return s.add(e);      }
    public boolean remove(Object o)   { return s.remove(o);   }
    public boolean containsAll(Collection<?> c)
                                   { return s.containsAll(c); }
    public boolean addAll(Collection<? extends E> c)
                                   { return s.addAll(c);      }
    public boolean removeAll(Collection<?> c)
                                   { return s.removeAll(c);   }
    public boolean retainAll(Collection<?> c)
                                   { return s.retainAll(c);   }
    public Object[] toArray()          { return s.toArray();  }
    public <T> T[] toArray(T[] a)      { return s.toArray(a); }
    @Override public boolean equals(Object o)
                                       { return s.equals(o);  }
    @Override public int hashCode()    { return s.hashCode(); }
    @Override public String toString() { return s.toString(); }
}
```

InstrumentedSet 类之所以可以这样设计，是因为 Set 接口的存在：它可以抽象出 HashSet 类的功能。除了健壮性之外，这种设计还非常灵活。InstrumentedSet 类实现了 Set 接口，有一个构造器，其参数也为 Set 类型。从本质上讲，这个类将一个 Set 转变成了另一个 Set，添加了测量功能。基于继承的做法仅适用于单个具体类，而且要为超类支持的每个构造器提供单独的构造器，与之不同的是，包装器类这种做法可用于测量任何 Set 实现，并且可以与之前存在的任何构造器一起使用：

```
Set<Instant> times = new InstrumentedSet<>(new TreeSet<>(cmp));
Set<E> s = new InstrumentedSet<>(new HashSet<>(INIT_CAPACITY));
```

InstrumentedSet 类甚至可以用来临时测量一个已经在使用但没有测量功能的 Set 实例：

```
static void walk(Set<Dog> dogs) {
    InstrumentedSet<Dog> iDogs = new InstrumentedSet<>(dogs);
    ... // 在这个方法内使用 iDogs 来代替 dogs
}
```

InstrumentedSet 类被称为包装器（wrapper）类，因为每个 InstrumentedSet 实例都将另一个 Set 实例包装起来了。这也被称为装饰（Decorator）模式[Gamma95]，因为 InstrumentedSet 类通过添加测量功能对一个 Set 进行了装饰。有时，组合并转发这种方式也被宽泛地称为委托（delegation）。但从技术上讲，除非包装器对象将自己传递给了被包装对象，否则这不是委托[Lieberman86; Gamma95]。

包装器类几乎没什么缺点。有一点需要注意的是，包装器类不适合用于回调框架（callback framework），在这种框架中，对象需要将自身引用传递给其他对象，以供后续的调用（“回调”）使用。因为被包装的对象并不知道其包装器对象的存在，它会将自身引用（this）传递进去，回调也就绕过包装器对象了。这就是所谓的 SELF 问题 [Lieberman86]。有些人担心转发方法调用对性能的影响，或包装器对象对内存占用情况的影响。不过在实践中两者都没有什么影响。编写转发方法是很烦琐的，不过对于一个接口，只需要编写一次，转发类可以复用。而且有时候也不需要我们自己动手写，而是有现成的，例如 Guava 就为所有的集合接口提供了转发类[Guava]。

只有在子类确实是超类的子类型（subtype）的情况下，继承才是合适的。换句话说，对于 *A* 和 *B* 两个类，只有当两者之间存在 “is-a” 关系时，类 *B* 才应该扩展类 *A*。如果想让类 *B* 扩展类 *A*，可以问自己一个问题：每个 *B* 真的是一个 *A* 吗？如果不能拍着胸脯保证，那么 *B* 就不应该扩展 *A*。如果答案是否定的，在通常情况下，*B* 应该包含一个私有的 *A* 实例，并提供一个不同的 API：*A* 并不是 *B* 的构成要素，而只是其实现的一个细节。

Java 平台类库中存在一些明显违反这一原则的情况。例如，栈（stack）不是向量（vector），因此 Stack 不应该扩展 Vector。同样，属性列表（property list）不是哈希表（hash table），因此 Properties 不应该扩展 Hashtable。在这两种情况下，组合是更好的选择。

如果在适合使用组合的地方使用了继承，就会不必要地暴露出实现细节。由此得到的 API 会将我们和原始实现牢牢绑在一起，使我们没有机会再改进其性能。更为严重的是，暴露了内部细节，客户端就有了直接访问它们的机会。至少有可能导致语义混乱。例如，如果 p 指向的是一个 Properties 实例，那么 p.getProperty(key) 可能会与 p.get(key) 得到不同的结果：前一个方法会考虑默认值，后一个则不会，它是从 Hashtable 继承而来的。最为严重的是，通过直接修改超类，客户端有可能将子类的不变式破坏掉。在 Properties 这个例子中，设计者的意图是只允许将字符串用作键和值，但直接访问底层的 Hashtable 就会破坏其不变式。一旦破坏了其不变式，就不可能再使用 Properties API 的其他部分（加载和存储）了。但是当我们发现这个问题时，已经来不及纠正了，因为已经有不少代码依赖于非字符串的键和值的使用了。

在决定使用继承来代替组合之前，你应该问自己最后一组问题。你所考虑扩展的类，它的 API 是否存在任何缺陷？如果有，你是否愿意让这些缺陷传播到你的类的 API 中？继承会向下传播超类 API 中的任何缺陷，而组合可以让你设计一个新的 API 来隐藏这些缺陷。

总而言之，继承非常强大，但也存在问题，因为它会破坏封装。只有当子类和超类之间存在真正的子类型关系时，才适合使用继承。即便如此，如果子类与超类在不同的包中，并且超类不是为继承而设计的，那么继承有可能导致脆弱性。为了避免这种脆弱性，应该使用组合并转发方式而不是继承，特别是在存在一个合适的接口来实现包装器类的情况下。包装器类不仅比子类更健壮，而且也更强大。

条目 19：要么为继承而设计并提供文档说明，要么就禁止继承

条目 18 警告过，对于“外部的”一个并非为继承而设计并提供文档说明的类，继承它是存在风险的。那么，“为继承而设计并提供文档说明的类”是什么意思呢？

首先，这个类必须在文档中准确地说明重写任何方法会带来的影响。换句话说，**这个类必须将存在自身使用可重写方法的情况写在文档中**。对于每个公有的或受保护的方法，文档必须说明这个方法会调用哪些可重写的方法，会以什么样的顺序调用，以及每次调用的结果对后续处理有何影响。这里的“可重写（overridable）”，我们用来指非 `final` 的公有的或受保护的方法。一般而言，类必须将任何可能调用可重写方法的情况都写在文档中。例如，调用可能会来自后台线程或静态初始化器。

调用可重写方法的方法，应该在其文档注释的最后写上对这些调用的描述。这个描述会存在于类文档说明的一个特殊部分中，用“Implementation Requirements”（实现要求）来标记，这是通过 Javadoc 的`@implSpec` 标签生成的。这一部分描述了该方法的内部工作情况。下面是一个例子，摘自 `java.util.AbstractCollection` 的类文档说明：

```
public boolean remove(Object o)
```

> 如果这个集合中存在指定元素，就删除该元素的单个实例（可选操作）。更正式地说，如果集合中存在一个或多个满足 `Objects.equals(o, e)`的元素 `e`，就删除一个。如果集合中包含指定元素，则返回 `true`（也相当于说，作为这次调用的结果，集合被改变了）。
>
> **Implementation Requirements:**[①]这个实现会在该集合上遍历，寻找指定元素。如果找到了该元素，就使用当前迭代器的 `remove` 方法将其从集合中删除。注意，如果由该集合的 `iterator` 方法返回的 `Iterator` 对象没有实现 `remove` 方法，同时集合中确实包含指定元素，这个实现会抛出 `UnsupportedOperationException`。

该文档明确无误地说明了重写 `iterator` 方法将影响 `remove` 方法的行为。它还确切地描述了由 `iterator` 方法返回的 `Iterator` 对象的行为将如何影响 `remove` 方法的行为。可以与**条目 18** 中的情况对比一下：程序员在继承 `HashSet` 类时是无法确定重写 `add` 方法是否会影响 `addAll` 方法的行为的。

我们提到过一个原则，好的 API 文档应该描述的是给定的方法会做什么，而不是怎么做。那上面的这种做法是不是违背了这个原则呢？是的，确实违背了。这是继承会破坏封装这一事实带来的负面影响。为了使类可以被安全地子类化，必须在文档中描述本不需要指明的实现细节。

`@implSpec` 标签是在 Java 8 中添加的，在 Java 9 中得到了广泛应用。这个标签应该

① 这是英文文档中的描述信息，所以这里没有将其翻译为中文。——译者注

默认启用，但是到 Java 9，除非传入命令行开关 `-tag "implSpec:a:Implementation Requirements:"`，否则 Javadoc 工具仍会忽略它。

为继承而设计不仅仅涉及在文档中记录方法存在的自身使用情况。为了让程序员不必承受过多的痛苦而编写出高效的子类，**类可能必须以谨慎选择的受保护的方法（极少数情况下甚至是受保护的字段）的形式提供进入其内部的钩子**。例如，考虑 `java.util.AbstractList` 中的 `removeRange` 方法：

```
protected void removeRange(int fromIndex, int toIndex)
```

从这个列表中删除索引介于 `fromIndex`（含）和 `toIndex`（不含）之间的所有元素。将后续的任何元素都向左移动（减小其索引）。此调用会将列表缩短（`toIndex - fromIndex`）个元素。（如果 `toIndex == fromIndex`，则此操作没有任何效果。）在该列表及其子列表上执行的 `clear` 操作会调用该方法。重写该方法，以利用该列表实现的内部信息，可以显著改善该列表及其子列表上的 `clear` 操作的性能。

Implementation Requirements: 该实现会获得一个位于 `fromIndex` 之前的列表迭代器，并重复调用 `ListIterator.next` 和 `ListIterator.remove`，直到将整个区间删除。**注意：如果 `ListIterator.remove` 需要线性级时间，则此实现需要平方级时间。**

参数：

- `fromIndex` 要删除的第一个元素的索引。
- `toIndex` 要删除的最后一个元素之后的索引。

这个方法对某个 `List` 实现的最终用户而言并没有什么意义。之所以提供这个方法，只是为了方便子类在子列表上提供一个快速的 `clear` 方法。如果没有 `removeRange` 方法，当在子列表上调用 `clear` 方法时，子类将不得不凑合使用平方级时间的操作，或者从头重写整个 `subList` 机制——这可不容易！

那么，当设计一个用于继承的类时，如何决定对外暴露哪些受保护的成员呢？遗憾的是，没有什么灵丹妙药。我们能做的最好的事情就是认真思考，尽力猜测，然后通过编写子类来测试。应该尽可能少地对外暴露受保护的成员，因为每个成员都代表了一个对实现细节的承诺。另一方面，暴露得太少也不行，可能就因为缺少一个受保护的成员，而使得在设计其子类时有些功能很难实现，导致这个类实际上无法被继承。

要测试一个为继承而设计的类，唯一的方式就是编写子类。如果缺少某个关键的受保护的成员，编写子类的过程就会变得非常痛苦。反过来说，如果编写了几个子类，但都没有用到某个受保护的成员，那么可能应该将这个成员变成私有的。经验表明，三个子类通常足以测试一个可扩展的类。这些子类中的一个或多个应该由超类的设计者以外的人编写。

当设计一个可能被广泛使用的用于继承的类时，要意识到，我们对写在文档中的方法的自身使用情况，以及隐含在受保护的方法和字段中的实现决策做出了永久性的承诺。这些承诺可能会使在随后的版本中改进这个类的性能或功能变得困难，甚至不可能。因此，**在发布之前必须通过编写子类来测试**。

此外还需要注意，正常的类文档是为使用我们的类的程序员设计的，他们会创建实例并在这些实例上调用方法，然而为继承而编写的特殊文档会让正常的文档变得混乱。到目前为止，还没有什么工具可以将普通的 API 文档与只对实现子类的程序员有意义的信息分开。

还有些允许继承的类必须遵守的限制。**构造器不得直接或间接调用可重写的方法**。如果违反了这一规则，有可能导致程序失败。超类的构造器会在子类的构造器之前运行，所以子类重写的方法会在子类构造器运行之前被调用。如果重写的方法依赖于子类构造器执行的任何初始化操作，则该方法的行为将和我们的预期不符。为了更加具体地说明这一点，我们来看一个违反了这一规则的类：

```
public class Super {
    // 存在问题——构造器调用了一个可重写的方法
    public Super() {
        overrideMe();
    }
    public void overrideMe() {
    }
}
```

下面的子类重写了 overrideMe 方法，这个方法错误地被 Super 类唯一的构造器调用了：

```
public final class Sub extends Super {
    // 一个空的 final 字段，由构造器设置
    private final Instant instant;

    Sub() {
        instant = Instant.now();
    }

    // 超类构造器调用的重写方法
    @Override public void overrideMe() {
        System.out.println(instant);
    }

    public static void main(String[] args) {
        Sub sub = new Sub();
        sub.overrideMe();
    }
}
```

你可能会认为，这个程序会打印两次 instant，但是它第一次打印的是 null，因为当 overrideMe 被调用时，Sub 的构造器还没有机会初始化 instant 字段。注意，这个程序观察到了一个 final 字段会处于两个不同状态之下！还要注意的是，在 Super 构造器调用 overrideMe 的过程中，如果 overrideMe 在 instant 上调用了任何方法，就会抛出 NullPointerException。这个程序之所以没有抛出 NullPointerException，是因为 println 方法可以接受参数为 null。

注意，从构造器中调用私有的方法、final 方法和静态方法是安全的，因为这些方法都不可重写。

在设计用于继承的类时，Cloneable 和 Serializable 接口会带来特殊的困难。通常不建议设计用于继承的类实现这两个接口，因为它们会给扩展该类的程序员带来很大的负担。然而，可以采取一些特殊的措施来允许子类实现这些接口，而不是强制它们实现。这些措施在**条目 13** 和**条目 86** 中有描述。

如果决定让设计用于继承的类实现 Cloneable 或 Serializable，应该注意，因为

clone 和 readObject 方法的行为很像构造器，所以同样的限制也适用于它们：**clone 和 readObject 不得直接或间接调用可重写的方法**。在 readObject 方法的情况下，重写方法将在子类的状态被反序列化完毕之前运行。在 clone 方法的情况下，重写方法将在子类的 clone 方法有机会修复克隆体的状态之前运行。不管是哪种情况，都有可能导致程序失败。在 clone 的情况下，失败有可能破坏原始对象和克隆体。例如，重写方法认为自己在修改克隆体中的对象深层结构的副本，但是这时候副本还没有创建出来，就会发生这种情况。

最后，如果决定让设计用于继承的类实现 Serializable，并且这个类中存在 readResolve 或 writeReplace 方法，则必须将这些方法设置为受保护的，而不是私有的。如果这些方法是私有的，它们将被子类默默忽略。为了支持继承，实现细节成了类的 API 的一部分，这又是一例。

现在我们应该很清楚了，**设计一个用于继承的类需要付出巨大的努力，对类本身也有很大的限制**。这不是一个可以轻易做出的决定。在某些情况下，这样做显然是正确的，比如抽象类，包括接口的骨架实现（skeletal implementation）（**条目 20**）。还有一些情况下，这样做显然是错误的，比如不可变类（**条目 17**）。

那么普通的具体类又该如何处理呢？传统上，它们既不是 final 的，也不是为子类化而设计并提供文档说明的，但这样的情况是非常危险的。每次对这样的类进行修改时，都有可能导致扩展该类的子类被破坏。这不仅仅是个理论上的问题，现实中并不少见。经常看到这样的情况，对于一个并非为继承而设计并提供文档说明的非 final 类，在修改了其内部结构后，收到了子类化相关的错误报告。

解决这个问题的最佳方案是，对于并非为可以安全地子类化而设计并提供文档说明的类，禁止对其进行子类化。有两种方式可以禁止子类化。最简单的一种是将类声明为 final 的。另一种是将所有的构造器设置为私有的或包私有的，并添加公有的静态工厂来代替构造器。后一种方式为在内部使用子类提供了灵活性，我们已经在**条目 17** 中讨论过。两种方式都可以接受。

这个建议可能存在争议，因为许多程序员已经习惯于对普通的具体类进行子类化，以增加功能（如测量、通知和同步）或限制功能。如果一个类实现了某个能体现其核心功能的接口，如 Set、List 或 Map，则应该毫不犹豫地禁止子类化。如果需要增加功能，**条目 18** 中描述的**包装器类**模式提供了比继承更好的选择。

如果一个具体类没有实现某个标准接口，那么禁止继承可能会给一些程序员带来不便。如果我们觉得必须允许继承这样的类，合理的方式是确保该类永远不会调用它的任何可重写方法，并将其写在文档中。换句话说，完全避免自身使用可重写方法的情况。这样创建的类可以相对安全地子类化，重写一个方法永远不会影响其他任何方法的行为。

我们可以在不改变类的行为的情况下，用一种比较机械的方式去掉其中自身使用可重写方法的情况。将每个可重写方法的方法体移到一个私有的“辅助方法”中，并让每个可重写方法调用其私有的辅助方法。然后对于存在自身使用可重写方法的情况，都直接调用对应的私有“辅助方法”来代替。

总而言之，设计用于继承的类是一项艰巨的任务。必须将可重写方法的所有自身使用情况写到文档中，而一旦写到文档中，就必须在类的整个生命周期内坚守承诺。子类会依赖超类的实现细节，如果我们未能遵守承诺，修改了超类，子类有可能遭到破坏。为了让他人编写高效的子类，我们可能需要导出一个或多个受保护的方法。除非知道确实需要子类，否则最好通过将类声明为 final 的或确保没有可访问的构造器来禁止继承。

条目 20：与抽象类相比，优先选择接口

要定义支持多种实现的类型，Java 有两种机制：接口和抽象类。自从 Java 8 引入接口默认方法（default method）[JLS, 9.4.3]以来，这两种机制都支持为某些实例方法提供实现。但二者有个重要的区别：要实现由抽象类定义的类型，这个类必须是抽象类的子类。因为 Java 只允许单继承，对抽象类的这种限制严重制约了将其用于类型定义。而接口就宽松很多，只要定义了所有必需的方法，并遵守了其通用约定，任何类都可以实现一个接口，不管它处于类层次结构中的什么位置。

很容易改造现有的类使其实现一个新的接口。所要做的就是添加必需的方法（如果还不存在）并在类声明中添加一个 implements 子句。当 Comparable、Iterable 和 AutoCloseable 接口被加入到平台之中时，很多现有的类也被加以改造，实现了这些接口。一般来说，不能改造现有的类使其扩展一个新的抽象类。如果想让两个类扩展同一个抽象类，必须将抽象类放在类型层次结构中较高的位置，使其成为这两个类的祖先。遗憾的是，这可能会对类型层次结构造成极大的间接伤害，迫使所有的后代都要子类化这个新的抽象类，而不管是否合适。

接口是定义 mixin（混合类型）的理想选择。粗略地讲，mixin 是一个类型，类在实现其“主要类型”之外，还可以实现一个这样的类型，以表明它能够提供某个可选行为。例如，Comparable 就是一个 mixin 接口，类实现这个接口是为了表明其实例可以与其他能够互相比较的对象一起排序。这样的接口之所以叫 mixin，是因为它允许将可选的功能“混合”（mixed in）到类型的主要功能之中。抽象类不能用于定义 mixin，原因与它们不能被改造用于现有的类相同：一个类不能有多个超类，而且类层次结构中也没有适合插入 mixin 的位置。

接口允许构建非层次结构的类型框架。不是所有的事物都适合用类型层次结构来组织。例如，假设有一个代表歌手的接口 Singer，还有一个代表词曲创作人的接口 Songwriter：

```
public interface Singer {
    AudioClip sing(Song s);
}

public interface Songwriter {
    Song compose(int chartPosition);
}
```

在现实生活中，有些歌手也是词曲创作人。因为我们在定义这些类型时使用的是接口而不是抽象类，所以完全可以让一个类同时实现 Singer 和 Songwriter 接口。实际上还可以定义第三个接口——SingerSongwriter（创作型歌手），使其同时扩展 Singer 和 Songwriter 接口，并加入适合这个组合的新方法：

```
public interface SingerSongwriter extends Singer, Songwriter {
    AudioClip strum();
    void actSensitive();
}
```

我们未必总需要这样的灵活性，但当需要的时候，接口会是救命稻草。另一个选择是，编写一个臃肿的类层次结构，为每一种需要支持的属性组合提供一个单独的类。如果在整个类型系统中有 *n* 个属性，那么可能需要支持 2^n 种可能的组合。这就是所谓的组合爆炸（combinatorial explosion）。臃肿的类层次结构会导致臃肿的类，这些类中有很多方法只是参数类型不同而已，因为在这个类层次结构中没有哪种类型可以抽象出通用的行为。

通过包装器类习惯用法（**条目 18**），**接口可以实现安全且强大的功能增强**。如果使用抽象类来定义类型，则希望添加功能的程序员将别无选择，只能使用继承。与包装器类相比，这样得到的类不但不够强大，还更为脆弱。

如果一个接口方法很明显可以基于其他接口方法实现，应该考虑以默认方法的形式为程序员提供实现帮助。有关该技术的示例，可以参见**条目 21** 中的 `removeIf` 方法。如果提供了默认方法，请确保使用 Javadoc 标签`@implSpec` 为其生成文档（**条目 19**），供继承时参考。

默认方法究竟可以提供多大程度的实现帮助，这是存在一定的限制的。对于来自 `Object` 类的方法，如 `equals` 和 `hashCode`，尽管很多接口都明确包含了这样的方法并又具体指定了其行为，但我们不能为其提供默认方法。此外，接口不能包含实例字段或非公有的静态成员（私有的静态方法除外）。最后，不能为一个不归我们控制的接口添加默认方法。

不过，通过提供一个与接口配合的抽象的“骨架实现”类，可以将接口和抽象类的优点结合到一起。其中，接口用来定义类型，可能还会提供一些默认方法，而骨架实现类负责在基本接口方法之上实现其余的非基本接口方法。扩展骨架实现类可以省去实现接口所需要的大部分工作。这就是模板方法（Template Method）模式 [Gamma95]。

按照惯例，骨架实现会命名为 `Abstract`*Interface*，其中的 *Interface* 就是它所实现的接口的名字。例如，Java 集合类框架为每个主要集合接口提供了一个骨架实现：`AbstractCollection`、`AbstractSet`、`AbstractList` 和 `AbstractMap`。按理说将它们命名为 `SkeletalCollection`、`SkeletalSet`、`SkeletalList` 和 `SkeletalMap` 更合理，但使用 `Abstract` 来命名的习惯已经根深蒂固了。如果设计得当，骨架实现（无论是单独的抽象类，还是仅由接口中的默认方法组成）可以使程序员能够非常轻松地提供自己的接口实现。例如，下面的静态工厂方法中包含了一个基于 `AbstractList` 构建的，完整的、全功能的 `List` 实现：

```
// 构建于骨架实现之上的具体实现
static List<Integer> intArrayAsList(int[] a) {
    Objects.requireNonNull(a);

    // <>运算符在 Java 9 及之后的版本中才可以使用
    // 如果使用的是更早的版本，可以用<Integer>代替
    return new AbstractList<>() {
        @Override public Integer get(int i) {
            return a[i];  // 自动装箱（条目 6）
        }

        @Override public Integer set(int i, Integer val) {
            int oldVal = a[i];
            a[i] = val;     // 自动拆箱
```

```
            return oldVal;  // 自动装箱
        }

        @Override public int size() {
            return a.length;
        }
    };
}
```

想想一个 List 实现背后的所有工作，这个示例所展示的骨架实现之强大，可以给我们留下深刻的印象。顺便说一句，这个示例是一个*适配器*（Adapter）[Gamma95]，它支持将一个 int 数组视为由 Integer 实例组成的列表。由于在 int 值和 Integer 实例之间所有的来回转换（装箱和拆箱），其性能并不是很好。注意，这个实现采用了*匿名类*（anonymous class）的形式（**条目 24**）。

骨架实现类的美妙之处在于，它们提供了抽象类的所有实现帮助，又不存在将抽象类用于类型定义时所面临的严格限制。对于配备了骨架实现类的接口而言，大多数实现者最显而易见的选择就是扩展这个骨架实现类，不过这并不是必须的。如果一个类不能扩展骨架实现类，它也总是可以直接实现该接口。接口本身存在的任何默认方法，对这个类还是有帮助的。此外，仍然可以利用骨架实现来帮助实现者完成任务：实现该接口的类可以引入一个私有的、扩展了骨架实现类的内部类，并包含一个这个内部类的实例，然后将对接口方法的调用转发给这个实例。这种技术被称为*模拟多重继承*（simulated multiple inheritance），与**条目 18** 中讨论的包装器类习惯用法密切相关。它提供了多重继承的许多好处，同时避免了存在的陷阱。

编写骨架实现的过程相对简单，但有些乏味。首先，研究这个接口，决定哪些方法是基本方法，其他方法可以基于这些基本方法来实现。这些基本方法将成为骨架实现中的抽象方法。接下来，在接口中为所有可以直接基于基本方法实现的方法提供默认方法，但请记住，不要为诸如 equals 和 hashCode 等 Object 类的方法提供默认方法。如果基本方法和默认方法涵盖了接口的所有方法，我们的任务就完成了，不再需要骨架实现类。否则，编写一个类，让它声明实现这个接口，然后实现剩下的所有接口方法。这个类可以包含实现该任务所需的任何非公有的字段和方法。

作为一个简单的例子，考虑 Map.Entry 接口。显而易见，基本方法是 getKey、getValue 和（可选的）setValue。该接口明确指定了 equals 和 hashCode 的行为，并且有一个明显的基于基本方法的 toString 实现。因为我们不能为 Object 方法提供默认的实现，所以所有的实现都放在骨架实现类中了：

```
// 骨架实现类
public abstract class AbstractMapEntry<K,V>
        implements Map.Entry<K,V> {
    // 可修改的 Map 中的 Entry 必须重写该方法
    @Override public V setValue(V value) {
        throw new UnsupportedOperationException();
    }

    // 实现 Map.Entry.equals 的通用约定
    @Override public boolean equals(Object o) {
        if (o == this)
```

```
            return true;
        if (!(o instanceof Map.Entry))
            return false;
        Map.Entry<?,?> e = (Map.Entry) o;
        return Objects.equals(e.getKey(),   getKey())
            && Objects.equals(e.getValue(), getValue());
    }

    // 实现Map.Entry.hashCode的通用约定
    @Override public int hashCode() {
        return Objects.hashCode(getKey())
             ^ Objects.hashCode(getValue());
    }

    @Override public String toString() {
        return getKey() + "=" + getValue();
    }
}
```

注意，这个骨架实现不能在 Map.Entry 接口中实现，也不能实现为子接口，因为默认方法不能重写 equals、hashCode 和 toString 等 Object 方法。

因为骨架实现是为继承而设计的，所以应该遵循**条目 19** 中所有的设计和文档编写准则。为了简洁起见，前面的例子中省略了文档注释，但是**好的文档在骨架实现中是绝对必要的**，无论它是由接口上的默认方法组成还是单独的抽象类。

骨架实现有个小变体——简单实现（simple implementation），AbstractMap.SimpleEntry 就是一个例子。简单实现与骨架实现类似，它也实现了接口，而且是为继承而设计的，不同之处在于它不是抽象的：它是最简单的可以工作的实现。可以直接使用，也可以根据需要进行子类化。

总而言之，要定义支持多种实现的类型，接口通常是最佳选择。如果导出了一个不是很简单的接口，请务必考虑配合提供一个骨架实现。在可能的情况下，应该通过接口上的默认方法来提供骨架实现，以便该接口的所有实现者都可以使用。即便如此，接口上的限制通常会使得抽象类形式成为骨架实现的不二之选。

条目 21：为传诸后世而设计接口

在 Java 8 之前，不可能在不破坏现有实现的情况下向接口中添加方法。如果向接口中添加了新方法，现有实现通常会缺少这个方法，从而导致编译时错误。Java 8 引入了*默认方法*（default method）[JLS, 9.4]，目的就是允许向现有的接口中添加方法。但是向现有的接口中添加新方法还是充满风险的。

默认方法的声明中包括一个*默认实现*，所有实现了这个接口但是没有实现该默认发方法的类都会使用它。尽管随着 Java 中引入默认方法，向现有的接口中添加方法成为可能，但并不能保证这些方法在所有预先存在的实现中都能工作。默认方法是在实现者并不知情也没有许可的情况下被“注入”到现有实现中的。在 Java 8 之前，编写这些实现的时候是默认其接口*永远*不会添加任何新方法的。

Java 8 向核心集合接口中添加了许多新的默认方法，主要是为了方便使用 Lambda 表达式（第7章）。Java类库中的默认方法是高质量的通用实现，在大多数情况下都可以正常工作。但是，**想编写一个默认方法，使其能够保证每个可以想到的实现的所有不变式，未必总能做到。**

例如，考虑在Java 8中向Collection接口中添加的removeIf方法。此方法会删除所有满足这一条件的元素：对该元素执行给定的boolean函数（或谓词），结果为true。默认实现是这样描述的：使用其迭代器遍历集合，在每个元素上调用谓词，对于结果为true的元素，使用迭代器的remove方法来删除。推测起来，其声明大致如下：

```
// 在 Java 8 中添加到 Collection 接口中的默认方法
default boolean removeIf(Predicate<? super E> filter) {
    Objects.requireNonNull(filter);
    boolean result = false;
    for (Iterator<E> it = iterator(); it.hasNext(); ) {
        if (filter.test(it.next())) {
            it.remove();
            result = true;
        }
    }
    return result;
}
```

这可能是removeIf方法最好的通用实现，但不幸的是，它在某些真实的Collection实现上不能正确执行。例如，考虑org.apache.commons.collections4.collection.SynchronizedCollection。这个类来自Apache Commons类库，与java.util中的静态工厂Collections.synchronizedCollection返回的类非常相似。Apache版本还提供了使用客户提供的对象而不是集合进行锁定的能力。换句话说，它是一个包装器类（**条目18**），它所有的方法在委托给被包装的集合之前都会在某个锁定对象上同步。

Apache的SynchronizedCollection类依然有人维护，但截至本书撰写之时，它并没有重写removeIf方法。如果这个类与Java 8一起使用，它将继承removeIf的默认实现，但是默认实现事实上不能维护这个类的基本承诺：自动对每个方法调用进行同步。默认实现对同步一无所知，也无法访问包含锁定对象的字段。如果客户在一个SynchronizedCollection实例上调用了removeIf方法，而另一个线程正在并发修改这个集合，则有可能导致ConcurrentModificationException或其他未定义行为。

为了防止这种情况在类似的Java平台类库实现中发生，例如由Collections.synchronizedCollection返回的包私有类，JDK维护者不得不重写默认的removeIf实现以及其他类似方法，以便在调用默认实现之前执行必要的同步。不属于Java平台的现有集合实现就没有这样的机会了，它们未能与接口同步进行类似的修改，而且有些到现在还没有修改。

在存在默认方法的情况下，一个接口的现有实现可能在编译时没有错误或警告，但在运行时却失败了。虽然不是很常见，但出现也不是一次两次了。目前已知的是，少数在Java 8中添加到集合接口中的方法会受到影响，少数现有的实现也会受到影响。

除非必须这样做，否则应该避免使用默认方法向现有接口中添加新方法。如果确实需要使用，应该认真思考默认方法实现是否会破坏现有的接口实现。但是，当创建接口时，使用默认方法来提供标准方法实现，以减轻实现该接口的工作量，这是非常有用的（**条目20**）。

还要注意的是，默认方法不支持从接口中删除方法或改变现有方法的签名。这两种接口修改方式都不可能在不破坏现有客户端代码的情况下进行。

道理应该讲得很清楚了。尽管默认方法现在已经成为 Java 平台的一部分，但**谨慎设计接口仍然是极其重要的**。虽然默认方法使得向现有的接口中添加方法成为可能，但这样做存在很大的风险。如果接口包含一个小缺陷，则可能会永远困扰其用户；如果接口存在严重的缺陷，则可能会毁掉包含它的 API。

因此，在发布每个新接口之前，对其进行测试是至关重要的。多个程序员应该以不同的方式实现每个接口，至少要有 3 种。同样重要的是编写多个客户端程序，使用每个新接口的实例来执行各种任务。这将大大有助于确保每个接口都能满足其所有的预期用途。这些步骤可以让我们在接口发布之前发现其缺陷，此时尚可轻松修正。**虽然在接口发布之后再修正一些缺陷也是有可能的，但千万不要寄希望于此。**

条目 22：接口仅用于定义类型

当一个类实现了一个接口时，该接口可以充当引用这个类的实例的*类型*（type）。类实现了某个接口，就表明客户端可以使用这个类的实例实施某些动作。为其他任何目的定义接口都是不合适的。

有一种接口没有满足这一点，就是所谓的*常量接口*（constant interface）。这种接口不包含任何方法，而只由静态的 `final` 字段组成，每个字段都导出一个常量。需要使用这些常量的类会实现该接口，这样就不用通过类名来限定常量名了。下面是一个例子：

```
// 常量接口反模式——不要使用
public interface PhysicalConstants {
    // 阿伏伽德罗常数 (1/mol)
    static final double AVOGADROS_NUMBER   = 6.022_140_857e23;

    // 玻尔兹曼常数 (J/K)
    static final double BOLTZMANN_CONSTANT = 1.380_648_52e-23;

    // 电子质量 (kg)
    static final double ELECTRON_MASS      = 9.109_383_56e-31;
}
```

常量接口模式是对接口的不恰当使用。类在内部使用了一些常量，这属于实现细节。实现常量接口会导致实现细节泄露到该类的导出 API 中。类实现了常量接口，对这个类的用户来说是没什么价值的。有时反而会让用户困惑。更糟糕的是，它代表了一种承诺：如果在未来的版本中，类被修改了，不再需要使用这些常量，但是为了确保二进制兼容，它仍然必须实现这个接口。如果一个非 `final` 类实现了一个常量接口，那么它的所有子类的命名空间都会被接口中的常量污染。

在 Java 平台类库中有几个常量接口，如 `java.io.ObjectStreamConstants`。这些接口应该视作反例，不应效仿。

如果想导出常量，有几种合理的选择。如果这些常量与现有的类或接口密切相关，那么应该将其添加到类或接口中。例如，所有的数值基本类型的封装类，如 `Integer` 和 `Double`，都导出了 `MIN_VALUE` 和 `MAX_VALUE` 常量。如果这些常量最好被视为某个枚举类型的成员，那么应该用 enum 类型导出它们（**条目 34**）。否则，应该用一个不可实例化的工具类来导出常量（**条目 4**）。下面是前面演示的 PhysicalConstants 示例的工具类版本：

```
// 常量工具类
package com.effectivejava.science;

public class PhysicalConstants {
  private PhysicalConstants() { }  // 阻止实例化

  public static final double AVOGADROS_NUMBER = 6.022_140_857e23;
  public static final double BOLTZMANN_CONST  = 1.380_648_52e-23;
  public static final double ELECTRON_MASS    = 9.109_383_56e-31;
}
```

顺便提一下，注意数字字面常量中使用了下画线（_）。这是从 Java 7 开始支持的语法，它对数字字面常量的值没有影响，但酌情使用的话可以提高可读性。如果数字字面常量的位数不低于 5，不管是定点数还是浮点数，都可以考虑添加下画线。对于十进制的数字字面常量，不管是整数还是浮点数，都应该用下画线将其按三位一组（对应 1000 的正整数或负整数次幂）来分隔。

通常情况下，工具类会要求客户端使用类名来限定常量名，如 PhysicalConstants.AVOGADROS_NUMBER。如果需要大量使用这种由工具类导出的常量，可以利用静态导入（static import）功能来省去类名：

```
// 使用静态导入来避免全限定名
import static com.effectivejava.science.PhysicalConstants.*;

public class Test {
    double atoms(double mols) {
        return AVOGADROS_NUMBER * mols;
    }
    ...
    // 更多使用 PhysicalConstants 常量的语句，说明了静态导入的重要性
}
```

总而言之，接口应仅用于定义类型。如果只是要导出常量，不应该使用接口。

条目 23：优先使用类层次结构而不是标记类

有时我们可能会遇到这样的类，它的实例有两种或更多的种类，类中会包含一个标记（tag）字段来指示这个实例的具体种类。例如，考虑下面这个类，它可以表示一个圆形或一个矩形：

```
// 标记类——远不如使用类层次结构
class Figure {
    enum Shape { RECTANGLE, CIRCLE };

    // 标记字段——该图的形状
    final Shape shape;

    // 仅当 shape 为 RECTANGLE 时，才使用这些字段
```

```
    double length;
    double width;

    // 仅当 shape 为 CIRCLE 时，使用该字段
    double radius;

    // 圆形的构造器
    Figure(double radius) {
        shape = Shape.CIRCLE;
        this.radius = radius;
    }

    // 矩形的构造器
    Figure(double length, double width) {
        shape = Shape.RECTANGLE;
        this.length = length;
        this.width = width;
    }

    double area() {
        switch(shape) {
          case RECTANGLE:
            return length * width;
          case CIRCLE:
            return Math.PI * (radius * radius);
          default:
            throw new AssertionError(shape);
        }
    }
}
```

这样的标记类（tagged class）存在很多缺点。其中充斥着样板代码，包括枚举声明、标记字段和条件语句。多个实现混杂在一个类中，会进一步影响可读性。因为实例还要负担属于其他种类的不相关字段，所以内存占用也会增加。因为构造器不能初始化不相关字段，所以字段不能设置为 `final` 的，这会带来更多样板代码。构造器必须设置标记字段，并且要初始化正确的字段，而这是无法利用编译器来提供帮助的：如果初始化了错误的字段，程序将在运行时失败。除非可以修改其源文件，否则无法向标记类添加新的种类。如果确实添加了新种类，则必须记住在每个 `switch` 语句中添加一个 `case`，否则类将在运行时失败。最后，单从实例的数据类型是看不出其具体种类的。简而言之，**标记类过于冗长、容易出错且效率低下**。

幸运的是，如果想定义一个能够表示多个种类的对象的单一数据类型，诸如 Java 等面向对象语言提供了一个更好的选择：子类型化（subtyping）。**标记类只是对类层次结构的比较蹩脚的模仿。**

为了将标记类转换为类层次结构，首先要定义一个抽象类，并为标记类中的行为取决于标记值的每个方法定义一个抽象方法。在 `Figure` 类中，只有一个这样的方法，就是 `area`。这个抽象类是该类层次结构的根。如果有任何不依赖于标记值的方法，就将其放在这个类中。同样，如果有任何所有种类都会使用的数据字段，也将其放在这个类中。在 `Figure` 类中没有这样的与种类无关的方法或字段。

接下来，为原始标记类的每个种类定义一个该根类的具体子类。我们的示例中有两个种类：圆形（circle）和矩形（rectangle）。将某个种类特有的数据字段放到相应的子类中。在我们的示例中，半径（radius）是圆形特有的，而长度（length）和宽度（width）是矩形特有的。再将根类中的每个抽象方法的恰当的实现放到每个子类中。下面是对应于原始的 Figure 类的类层次结构：

```
// 替代标记类的类层次结构
abstract class Figure {
    abstract double area();
}

class Circle extends Figure {
    final double radius;

    Circle(double radius) { this.radius = radius; }

    @Override double area() { return Math.PI * (radius * radius); }
}

class Rectangle extends Figure {
    final double length;
    final double width;

    Rectangle(double length, double width) {
        this.length = length;
        this.width  = width;
    }
    @Override double area() { return length * width; }
}
```

这个类层次结构修正了之前提到的标记类的所有缺点。代码简单明了，没有了原来的样板代码。每个种类的实现都由自己的类负责，而且这些类都不存在不相关数据带来的负担。所有字段都是 final 的。编译器会确保每个类的构造器初始化其数据字段，并且每个类都有根类中声明的每个抽象方法的实现。这样就不会再因为缺少 switch case 而导致运行时失败了。多个程序员可以独立地扩展该层次结构并实现互操作，而无须访问根类的源代码。每个种类都有一个与之关联的单独的数据类型，程序员可以指出一个变量对应的种类，还可以将变量和输入参数限制为某个特定种类。

类层次结构的另一个优点是，它们可以用来反映类型之间的自然层次关系，这有助于增加灵活性，并有助于更好地编译时类型检查。假设之前示例中的标记类还支持正方形。类层次结构可以用来反映正方形是一种特殊的矩形这一事实（假设两者都是不可变的）：

```
class Square extends Rectangle {
    Square(double side) {
        super(side, side);
    }
}
```

注意，上述层次结构中的字段是直接访问的，而没有使用访问器方法。这是为了简洁起见，如果这个层次结构是公开的（**条目 16**），这样的设计就非常糟糕了。

总而言之，标记类通常不适合使用。如果想编写一个带有显式标记字段的类，应该认真考虑一下是否可以去除这个标记，并用一个层次结构来代替这个类。当我们遇到一个带有标记字段的现有类时，也应该考虑将其重构为一个层次结构。

条目 24：与非静态成员类相比，优先选择静态成员类

嵌套类（nested class）是定义在另一个类中的类。一个嵌套类之所以存在，应该只是为了服务于它的包围类。如果一个嵌套类在其他上下文中也有用，它就应该被设计为顶层类。有四种类型的嵌套类：*静态成员类*、*非静态成员类*、*匿名类*以及*局部类*。除了第一种之外，其他的都被称为*内部类*。本条目会讲解何时使用哪种嵌套类以及背后的原因。

静态成员类是最简单的嵌套类。最好将其视为一个普通类，只是碰巧被声明在另一个类中，而且可以访问包围类的所有成员，即使是声明为私有的成员。静态成员类是其包围类的静态成员，并遵守与其他静态成员相同的可访问性规则。如果它被声明为私有的，则只能在包围类内部访问，依此类推。

静态成员类的一个常见用途是作为一个公有的辅助类，仅配合其包围类一起使用。例如，考虑一个描述计算器所支持的操作的枚举（**条目 34**），`Operation` 枚举应该是 `Calculator` 类的一个公有的静态成员。然后，使用 `Calculator` 的客户端可以用像 `Calculator.Operation.PLUS` 和 `Calculator.Operation.MINUS` 这样的名字来引用这些操作。

从语法上看，静态成员类和非静态成员类之间唯一的区别是，静态成员类的声明中带有 `static` 修饰符。尽管语法很像，但二者大不相同。对于非静态成员类而言，它的每个实例都会隐含地关联一个其包围类的实例。在非静态成员类的实例方法中，我们可以使用*限定性* `this`（qualified `this`）语法[JLS, 15.8.4]来调用其包围类实例的方法，或获得指向其包围类实例的引用。如果嵌套类的实例可以独立于其包围类实例存在，则必须将其设计为静态成员类：没有包围类的实例是不可能创建出非静态成员类的实例的。

非静态成员类的实例与其包围类的实例之间的关联是在成员类实例创建之时建立起来的，此后无法修改。通常情况下，当我们在包围类的实例方法内调用了非静态成员类的构造器时，这种关联会自动建立起来。也可以使用表达式 `enclosingInstance.new MemberClass(args)` 手动建立关联，不过很少这样使用。可以想见，这种关联会占用非静态成员类实例的空间，还会增加其构建时间。

非静态成员类的一个常见用途是定义*适配器*（Adapter）[Gamma95]，它允许将包围类的实例视作某个不相关的类的实例。例如，`Map` 接口的实现通常使用非静态成员类来实现其集合视图，这些视图由 `Map` 的 `keySet`、`entrySet` 和 `values` 方法返回。类似地，集合接口的实现，如 `Set` 和 `List`，通常使用非静态成员类来实现它们的迭代器：

```
// 非静态成员类的典型应用
public class MySet<E> extends AbstractSet<E> {
    ... // 大部分类实现代码略去

    @Override public Iterator<E> iterator() {
        return new MyIterator();
    }

    private class MyIterator implements Iterator<E> {
```

```
        ...
    }
}
```

如果我们声明的成员类不需要访问包围实例，那么就应该总是将 `static` 修饰符放在它的声明中，使其成为静态成员类，而不是非静态成员类。如果漏掉了这个修饰符，它的每个实例中都会隐含着一个额外的引用，这个引用指向其包围实例。正如前面所提到的，存储这个引用需要时间和空间。更严重的是，当包围实例本已符合垃圾收集的条件时，可能就因为这个引用而被保留下来（**条目 7**）。由此造成的内存泄漏可能是灾难性的。此类情况通常难以发现，因为这个引用是不可见的。

私有静态成员类的一个常见用途是表示其包围类所表示对象的组件。例如，考虑一个 `Map` 实例，它将键与值关联起来。在许多 `Map` 实现中，对于映射中的每个键值对，都有一个与之对应的内部 `Entry`（条目）对象。虽然每个 `Entry` 实例都会关联到一个 `Map` 实例，但 `Entry` 实例上的方法（`getKey`、`getValue` 和 `setValue`）并不需要访问这个 `Map` 实例。因此，使用非静态成员类来表示条目是很浪费的，最好使用私有静态成员类。如果在 `Entry` 的声明中不小心漏掉了 `static` 修饰符，这个 `Map` 仍然可以工作，但是每个 `Entry` 实例将包含一个额外的对该 `Map` 实例的引用，这会浪费空间和时间。

如果所讨论的类是导出类的公有或受保护的成员，那么在静态成员类和非静态成员类之间做出正确的选择就倍加重要了。在这种情况下，成员类是导出的 API 元素，并且不能在后续版本中将其从非静态成员类更改为静态成员类，否则将破坏向后兼容性。

顾名思义，匿名类没有名字。它不是其包围类的成员。它并不是和其他成员一起声明的，而是在使用的地方同时进行了声明和实例化。代码中可以使用表达式的地方就可以使用匿名类。当且仅当出现在非静态的上下文中时，匿名类才有包围实例。但是，即使出现在静态的上下文中，除了常量（即用常量表达式初始化的 `final` 的基本类型或字符串类型的字段）之外，匿名类中不能存在任何静态成员 [JLS, 4.12.4]。

匿名类在使用上也有很多限制。除了在匿名类声明的地方，我们无法实例化它们。我们无法执行 `instanceof` 测试，也不能做任何需要用类名来引用它的事情。我们不能声明一个匿名类来实现多个接口，也不能同时扩展一个类并实现一个接口。除了从超类型继承而来的成员，客户端不能调用匿名类的任何成员。由于匿名类出现在表达式之中，所以它们必须尽量简短（不超过 10 行），否则会影响可读性。

在 Lambda 表达式（**第 7 章**）加入到 Java 中之前，匿名类是临时创建小型函数对象（function object）和过程对象（process object）的首选方式，但现在 Lambda 表达式是首选了（**条目 42**）。匿名类的另一个常见用途是实现静态工厂方法（参见**条目 20** 中的 `intArrayAsList`）。

局部类是四种嵌套类中用得最少的。在任何可以声明局部变量的地方，几乎都可以声明局部类，它也遵守同样的作用域规则。局部类和其他几种嵌套类有一些共同的属性。像成员类一样，它们有名字，并且可以重复使用。像匿名类一样，它们只有在非静态上下文中定义时才有包围实例，并且不能包含静态成员。和匿名类还有一个类似的地方，它们都应该尽量简短，以免影响可读性。

简而言之，有四种不同的嵌套类，各有其应用场景。如果一个嵌套类需要在单个方法之外仍然可见，或者因为太长而不适合放在方法内部，那么就使用成员类。如果成员类的每个实例都需要一个指向其包围实例的引用，那么就把它设计为非静态的；否则就设计为静态的。假设这个类属于一个方法的内部，如果只需要在一个地方创建其实例，并且存在一个可以描述这个类的预先存在的类型，那么就把它设计为匿名类；否则就把它设计为局部类。

条目 25：将源文件限制为单个顶层类

尽管 Java 编译器允许在单个源文件中定义多个顶层类，但这样做并没有任何好处，而且存在重大风险。因为在一个源文件中定义多个顶层类，可能会导致为一个类提供了多个定义。哪一个定义会被使用，取决于传递给编译器的源文件的顺序。

为了具体说明该问题，考虑这个源文件，它只包含一个 Main 类，而 Main 类又引用了另外两个顶层类（Utensil 和 Dessert）的成员：

```
public class Main {
    public static void main(String[] args) {
        System.out.println(Utensil.NAME + Dessert.NAME);
    }
}
```

现在假设我们在一个名为 Utensil.java 的源文件中定义了 Utensil 和 Dessert 这两个类：

```
// 两个类定义在了一个文件中——不要这样做
class Utensil {
    static final String NAME = "pan";
}

class Dessert {
    static final String NAME = "cake";
}
```

当然，主程序会打印 pancake。

现在假设我们不慎编写了另一个名为 Dessert.java 的源文件，其中也定义了同样的两个类：

```
// 两个类定义在了一个文件中——不要这样做
class Utensil {
    static final String NAME = "pot";
}

class Dessert {
    static final String NAME = "pie";
}
```

如果足够“幸运”，使用了 javac Main.java Dessert.java 这个命令来编译程序，那么编译会失败，编译器会提醒我们重复定义了 Utensil 和 Dessert 这两个类。这是因为编译器会先编译 Main.java，在看到对 Utensil 的引用时（位于对 Dessert 的引用之前），它会去 Utensil.java 中查找这个类，并找到了 Utensil 和 Dessert。当编译器在命令行中遇到 Dessert.java 时，它也会拉入该文件，导致它又遇到了 Utensil 和 Dessert 的定义。

如果使用命令 javac Main.java 或 javac Main.java Utensil.java 编译程

序，和编写 Dessert.java 文件之前一样，仍会输出 pancake。但是如果使用命令 javac Dessert.java Main.java 编译程序，则会输出 potpie。因此，程序的行为受到了传递给编译器的源文件的顺序的影响，这显然是不可接受的。

解决方法很简单，就是将顶层类（在我们的例子中是 Utensil 和 Dessert）分别放到单独的源文件中。如果很想把多个顶层类放在一个源文件中，可以考虑使用静态成员类（**条目 24**）。如果这些类从属于另一个类，把它们变成静态成员类通常是更好的选择，因为这样可以增强可读性，同时还可以通过将其声明为私有的来降低这些类的可访问性（**条目 15**）。下面是使用静态成员类改写后的示例：

```
// 使用静态成员类代替多个顶层类
public class Test {
    public static void main(String[] args) {
        System.out.println(Utensil.NAME + Dessert.NAME);
    }

    private static class Utensil {
        static final String NAME = "pan";
    }

    private static class Dessert {
        static final String NAME = "cake";
    }
}
```

结论显而易见：**永远不要将多个顶层类或接口放在一个源文件中**。遵循这个规则可以确保在编译时不会出现单个类的重复定义问题。这反过来又保证了编译生成的类文件和所得到的程序的行为都不会受到源文件传递给编译器时的顺序的影响。

第 5 章 泛型

从 Java 5 开始，泛型已经成为语言的一部分。在引入泛型之前，我们必须对从集合中读取的每个对象进行强制类型转换。如果有人不小心插入了一个错误类型的对象，那么在运行时执行强制类型转换就会失败。有了泛型之后，我们可以告诉编译器每个集合中允许有哪些类型的对象。编译器会自动为我们插入强制类型转换操作，而且如果要插入的是一个错误类型的对象，它会在*编译时*告诉我们。这使得程序更安全、更清晰，而且泛型不只对集合有好处。但是天下没有免费的午餐，这是有代价的。本章将讲解如何将这些好处最大化并将其负面影响最小化。

条目 26：不要使用原始类型

首先解释几个术语。所谓*泛型*（generic）类或接口[JLS, 8.1.2, 9.1.2]，就是声明中存在一个或多个*类型参数*（type parameter）的类或接口。例如，`List` 接口有单个类型参数 `E`，表示其元素类型。接口的全名是 `List <E>`（读作“`E` 的列表”），但人们通常还是将其简称为 `List`。泛型类和接口统称为*泛型类型*（generic type）。

每个泛型类型定义了一套*参数化类型*（parameterized type）。参数化类型是这样表示的：先是类或接口的名字，后面是尖括号（< >），尖括号中是由与泛型类型的形式类型参数对应的*实际类型参数*组成的列表[JLS, 4.4, 4.5]。例如，`List<String>`（读作“字符串的列表”）就是一个参数化类型，表示由 `String` 类型的元素组成的列表。（`String` 是与形式类型参数 `E` 对应的实际类型参数。）

最后，每个泛型类型定义了一个*原始类型*（raw type），即不带任何实际类型参数，而是直接使用泛型类型的名称[JLS, 4.8]。例如，与 `List<E>`对应的原始类型是 `List`。从表现上看，原始类型就像是所有泛型类型信息都被从类型声明中擦除了一样。原始类型之所以存在，主要是为了兼容引入泛型之前的代码。

在 Java 引入泛型之前，典型的集合声明是下面这样的。但是从 Java 9 开始，虽然这么做还是合法的，但是已经不推荐了。

```
// 原始类型的集合——不要这样做

// 我的 stamp 集合，只能包含 Stamp 实例
private final Collection stamps = ... ;
```

如果现在还用这样的声明，然后不小心把一个 Coin 放入了 stamp 集合中，这个错误的插入操作可以正常通过编译，运行也没有错误（不过编译器确实给出了一条模糊的警告）：

```
// 错误地将 Coin 放入了 stamp 集合中
stamps.add(new Coin( ... )); // 编译器会给出警告：unchecked call
```

直到试图从 stamp 集合中获取 Coin 时，才会遇到错误：

```
// 原始类型的 iterator——不要这样做
for (Iterator i = stamps.iterator(); i.hasNext(); ) {
    Stamp stamp = (Stamp) i.next(); // 抛出 ClassCastException
    stamp.cancel();
}
```

正如本书反复提到的，错误越早发现越好，最好是在编译时。在上面的例子中，我们要等到运行时才会发现错误，是在犯错很久之后，而且代码中遇到错误的地方可能与实际犯错的地方相去甚远。一旦看到 ClassCastException，就必须在代码库中查找将 Coin 放入 stamp 集合的方法调用。编译器帮不了我们，因为它无法理解“只能包含 Stamp 实例”这句注释。

而使用泛型的话，类型声明会包含这些信息，而不是靠注释：

```
// 参数化的集合类型——类型安全
private final Collection<Stamp> stamps = ... ;
```

从这个声明中，编译器知道 stamps 应该只包含 Stamp 实例，并且只要整个代码库在编译时没有任何警告（我们也没有抑制警告，参见**条目 27**），编译器就可以保证这一点。当 stamps 使用了参数化类型声明来声明时，错误的插入操作会导致编译错误，而且错误消息会告诉我们准确的错误之处：

```
Test.java:9: error: incompatible types: Coin cannot be converted
to Stamp
    stamps.add(new Coin());
                ^
```

当我们从集合中检索元素时，编译器会为我们在背后插入强制类型转换，并确保转换不会失败（仍然假设所有代码都没有生成或抑制任何编译器警告）。尽管不小心把 Coin 放入 stamp 集合这种事情看起来不太可能发生，但这类问题是真实存在的。例如，不难想象这样的情形：把一个 BigInteger 放入了一个只应包含 BigDecimal 实例的集合中。

如前所述，使用原始类型（没有其类型参数的泛型类型）是合法的，但绝对不要这样做。**如果使用原始类型，就会失去泛型在安全性和表现力等方面的所有优势**。既然不应该使用，为什么 Java 语言的设计者一开始还要允许它们存在呢？答案是为了兼容性。在引入泛型时，Java 即将进入它的第二个十年，已经存在大量的没有使用泛型的代码。所有这些代码应该仍然是合法的，并且可以与使用泛型的新代码互操作，这一点至关重要。将参数化类型的实例传递给为原始类型设计的方法必须是合法的，反之亦然。这一要求，就是所谓的移植兼容性（migration compatibility），促使设计者做出了支持原始类型以及使用擦除（erasure）来实现泛型（**条目 28**）的决定。

虽然不应该使用像 List 这样的原始类型，但是使用支持插入任意对象的参数化类型是可以的，如 List<Object>。那么原始类型的 List 和参数化类型的 List<Object> 之间的区别是什么呢？笼统地说，前者脱离了泛型类型系统，而后者明确告诉编译器它可以持有任何类型的对象。我们可以将 List<String>传递给 List 类型的参数，但不能将其传递给 List<Object>类型的参数。泛型有子类型化（subtyping）规则，List<String> 是 List 的子类型，但不是参数化类型 List<Object>的子类型（**条目 28**）。因此，**如果使用像 List 这样的原始类型，则会失去类型安全性，但使用像 List<Object>这样的参数化类型则不会。**

为了更具体地说明，考虑如下程序：

```
// 在运行时会失败——使用了原始类型(List)的 unsafeAdd 方法!
public static void main(String[] args) {
    List<String> strings = new ArrayList<>();
    unsafeAdd(strings, Integer.valueOf(42));
    String s = strings.get(0); // 存在编译器生成的强制类型转换
}

private static void unsafeAdd(List list, Object o) {
    list.add(o);
}
```

这个程序可以编译，但因为它使用了原始类型 List，我们会收到一条警告：

```
Test.java:10: warning: [unchecked] unchecked call to add(E) as a
member of the raw type List
    list.add(o);
            ^
```

实际上，如果运行这个程序，当程序试图将调用 strings.get(0)得到的结果（是一个 Integer）转换为 String 时，我们会遇到一个 ClassCastException。这是编译器生成的强制类型转换，所以通常可以保证成功，但在这个例子中，我们忽略了编译器的警告，并为之付出了代价。

如果将 unsafeAdd 方法声明中的原始类型的 List 替换为参数化类型的 List<Object>，然后重新编译这个程序，我们会发现程序不再能通过编译，编译器给出了一条错误消息：

```
Test.java:5: error: incompatible types: List<String> cannot be
converted to List<Object>
    unsafeAdd(strings, Integer.valueOf(42));
        ^
```

对于元素类型未知或者并不重要的集合，我们可能会想使用原始类型。例如，假设想编写一个这样的方法：接受两个 Set，返回它们之中相同元素的数量。如果还不熟悉泛型，可能会写出这样的代码：

```
// 使用原始类型来应对不知道元素类型的场合——不要这样做
static int numElementsInCommon(Set s1, Set s2) {
    int result = 0;
    for (Object o1 : s1)
        if (s2.contains(o1))
            result++;
    return result;
}
```

这个方法可行，但它使用了原始类型，而这是非常危险的。安全的替代方式是使用无限制的通配符类型（unbounded wildcard type）。如果想使用一个泛型类型，但不知道或不关心实际类型参数是什么，就可以使用一个问号代替。例如，泛型类型 Set<E>的无限制的通配符类型是 Set<?>（读作“某种类型的 Set”）。它是最通用的参数化 Set 类型，能够持有任何的 Set 实例。下面是使用无限制的通配符类型的 numElementsInCommon 方法的声明：

```
// 使用了无限制的通配符类型——类型安全，而且非常灵活
static int numElementsInCommon(Set<?> s1, Set<?> s2) { ... }
```

无限制的通配符类型的 Set<?>和原始类型的 Set 之间有什么区别呢？这个问号真有什么用吗？我不想再赘述了，只要记住通配符类型是安全的，而原始类型则不是。我们可

以把任何元素放入一个原始类型的集合中，这很容易破坏这个集合的类型不变式（正如一开始的 unsafeAdd 方法所演示的）；但是**我们不能把任何元素（除了 null）放入一个 Collection<?>中**。试图这样做会产生一条下面这样的编译时错误消息：

```
WildCard.java:13: error: incompatible types: String cannot be
converted to CAP#1
    c.add("verboten");
          ^
  where CAP#1 is a fresh type-variable:
    CAP#1 extends Object from capture of ?
```

诚然，这条错误消息还有待改进，但编译器已经完成了其分内之事，即不允许我们破坏该集合的类型不变式，不管其元素类型是什么。我们不仅不能把任何元素（除了null）放入 Collection<?>中，而且也不能对从中取出的对象的类型做任何假设。如果不能接受这些限制，可以使用*泛型方法*（generic method）（**条目 30**）或*有限制的通配符*（bounded wildcard type）（**条目 31**）。

不应使用原始类型这条规则有几个小例外。**在 class 字面常量中必须使用原始类型，** Java 语言规范不允许在这里使用参数化类型（尽管允许使用数组类型和基本类型）[JLS,15.8.2]。换句话说，List.class、String[].class 和 int.class 都是合法的，但 List<String>.class 和 List<?>.class 不合法。

该规则的第二个例外情况与 instanceof 运算符有关。因为泛型类型信息在运行时会被擦除，所以除了无限制的通配符类型，在参数化类型上使用 instanceof 运算符是不合法的[①]。使用无限制的通配符类型代替原始类型不会对 instanceof 运算符的行为产生任何影响。在这种情况下，尖括号（<>）和问号（？）就显得多余了。**这是使用 instanceof 运算符处理泛型类型的首选方式：**

```
// 原始类型的合理使用场景——instanceof 运算符
if (o instanceof Set) {      // 原始类型
    Set<?> s = (Set<?>) o;  // 通配符类型
    ...
}
```

注意，一旦确定变量 o 是一个 Set，必须将其强制转换为通配符类型 Set<?>，而不是原始类型 Set。这是一个检查型的转换，因此不会导致编译器警告。

总而言之，使用原始类型有可能导致运行时出现异常，所以不要使用它们。提供它们只是为了保证与引入泛型之前的遗留代码的兼容性和互操作性。快速回顾一下，Set<Object>是参数化类型，表示可以包含任何类型对象的集合；Set<?>是通配符类型，表示只能包含某些未知类型对象的集合；而 Set 是原始类型，它脱离了泛型类型系统。前两种是安全的，而最后一种则不安全。

为了便于参考，本条目介绍的一些术语，以及本章后面会介绍的术语，都总结在了表 5-1 中。

表 5-1 术语及其示例，以及对应条目

术 语	示 例	对应条目
参数化类型	List<String>	条目 26
实际参数类型	String	条目 26

① 从 Java 16 开始，在参数化类型上使用 instanceof 也是合法的。——译者注

续表

术　语	示　例	对应条目
泛型类型	`List<E>`	条目 26、条目 29
形式参数类型	`E`	条目 26
无限制的通配符类型	`List<?>`	条目 26
原始类型	`List`	条目 26
有限制的类型参数	`<E extends Number>`	条目 29
递归类型限定	`<T extends Comparable<T>>`	条目 30
有限制的通配符类型	`List<? extends Number>`	条目 31
泛型方法	`static <E> List<E> asList(E[] a)`	条目 30
类型令牌	`String.class`	条目 33

条目 27：消除 unchecked 类型的警告

当我们使用泛型进行编程时，会看到许多 unchecked 类型的编译器警告：未经检查的转换警告（unchecked cast warnings）、方法调用未经检查警告（unchecked method invocation warnings）、未经检查的参数化可变参数类型警告（unchecked parameterized vararg type warnings）以及未经检查的转换警告（unchecked conversion warnings）。随着使用泛型的经验不断增加，遇到的警告也会越来越少，但不要指望新编写的代码可以干干净净地通过编译。

许多 unchecked 警告很容易消除。例如，假设不小心写了这个声明：

```
Set<Lark> exaltation = new HashSet();
```

编译器会细致地提醒你哪里错了：

```
Venery.java:4: warning: [unchecked] unchecked conversion
        Set<Lark> exaltation = new HashSet();
                               ^
  required: Set<Lark>
  found:    HashSet
```

我们可以按照指示进行修正，使警告消失。注意，实际上可以不指定类型参数，使用 Java 7 引入的菱形运算符（<>）指示其存在即可。之后编译器会推断出正确的实际类型参数（在这个例子中就是 `Lark`）：

```
Set<Lark> exaltation = new HashSet<>();
```

有些警告非常难以消除。本章主要介绍这样的警告示例。当遇到需要一番思考的警告时，要坚持下去！**尽我们所能，消除每一个 unchecked 警告**。如果消除了所有警告，我们就可以确信自己的代码是类型安全的，这是非常好的事情。这意味着我们不会在运行时遇到 `ClassCastException`，而且我们也会增强对程序会按照预期运行的信心。

如果无法消除某个警告，但可以证明引发该警告的代码是类型安全的，那么（只有在这种情况下）可以使用`@SuppressWarnings("unchecked")`注解来抑制此警告。如果未能证明代码是类型安全的就抑制了警告，就会给自己一种虚假的安全感。代码可能在编译时没有发出任何警告，但在运行时仍然有可能抛出 `ClassCastException`。反过来，如果知道代码是类型安全的，但是没有使用`@SuppressWarnings("unchecked")` 来抑制警告，而是忽略了它们，那么这也是不合适的：当新的警告出现时，我们可能会注意不到，而这个警告背后可能是一个真实存在的问题。新的警告会淹没在我们没有消除的所有虚假警告中，难以分辨。

SuppressWarnings 注解可以用在任何声明上，从单个局部变量到整个类。**应该总是在尽可能小的范围内使用 SuppressWarnings 注解**。适合的情况通常就是一个变量声明，或一个非常短的方法或构造器。绝对不要在整个类上使用 SuppressWarnings。这样做可能会掩盖重要的警告。

如果发现自己在一个超过一行的方法或构造器上使用了 SuppressWarnings 注解，那么可以将其移到一个局部变量声明上。有时可能不得不声明一个新的局部变量，但这么做是值得的。例如，考虑这个来自 ArrayList 的 toArray 方法：

```
public <T> T[] toArray(T[] a) {
    if (a.length < size)
       return (T[]) Arrays.copyOf(elements, size, a.getClass());
    System.arraycopy(elements, 0, a, 0, size);
    if (a.length > size)
       a[size] = null;
    return a;
}
```

如果编译 ArrayList，该方法会生成以下警告：

```
ArrayList.java:305: warning: [unchecked] unchecked cast
       return (T[]) Arrays.copyOf(elements, size, a.getClass());
                                 ^
  required: T[]
  found: Object[]
```

在返回语句上放置 SuppressWarnings 注解是不合法的，因为它不是一个声明[JLS,9.7]。你可能会想把这个注解放在整个方法上，但不要这么做。相反，应该声明一个局部变量来保存返回值，并将注解放置在这个声明上，就像这样：

```
// 通过添加局部变量来缩小@SuppressWarnings 的作用范围
public <T> T[] toArray(T[] a) {
    if (a.length < size) {
        // 这个转换是正确的，因为我们正在创建的数组和
        // 传入的数组类型相同，也是 T[]
        @SuppressWarnings("unchecked") T[] result =
            (T[]) Arrays.copyOf(elements, size, a.getClass());
        return result;
    }
    System.arraycopy(elements, 0, a, 0, size);
    if (a.length > size)
        a[size] = null;
    return a;
}
```

这样得到的方法可以正确地通过编译，而且将被抑制的[unchecked]警告的作用范围最小化了。

每次使用@SuppressWarnings("unchecked")注解时，应该添加一条注释，说明为什么这样做是安全的。这将有助于其他人理解这段代码，更重要的是，如果有人没有理解这段代码，有可能反而将代码修改得不安全。如果觉得这样的注释写起来很困难，就要

多加思考。你可能最终发现，这个 unchecked 操作根本不安全。

总而言之，unchecked 警告非常重要。不要忽略它们。每个 unchecked 警告都代表着一个在运行时可能发生 ClassCastException 的潜在风险。应该尽力消除这些警告。如果无法消除某个 unchecked 警告，并且可以证明引发它的代码是类型安全的，请在尽可能小的作用范围内使用@SuppressWarnings("unchecked")注解来抑制此警告，并将这么决定的理由写在注释中。

条目 28：列表优先于数组

数组和泛型类型有两个主要区别。首先，数组是*协变*（covariant）[①]的。这个词听起来很吓人，其实只是表示如果 Sub 是 Super 的子类型，那么数组类型 Sub[]就是数组类型 Super[]的子类型。相比之下，泛型是*不变*（invariant）的：对于任何两个不同的类型 Type1 和 Type2，List<Type1>既不是 List<Type2>的子类型，也不是它的超类型[JLS,4.10; Naftalin07,2.5]。你可能会认为这是泛型的缺陷，但在某种程度上，也可以说这是数组的缺陷。下面的代码片段是合法的：

```
// 在运行时会失败
Object[] objectArray = new Long[1];
objectArray[0] = "I don't fit in"; // 抛出 ArrayStoreException
```

但下面这段代码则不合法：

```
// 无法编译
List<Object> ol = new ArrayList<Long>(); // 不兼容的类型
ol.add("I don't fit in");
```

无论哪种方式，都无法把 String 放进 Long 容器中，但使用数组的时候，我们要到运行时才能发现自己犯的错误；而使用列表的时候，在编译时就可以发现。我们当然希望在编译时就能发现错误。

数组和泛型的第二个主要区别在于数组是*具体化*（reified）的[②] [JLS, 4.7]。这意味着数组在运行时知道其元素类型而且会执行类型约束。如前所述，如果试图将 String 放入 Long 数组中，我们会遇到 ArrayStoreException。相比之下，泛型是通过*擦除*实现的 [JLS, 4.6]。这意味着它们只在编译时执行其类型约束，而在运行时会丢弃（或*擦除*）其元素类型信息。擦除使得泛型类型能够与不使用泛型的遗留代码自由地进行互操作（**条目 26**），确保遗留代码可以平滑过渡到 Java 5 中的泛型。

由于这些基本的差异，数组和泛型不能很好地混在一起使用。例如，创建泛型类型、参数化类型或类型参数的数组都是不合法的。因此，new List<E>[]、new List<String>[] 和 new E[]这些数组创建表达式都是不合法的。它们都会在编译时导致*泛型数组创建错误*。

为什么创建泛型数组不合法呢？因为它不是类型安全的。如果它是合法的，由编译器产生的强制类型转换有可能导致一个本来正确的程序在运行时出现 ClassCastException，

① 协变（covariant）、逆变（contravariant）和不变（invariant）是编程语言类型系统中的三个术语。简单来说，如果复杂类型保留了简单类型之间的子类型关系，就是协变；如果逆转了子类型关系，就是逆变；如果两者都不是，就是不变。——译者注

② 因为有些类型信息在编译时会被擦除，所以并不是所有的类型在运行时都能获得。在运行时可以完全获得的类型就是可具体化的类型。——译者注

从而导致失败。这将违反泛型类型系统所提供的基本保证。

为了更具体地说明这一点，考虑如下代码片段：

```
// 为什么泛型数组是不合法的——无法编译！
List<String>[] stringLists = new List<String>[1]; // (1)
List<Integer> intList = List.of(42);              // (2)
Object[] objects = stringLists;                   // (3)
objects[0] = intList;                             // (4)
String s = stringLists[0].get(0);                 // (5)
```

第1行代码创建了一个泛型数组，让我们假设这是合法的。第2行创建并初始化了一个 `List<Integer>`，其中只包含一个元素。第3行将第1行创建的这个 `List<String>` 数组存储到一个 `Object` 数组变量中，这是合法的，因为数组是协变的。第4行将第2行创建的 `List<Integer>`存储到 `Object` 数组的唯一元素中，这可以成功，因为泛型是通过擦除实现的：`List<Integer>`实例的运行时类型就是 `List`，而 `List<String>[]`实例的运行时类型是 `List[]`，所以这个赋值不会产生 `ArrayStoreException`。现在麻烦来了。我们将一个 `List<Integer>`实例存储到了一个声明为只能持有 `List<String>` 实例的数组中。在第5行，我们从这个数组中唯一的列表中检索出唯一的元素。编译器会自动将检索出的元素强制转换为 `String`，但它实际上是一个 `Integer`，所以我们在运行时会遇到一个 `ClassCastException`。为了防止这种情况发生，编译器不能允许第1行（创建了一个泛型数组）代码通过编译，必须生成一个编译时错误。

像 `E`、`List<E>`和 `List<String>`这样的类型，在技术上称为不可具体化（non-reifiable）的类型[JLS, 4.7]。直观地讲，不可具体化的类型就是指其运行时表示所包含的信息比其编译时表示要少的类型。由于擦除机制的存在，唯一可以具体化的参数化类型是无限制的通配符类型，如 `List<?>`和 `Map<?,?>`（**条目26**）。虽然不常用，但是创建无限制的通配符类型的数组是合法的。

禁止创建泛型数组，这一点可能有点讨厌。例如，这意味着泛型集合通常不可能返回其元素类型的数组（不过可以参见**条目33**中提供的部分解决方案）。这也意味着当我们把可变参数方法（**条目53**）与泛型类型结合使用时，会遇到令人费解的警告。这是因为每次调用可变参数方法时，编译器都会创建一个数组来保存可变参数。如果这个数组的元素类型是不可具体化的，我们会遇到一个警告。可以使用 `SafeVargs` 注解来解决这个问题（**条目32**）。

在强制转换为数组类型时，如果遇到泛型数组创建错误或未经检查的转换警告，最好的解决方案通常是使用集合类型 `List<E>`，而不是数组类型 `E[]`。这可能要损失一些简洁性或性能，但是作为回报，我们将获得更好的类型安全性和互操作性。

例如，假设要编写一个 `Chooser` 类，它有一个接收集合的构造器，还有一个方法，其作用是在这个集合中随机选择一个元素并返回。根据传递给构造器的集合的不同，可以将 `Chooser` 用作游戏骰子、魔力8号球（一种卡片棋牌类游戏），或用作蒙特卡洛模拟的数据源。下面是没有使用泛型的一个简单实现：

```
// Chooser——特别需要泛型的一个类
public class Chooser {
    private final Object[] choiceArray;

    public Chooser(Collection choices) {
```

```
        choiceArray = choices.toArray();
    }

    public Object choose() {
        Random rnd = ThreadLocalRandom.current();
        return choiceArray[rnd.nextInt(choiceArray.length)];
    }
}
```

要使用这个类，每次调用 choose 方法时，都必须将返回值从 Object 强制转换为所需的类型，如果返回的对象的类型不正确，强制类型转换会在运行时失败。考虑到**条目 29** 的建议，我们尝试将 Chooser 修改为泛型类型。修改部分以粗体表示：

```
// 将 Chooser 修改为泛型类型的第一步——无法通过编译
public class Chooser<T> {
    private final T[] choiceArray;

    public Chooser(Collection<T> choices) {
        choiceArray = choices.toArray();
    }

    // choose 方法没有变化
}
```

编译这个类，将得到如下错误消息：

```
Chooser.java:9: error: incompatible types: Object[] cannot be
converted to T[]
        choiceArray = choices.toArray();
                                     ^
  where T is a type-variable:
    T extends Object declared in class Chooser
```

你可能会这样想：没什么大不了的，我会将 Object 类型的数组强制转换为 T 类型的数组。

```
choiceArray = (T[]) choices.toArray();
```

这样做的确消除了错误消息，但取而代之的是一个警告：

```
Chooser.java:9: warning: [unchecked] unchecked cast
        choiceArray = (T[]) choices.toArray();
                                           ^
  required: T[], found: Object[]
  where T is a type-variable:
T extends Object declared in class Chooser
```

编译器告诉我们，它无法保证在运行时进行强制类型转换的安全性，因为程序无法知道 T 代表什么类型——别忘了，来自泛型的元素类型信息在运行时会被擦除。这个程序可以运行吗？是的，可以，但编译器无法证明这一点。你可以自己证明，并将理由写在注释中，然后使用注解来抑制这个警告，但最好还是消除导致警告的原因（**条目 27**）。

为了消除这个未经检查的转换警告，可以使用列表代替数组。下面是一个可以通过编译，没有错误和警告的 Chooser 类版本：

```
// 基于列表的 Chooser——这是类型安全的
public class Chooser<T> {
    private final List<T> choiceList;
```

```
    public Chooser(Collection<T> choices) {
        choiceList = new ArrayList<>(choices);
    }

    public T choose() {
        Random rnd = ThreadLocalRandom.current();
        return choiceList.get(rnd.nextInt(choiceList.size()));
    }
}
```

这个版本的代码有点冗长，也许运行会慢一点，但有一点可以放心，就是运行时不会出现 ClassCastException，所以还是值得的。

总而言之，数组和泛型的类型规则有很大的不同。数组是协变的和具体化的，而泛型是不变的，而且会被擦除。因此，数组提供了运行时的类型安全，但没有提供编译时的类型安全，而泛型正好相反。一般来说，数组和泛型不能很好地混用。如果混用时遇到了编译错误或警告，首先应该考虑的是将数组替换为列表。

条目 29：首选泛型类型

一般而言，在自己的声明中进行参数化，以及使用 JDK 提供的泛型类型和方法，都不是特别困难。难的是编写自己的泛型类型，但这是值得花时间学习的。

考虑来自**条目 7** 中的简单（玩具）栈实现：

```
// 基于Object的集合——选择对这个类进行泛型化
public class Stack {
    private Object[] elements;
    private int size = 0;
    private static final int DEFAULT_INITIAL_CAPACITY = 16;

    public Stack() {
        elements = new Object[DEFAULT_INITIAL_CAPACITY];
    }

    public void push(Object e) {
        ensureCapacity();
        elements[size++] = e;
    }

    public Object pop() {
        if (size == 0)
            throw new EmptyStackException();
        Object result = elements[--size];
        elements[size] = null; // 清除过期引用
        return result;
    }

    public boolean isEmpty() {
        return size == 0;
    }
```

```
    private void ensureCapacity() {
        if (elements.length == size)
            elements = Arrays.copyOf(elements, 2 * size + 1);
    }
}
```

这个类一开始就应该被参数化，但因为它没有被参数化，所以我们可以在事后对其进行泛型化（generify）。换句话说，可以在不影响使用原来的非参数化版本的客户端代码的情况下，将其参数化。照现在的情形，当对象从栈中弹出的时候，客户端必须对其进行强制类型转换，而转换有可能在运行时失败。对类进行泛型化的第一步是在其声明中添加一个或多个类型参数。这个例子中用到了一个类型参数，表示栈的元素的类型，这个类型参数习惯上会被命名为 E（**条目 68**）。

下一步就是将所有使用到 Object 类型的地方都替换为相应的类型参数，然后尝试编译得到的程序：

```
// 初次尝试对 Stack 类进行泛型化——无法通过编译
public class Stack<E> {
    private E[] elements;
    private int size = 0;
    private static final int DEFAULT_INITIAL_CAPACITY = 16;

    public Stack() {
        elements = new E[DEFAULT_INITIAL_CAPACITY];
    }

    public void push(E e) {
        ensureCapacity();
        elements[size++] = e;
    }

    public E pop() {
        if (size == 0)
            throw new EmptyStackException();
        E result = elements[--size];
        elements[size] = null; // 清除过期引用
        return result;
    }
    ... // isEmpty 和 ensureCapacity 方法没有变化
}
```

一般来说，我们会遇到一个甚至多个编译错误或警告，这个也不例外。幸运的是，这个类只生成了一个错误：

```
Stack.java:8: generic array creation
        elements = new E[DEFAULT_INITIAL_CAPACITY];
                   ^
```

正如**条目 28** 所解释的，我们无法创建不可具体化的类型（如 E）的数组。每当我们为背后用到了数组的类型编写泛型类型时，这个问题就会出现。这个问题有两种合理的解决方案。第一种方案是直接规避禁止创建泛型数组的规定：创建一个 Object 数组，并将其强制转换为泛型数组类型。现在错误消失了，但编译器会生成一条警告。这种用法是合法的，但一般不是类型安全的：

```
Stack.java:8: warning: [unchecked] unchecked cast
found: Object[], required: E[]
        elements = (E[]) new Object[DEFAULT_INITIAL_CAPACITY];
                                      ^
```

编译器可能无法证明我们的程序是类型安全的，但我们可以。我们必须确信这个未经检查的转换不会危及程序的类型安全。这里讨论的数组（即 elements 变量）被存储在一个私有的字段中，并且不会被返回给客户端或传递给其他任何方法。数组中的元素都是通过那些传递给 push 方法的元素存储而来的，它们都是 E 类型的，所以这个未经检查的转换不会造成任何伤害。

一旦我们证明了某个未经检查的转换是安全的，就应该在尽可能小的范围内抑制该警告（**条目 27**）。在这种情况下，构造器中仅包含这个未经检查的数组创建，因此将抑制该警告的注解放在整个构造器上是可以的。在加入了注解之后，Stack 类可以干干净净地通过编译，我们在使用这个类时不需要再进行显式的强制类型转换，也不需要担心 ClassCastException 了。

```
// elements 数组将仅包含来自 push(E) 的 E 类型实例
// 这足以确保类型安全，但这个数组的运行时类型不会是 E[]，而总是 Object[]
@SuppressWarnings("unchecked")
public Stack() {
    elements = (E[]) new Object[DEFAULT_INITIAL_CAPACITY];
}
```

消除 Stack 中的泛型数组创建错误的第二种方案是将 elements 字段的类型从 E[] 修改为 Object[]。如果这样做的话，我们会遇到一个不同的错误：

```
Stack.java:19: incompatible types
found: Object, required: E
        E result = elements[--size];
                           ^
```

通过把从数组中检索到的元素强制转换为 E 类型，可以将这个错误变成一个警告：

```
Stack.java:19: warning: [unchecked] unchecked cast
found: Object, required: E
        E result = (E) elements[--size];
                               ^
```

由于 E 是一个不可具体化的类型，编译器无法对运行时的强制类型转换加以检查。同样，我们自己很容易理解这个未经检查的转换是安全的，因此抑制该警告是恰当的。根据**条目 27** 的建议，我们将抑制该警告的注解仅置于包含这个未经检查的转换的赋值语句上，而不是置于整个 pop 方法上：

```
// 恰当地抑制 unchecked 警告
public E pop() {
    if (size == 0)
        throw new EmptyStackException();

    // push 方法要求 elements 数组是 E 类型的，所以强制类型转换是正确的
    @SuppressWarnings("unchecked") E result =
        (E) elements[--size];

    elements[size] = null; // 清除过期引用
    return result;
}
```

这两种消除创建泛型数组的方法各有其拥护者。第一种方法的可读性更强：数组被声明为 E[]类型，清楚地表明它只包含 E 类型的实例。它也更简洁：在一个典型的泛型类中，代码中会有很多地方要从数组中读取数据，第一种方法只需要一次强制类型转换（在数组创建的时候），而第二种方法在每次读取数组元素时都需要单独进行强制类型转换。因此，第一种方法更好，在实践中也更常用。然而，它确实会造成堆污染（**条目 32**）：这个数组的运行时类型与它的编译时类型不匹配（除非 E 正好是 Object）。尽管在这种情况下，堆污染并没有危害，但是这会让一些程序员感到非常不安，以至于选择了第二种方法。

下面的程序演示了泛型 Stack 类的使用。该程序会将其命令行参数转换为大写并倒序打印。在从栈中弹出的元素上调用 String 的 toUpperCase 方法时，不需要显式的强制类型转换，并且自动生成的转换保证可以成功：

```
// 练习使用泛型 Stack 类的小型程序
public static void main(String[] args) {
    Stack<String> stack = new Stack<>();
    for (String arg : args)
        stack.push(arg);
    while (!stack.isEmpty())
        System.out.println(stack.pop().toUpperCase());
}
```

上面的示例似乎与**条目 28**（列表优先于数组）有些矛盾。在泛型类型内部，有时可能无法使用或不适合使用列表。Java 没有对列表提供原生支持，因此某些泛型类型（如 ArrayList）必须基于数组实现。其他一些泛型类型（如 HashMap）因为性能原因选择了基于数组实现。

和我们的 Stack 示例一样，大部分泛型类型都没有在其类型参数中加入其他限定：我们可以创建 Stack<Object>、Stack<int[]>、Stack<List<String>>或其他任何对象引用类型的 Stack。注意，不能创建基本类型的 Stack：尝试创建 Stack<int>或 Stack<double>将导致编译时错误。这是 Java 泛型类型系统的一个基本限制。可以通过使用基本类型的封装类来解决此限制（**条目 61**）。

有些泛型类型会限定其类型参数只能选择某些可允许的值。例如，考虑 java.util.concurrent.DelayQueue，它的声明内容如下：

```
class DelayQueue<E extends Delayed> implements BlockingQueue<E>
```

类型参数列表（<E extends Delayed>）要求实际类型参数 E 是 java.util.concurrent.Delayed 的子类型。这就使得 DelayQueue 实现及其客户端可以在 DelayQueue 的元素上使用 Delayed 接口定义的方法，而无须进行显式的强制类型转换或冒着出现 ClassCastException 的风险。类型参数 E 被称为*有限制的类型参数*（bounded type parameter）。注意，子类型的定义使得每个类型都是其自身的子类型[JLS,4.10]，因此创建 DelayQueue<Delayed>是合法的。

总而言之，与需要在客户端代码中进行强制类型转换的类型相比，泛型类型更安全，而且更容易使用。当设计新的类型时，应该确保它们可以在不进行此类转换的情况下使用。这通常意味着要将其设计为泛型类型。如果有任何一个现有的类型本应该是泛型类型，但实际却不是，那就将其泛型化。这将使这些类型的新用户使用起来更容易，同时不会破坏已有的客户端（**条目 26**）。

条目30：首选泛型方法

正如类可以是泛型的，方法也可以是泛型的。对参数化类型进行操作的静态工具方法通常是泛型的。Collections 类中所有的“算法”方法（例如 binarySearch 和 sort）都是泛型的。

编写泛型方法与编写泛型类型类似。考虑下面这个存在不足的方法，它返回两个 Set 的并集：

```
// 使用原始类型——这是不可接受的（条目26）
public static Set union(Set s1, Set s2) {
    Set result = new HashSet(s1);
    result.addAll(s2);
    return result;
}
```

这个方法可以通过编译，但有两条警告：

```
Union.java:5: warning: [unchecked] unchecked call to
HashSet(Collection<? extends E>) as a member of raw type HashSet
        Set result = new HashSet(s1);
                     ^
Union.java:6: warning: [unchecked] unchecked call to
addAll(Collection<? extends E>) as a member of raw type Set
        result.addAll(s2);
                     ^
```

为了解决这些警告并使方法变成类型安全的，可以修改其声明，加入一个表示3个 Set（两个参数和一个返回值）的元素类型的类型参数（type parameter），并在整个方法中使用这个类型参数。**用于声明类型参数的类型参数列表应该放在方法的修饰符和返回类型之间。**在这个示例中，类型参数列表为<E>，返回类型为 Set<E>。类型参数的命名习惯与泛型方法以及泛型类型的相同（**条目29**和**条目68**）：

```
// 泛型方法
public static <E> Set<E> union(Set<E> s1, Set<E> s2) {
    Set<E> result = new HashSet<>(s1);
    result.addAll(s2);
    return result;
}
```

至少对于简单的泛型方法而言，这就够了。这个方法可以编译通过，没有任何警告。这个版本是类型安全的，也很容易使用。下面用一个简单的程序来练习一下如何使用这个方法。这个程序没有包含任何强制类型转换，编译时没有错误或警告：

```
// 练习使用泛型方法的简单程序
public static void main(String[] args) {
    Set<String> guys = Set.of("Tom", "Dick", "Harry");
    Set<String> stooges = Set.of("Larry", "Moe", "Curly");
    Set<String> aflCio = union(guys, stooges);
    System.out.println(aflCio);
}
```

运行这个程序，它会打印出[Moe, Tom, Harry, Larry, Curly, Dick]。（元素的输出顺序与所用的 Java 实现有关。）

这个 union 方法有一点不足，3 个 Set（包括输入参数和返回值）的类型必须完全相同。可以使用*有限制的通配符类型*（bounded wildcard type）让这个方法更灵活（**条目 31**）。

有时需要创建一个不可变但又可用于许多不同类型的对象。由于泛型是通过擦除实现的（**条目 28**），因此我们可以用一个对象来满足所有必要的类型参数化场景，但需要编写一个静态工厂方法，以便为每个请求的类型参数化场景重复分配该对象。这种模式称为*泛型单例工厂*（generic singleton factory），主要用于函数对象（**条目 42**），如 Collections.reverseOrder，偶尔也用于集合，如 Collections.emptySet。

假设要编写一个恒等函数（identity function）分发器。Java 类库中提供了 Function.identity，因此不需要再自己编写（**条目 59**），但我们可以从它的实现方式中得到一些启发。如果每次被请求时都创建一个新的函数，那就太浪费了，因为它是无状态的。如果 Java 泛型可以被具体化，那么每个类型就都需要一个恒等函数，但因为泛型信息会被擦除，所以一个泛型单例就足够了。我们可以这样实现：

```
// 泛型的单例工厂模式
private static UnaryOperator<Object> IDENTITY_FN = (t) -> t;

@SuppressWarnings("unchecked")
public static <T> UnaryOperator<T> identityFunction() {
    return (UnaryOperator<T>) IDENTITY_FN;
}
```

将 IDENTITY_FN 强制转换为（UnaryFunction <T>）会产生未经检查的转换警告，因为不是对于所有的 T 而言，UnaryOperator <Object>都是 UnaryOperator <T>。但是恒等函数很特殊，它会直接返回未加修改的参数，因此我们知道无论 T 是什么值，将其用作 UnaryFunction <T>都是类型安全的。因此，我们可以放心地将由这个强制转换导致的未经检查的转换警告抑制掉。一旦这样做了，再编译就没有错误或警告了。

下面是一个示例程序，它利用泛型单例作为 UnaryOperator<String>和 UnaryOperator<Number>。像往常一样，它没有包含任何强制类型转换，编译时不会出现错误或警告：

```
// 练习泛型单例的示例程序
public static void main(String[] args) {
    String[] strings = { "jute", "hemp", "nylon" };
    UnaryOperator<String> sameString = identityFunction();
    for (String s : strings)
        System.out.println(sameString.apply(s));

    Number[] numbers = { 1, 2.0, 3L };
    UnaryOperator<Number> sameNumber = identityFunction();
    for (Number n : numbers)
        System.out.println(sameNumber.apply(n));
}
```

类型参数可以使用包含该类型参数本身的表达式进行限定，不过用得比较少。这就是所谓的*递归类型限定*（recursive type bound）。递归类型限定有个常见的用途，就是和 Comparable 接口一起使用，这个接口定义了类型的自然排序（**条目 14**）。该接口如下所示：

```
public interface Comparable<T> {
    int compareTo(T o);
}
```

类型参数 T 定义了实现 Comparable<T>接口的类型可以与哪种类型的元素进行比较。实际上，几乎所有类型都只能与其自身类型的元素进行比较。例如，String 实现了 Comparable<String>，Integer 实现了 Comparable<Integer>，等等。

很多方法都可以接收一个这样的集合——其中的元素都实现了 Comparable 接口，然后对其进行排序、查找、计算最大值或最小值，等等。要完成这些操作，需要确保集合中的每个元素都可以与其他所有元素比较，换句话说，这个集合中的元素应该都是可以相互比较的。下面是如何表达这个约束的一个示例：

```
// 使用递归类型限定来表达可以相互比较
public static <E extends Comparable<E>> E max(Collection<E> c);
```

<E extends Comparable<E>>这个类型限定信息可以读作“任何可以与自身进行比较的类型 E”，这就差不多准确地表达了“可以相互比较”的意义。

下面是配合上述声明的一个具体实现。它会根据元素的自然排序计算集合中的最大值，并且可以顺利通过编译而不会出现错误或警告：

```
// 返回集合中的最大值——使用了递归类型限定
public static <E extends Comparable<E>> E max(Collection<E> c) {
    if (c.isEmpty())
        throw new IllegalArgumentException("Empty collection");

    E result = null;
    for (E e : c)
        if (result == null || e.compareTo(result) > 0)
            result = Objects.requireNonNull(e);

    return result;
}
```

注意，如果集合为空，该方法会抛出 IllegalArgumentException。更好的做法是返回一个 Optional<E>（**条目 55**）。

递归类型限定还有更复杂的地方，幸运的是我们很少会用到。理解了本章所讲的习惯用法、它的通配符变体（**条目 31**）以及模拟自身类型（**条目 2**），就已经能够处理在实践中遇到的大多数递归类型限定了。

总而言之，泛型方法与泛型类型一样，与需要客户端对输入参数和返回值进行显式的强制类型转换的做法相比，它们更安全，也更容易使用。就像类型一样，我们应该确保自己的方法不需要强制类型转换就能使用，这通常意味着使其成为泛型方法。而且像类型一样，我们应该将需要强制类型转换才能使用的现有方法泛型化。这使得新用户用起来更方便，同时不会破坏现有的客户端（**条目 26**）。

条目 31：使用有限制的通配符增加 API 的灵活性

如**条目 28** 所述，参数化类型是*不变的*。换句话说，对于任意两个不同的类型 Type1 和 Type2，List<Type1>既不是 List<Type2>的子类型，也不是它的超类型。虽然 List<String>不是 List<Object>的子类型这一点可能有点违反直觉，但它确实是有道理的。我们可以将任何对象放入 List<Object>中，但只能将字符串放入 List<String>中。因为并不是 List<Object>能做的事情 List<String>都能做，所以它不是子类型（根据里氏替换原则，**条目 10**）。

有时候不变的类型无法提供我们所需要的灵活性。考虑**条目 29** 中的 Stack 类。帮大家回忆一下，它的公有的 API 是这样的：

```
public class Stack<E> {
    public Stack();
    public void push(E e);
    public E pop();
    public boolean isEmpty();
}
```

假设我们想添加一个方法，该方法接收一个元素序列并将它们全部放到栈中。下面是初步的尝试：

```
// 未使用通配符类型的 pushAll 方法——存在缺陷
public void pushAll(Iterable<E> src) {
    for (E e : src)
        push(e);
}
```

这个方法可以顺利通过编译，但并不能完全令人满意。如果 Iterable src 的元素类型与栈的元素类型完全匹配，它就能正常工作。假设有一个 Stack<Number>，并且调用了 push(intVal)，其中 intVal 的类型为 Integer，那么这个方法也能工作，因为 Integer 是 Number 的子类型。因此，从逻辑上讲，下面的代码应该也能运行：

```
Stack<Number> numberStack = new Stack<>();
Iterable<Integer> integers = ... ;
numberStack.pushAll(integers);
```

然而，因为参数化类型是不变的，所以如果编译这段代码，我们会得到以下错误消息：

```
StackTest.java:7: error: incompatible types: Iterable<Integer>
cannot be converted to Iterable<Number>
        numberStack.pushAll(integers);
                            ^
```

好在有办法解决。为处理这样的情况，Java 语言提供了一种特殊的参数化类型，称为有限制的通配符类型（bounded wildcard type）。pushAll 的输入参数类型不应该是“E 类型的 Iterable”接口，而应该是“E 的某个子类型的 Iterable”接口，而有个通配符类型正好可以表达这个意思：Iterable<? extends E>。（关键词 extends 的使用可能有点误导性：回想**条目 29**，子类型的定义使得每个类型都是其自身的子类型，尽管它并不会“扩展”自身。）修改一下 pushAll 以使用这种类型：

```
// 参数被用作 E 类型的生产者，使用的通配符类型
public void pushAll(Iterable<? extends E> src) {
    for (E e : src)
        push(e);
}
```

修改之后，不仅 Stack 可以干干净净地通过编译，前面调用 pushAll 无法通过编译的那段代码也没问题了。因为 Stack 和使用这个 Stack 的代码都能顺利通过编译，所以我们知道所有的代码都是类型安全的了。

现在假设我们想编写一个与 pushAll 方法配套的 popAll 方法。popAll 方法将每个元素从栈中弹出，并将这些元素添加到给定的集合中。下面是编写 popAll 方法的初步尝试：

```
// 未使用通配符类型的popAll方法——存在缺陷
public void popAll(Collection<E> dst) {
    while (!isEmpty())
        dst.add(pop());
}
```

同样，如果目标集合的元素类型与栈的元素类型完全匹配，那么这个方法可以顺利编译，并且可以正常运行。不过还是不能完全令人满意。假设有一个 Stack<Number>和一个类型为 Object 的变量。如果我们从栈中弹出一个元素并将其存储在该变量中，它可以编译并运行而不会出错。那么像下面代码中这样应该是可以的，对吗？

```
Stack<Number> numberStack = new Stack<Number>();
Collection<Object> objects = ... ;
numberStack.popAll(objects);
```

如果尝试将这段代码和前面版本的 popAll 一起编译，就会得到一个错误，这个错误和编译 pushAll 的第一个版本时所得到的非常类似：Collection<Object>不是 Collection<Number>的子类型。通配符类型可以再次帮我们解决问题。popAll 的输入参数的类型不应该是“E 的集合”，而应该是“E 的某个超类型的集合”（其中超类型的定义使得 E 是其自身的超类型[JLS, 4.10]）。同样，有一个通配符类型正是这个意思：Collection<? super E>。让我们修改 popAll 以使用这种类型：

```
// 参数被用作E类型的消费者，使用的通配符类型
public void popAll(Collection<? super E> dst) {
    while (!isEmpty())
        dst.add(pop());
}
```

修改之后，Stack 和使用 Stack 的代码都干干净净地通过编译了。

结论很明显。**为了获得最大的灵活性，应该在代表生产者或消费者[①]的输入参数上使用通配符类型**。如果一个输入参数既是生产者又是消费者，那么通配符类型就没有任何帮助了：这时需要精确的类型匹配，而这正是不使用任何通配符的结果。

可以用 **PECS** 口诀帮我们记住需要使用哪种通配符，它代表的是“producer-extends, consumer-super”。换句话说，如果一个参数化类型代表的是 T 类型的生产者，应该使用<? extends T>；如果它代表的是 T 类型的消费者，则应该使用 <? super T>。在我们的 Stack 示例中，pushAll 的 src 参数提供了供 Stack 使用的 E 实例，所以它是生产者，因此 src 适合的类型为 Iterable<? extends E>；popAll 的 dst 参数使用 Stack 提供的 E 实例，所以它是消费者，因此 dst 适合的类型为 Collection<? super E>。PECS 口诀体现了使用通配符类型的基本原则。Naftalin 和 Wadler 称之为*拿放原则*（Get and Put Principle）[Naftalin07, 2.4]。

记住了这个口诀，下面我们再来看一下本章前面的条目中提到过的方法和构造器声明。**条目 28** 中的 Chooser 类的构造器声明如下：

```
public Chooser(Collection<T> choices)
```

这个构造器仅使用集合 choices 来**生产**（**produce**）T 类型的值（并将其存储下来供后续使用），因此其声明应该使用<? extends T>。这样得到的构造器声明如下：

① 这里的生产者和消费者都是针对当前正在设计的泛型类型而言的：如果参数是将外部的数据传给当前对象，它就是生产者；如果参数是从当前对象获取数据并传递出去，它就是消费者。或者简单说，前者是向当前对象写入，后者是从当前对象读出。——译者注

```
// 参数被用作T类型的生产者时，使用的通配符类型
public Chooser(Collection<? extends T> choices)
```

那么这种变化在实践中会带来什么不同吗？确实会的。假设有一个List<Integer>，我们想将其传递给Chooser<Number>的构造器。如果使用原始的版本，这样的代码是无法通过编译的。但是一旦我们在其声明中加入有限制的通配符类型，它就可以编译了。

现在让我们看看**条目30**中的union方法。其声明如下：

```
public static <E> Set<E> union(Set<E> s1, Set<E> s2)
```

参数s1和s2都是E类型的生产者，因此根据PECS口诀，它们应该这样声明：

```
public static <E> Set<E> union(Set<? extends E> s1,
                               Set<? extends E> s2)
```

注意，返回类型仍然是Set<E>。**不要将有限制的通配符类型用作返回类型**。这样做不但不会为用户提供更多灵活性，还会迫使他们在自己的客户端代码中使用通配符类型。修改了声明之后，以下代码就可以干干净净地通过编译：

```
Set<Integer> integers = Set.of(1, 3, 5);
Set<Double>  doubles  = Set.of(2.0, 4.0, 6.0);
Set<Number>  numbers  = union(integers, doubles);
```

如果使用得当，可以让类的用户几乎看不见通配符类型的身影。方法可以接受应该接受的参数，拒绝应该拒绝的参数。**如果类的用户不得不考虑通配符类型，很可能就是它的API存在问题了。**

在Java 8之前，类型推断规则还不够智能，无法处理前面的代码片段，因为这段代码要求编译器使用上下文指定的返回类型（或目标类型）来推断E的类型，前面演示的union调用的目标类型是Set<Number>。如果试图用早期版本的Java来编译这个片段（用适当的方法替代Set.of工厂），会得到一条像下面这样冗长而复杂的错误消息：

```
Union.java:14: error: incompatible types
        Set<Number> numbers = union(integers, doubles);
                                   ^
  required: Set<Number>
  found:    Set<INT#1>
  where INT#1,INT#2 are intersection types:
    INT#1 extends Number,Comparable<? extends INT#2>
    INT#2 extends Number,Comparable<?>
```

好在有个办法可以处理这类错误。如果编译器无法推断正确的类型，则总是可以使用显式的类型参数 [JLS,15.12]告诉它要使用什么类型。即便在Java 8引入目标类型推断之前，我们也很少这样做，因为显式类型参数不太优雅。在加入显式的类型参数之后，如下面的代码片段所示，它在Java 8之前的版本中也可以干干净净地通过编译：

```
// 显式的类型参数——Java 8之前的版本需要
Set<Number> numbers = Union.<Number>union(integers, doubles);
```

接下来，让我们把注意力转向**条目30**中的max方法。原来的声明如下：

```
public static <T extends Comparable<T>> T max(List<T> list)
```

下面是使用通配符类型修改后的声明：

```
public static <T extends Comparable<? super T>> T max(
        List<? extends T> list)
```

为了从原来的声明得到修改后的声明，我们用了两次PECS口诀。第一次应用比较直接，是在参数列表中。参数会产生T类型的实例，所以我们将类型从List<T>改为List<?

extends T>。第二次应用则比较棘手，这次是在类型参数中。这是我们第一次看到通配符应用于类型参数。在原来的版本中，类型参数被指定为<T extends Comparable<T>>，但是可比较的 T 会消费 T（并产生表示顺序关系的整数）。因此，我们将参数化的类型 Comparable<T>替换为有限制的通配符类型 Comparable<? super T>。可比较对象总是消费者，所以通常应该**优先使用 Comparable<? super T>而不是 Comparable<T>**。比较器也是如此，所以通常应该**优先使用 Comparator<? super T>而不是 Comparator<T>**。

修改后的 max 声明可能是整本书中最复杂的方法声明了。所增加的复杂代码真的有意义吗？答案是肯定的。下面是一个简单的列表示例，我们无法将其应用于原来的版本，但修改后的版本可以：

```
List<ScheduledFuture<?>> scheduledFutures = ... ;
```

之所以无法应用原来的版本，是因为 ScheduledFuture 没有实现 Comparable <ScheduledFuture>。相反，它是 Delayed 的子接口，而 Delayed 扩展了 Comparable <Delayed>。换句话说，ScheduledFuture 实例不仅可以与其他 ScheduledFuture 实例比较，还可以与任何 Delayed 实例比较，这足以导致原来的版本拒绝它。更通俗地说，通配符是为了支持这样的类型——没有直接实现 Comparable（或 Comparator）但扩展了实现了该接口的类型。

还有一个与通配符相关的主题值得讨论。类型参数和通配符之间存在二元性，许多方法可以选择其中之一进行声明。例如，考虑一个静态方法，来交换列表中用索引指定的两个元素，它有两个可能的声明方式。第一个使用了无限制的类型参数（**条目 30**），第二个使用了无限制的通配符：

```
// swap 方法的两个可能的声明方式
public static <E> void swap(List<E> list, int i, int j);
public static void swap(List<?> list, int i, int j);
```

这两种声明方式哪种更好？原因是什么？在公有的 API 中，第二个更好，因为它更简单。我们传入一个列表（可以是任何列表），这个方法就可以交换索引所指定的两个元素。不需要关心类型参数。一般来说，**如果一个类型参数在方法声明中只出现了一次，就将其替换为通配符**。如果它是无限制的类型参数，就替换为无限制的通配符；如果它是有限制的类型参数，就替换为有限制的通配符。

swap 的第二个声明有个问题。下面这个简单的实现无法通过编译：

```
public static void swap(List<?> list, int i, int j) {
    list.set(i, list.set(j, list.get(i)));
}
```

尝试编译时，会产生下面这条看上去不太有用的错误消息：

```
Swap.java:5: error: incompatible types: Object cannot be
converted to CAP#1
        list.set(i, list.set(j, list.get(i)));
                                        ^
  where CAP#1 is a fresh type-variable:
    CAP#1 extends Object from capture of ?
```

我们无法把一个刚取出来的元素放回这个列表中，这好像不对劲。问题在于列表的类型是 List<?>，我们无法将除 null 之外的任何值放入 List<?>中。好在有办法解决，而且不需要借助不安全的强制类型转换或原始类型，想法是这样——编写一个私有的辅助方法来“捕获”（capture）通配符类型。为了捕获该类型，这个辅助方法必须是泛型方法。

它是这样的：

```
public static void swap(List<?> list, int i, int j) {
    swapHelper(list, i, j);
}

// 用于捕获通配符类型的私有辅助方法
private static <E> void swapHelper(List<E> list, int i, int j) {
    list.set(i, list.set(j, list.get(i)));
}
```

swapHelper 方法知道 list 是一个 List<E>。因此，它知道从这个 list 中得到的任何值都是 E 类型的，并且把任何 E 类型的值放入这个 list 都是安全的。这种略显复杂的 swap 实现可以干干净净地通过编译。它使得我们可以导出漂亮的基于通配符的声明，同时在内部利用更复杂的泛型方法。swap 方法的用户不必直面更为复杂的 swapHelper 声明，而又能从中受益。值得注意的是，这个辅助方法的签名，正是因为我们认为它对公有方法而言太过复杂而摈弃的。

总而言之，在 API 中使用通配符类型尽管比较棘手，但能使 API 更为灵活。如果我们编写的类库将被广泛使用，一定要合理使用通配符类型。请记住基本规则，也就是 PECS 口诀："producer-extends,consumer-super"。还要记住，所有 Comparable 和 Comparator 都是消费者。

条目 32：谨慎混用泛型和可变参数

可变参数（varargs）方法和泛型都是在 Java 5 中加入平台的，所以我们可能会很自然地认为它们可以很好地配合使用；可惜并非如此。可变参数的目的是允许客户端向方法传递数量可变的参数，但属于*存在漏洞的抽象*：当我们调用一个可变参数方法时，编译器会创建一个数组来保存这些参数；该数组本应是实现细节，但却是可见的。因此，当可变参数存在泛型或参数化类型时，编译器警告会令人困惑。

回顾**条目 28**，不可具体化的类型是指其运行时表示所包含的信息比其编译时表示要少，而几乎所有的泛型和参数化类型都是不可具体化的。在声明方法时，如果其可变参数是一个不可具体化的类型，则编译器会在该声明处生成一条警告。在调用方法时，如果编译器推断出可变参数的类型是不可具体化的，也会在调用处生成一条警告。这些警告类似于：

```
warning: [unchecked] Possible heap pollution from
    parameterized vararg type List<String>
```

当一个参数化类型的变量指向一个并非该类型的对象时，就会发生*堆污染*（heap pollution）[JLS, 4.12.2]。它可能会导致编译器自动生成的强制类型转换失败，从而违反泛型类型系统的基本保证。

例如，考虑下面的方法，它是对**条目 28** 中的代码片段稍加修改而得：

```
// 混用泛型和可变参数会破坏类型安全
static void dangerous(List<String>... stringLists) {
    List<Integer> intList = List.of(42);
    Object[] objects = stringLists;
    objects[0] = intList;                 // 堆污染
    String s = stringLists[0].get(0); // ClassCastException
}
```

尽管这个方法没有可见的强制类型转换，但当我们使用一个或多个参数来调用它时，它会抛出 ClassCastException。方法的最后一行有一个由编译器生成的代码中不可见的强制类型转换。这个转换失败了，说明类型安全已被破坏，**将值存储在一个作为参数的泛型可变参数数组中是不安全的。**

这个例子引出了一个有趣的问题：既然显式创建一个泛型数组是不合法的，为什么要允许声明带有泛型可变参数的方法呢？换句话说，为什么前面的方法只是警告，而**条目 28** 中的代码片段却是编译错误呢？答案是，对于可变参数方法而言，支持泛型或参数化类型在实践中可能非常有用，因此语言设计者选择了容忍这种不一致。实际上，Java 类库导出了几个这样的方法，包括 Arrays.asList(T... a)、Collections.addAll(Collection<? super T> c, T... elements) 和 EnumSet.of(E first, E... rest)。与前面演示的 dangerous 方法不同，这些类库方法是类型安全的。

在 Java 7 之前，在写完带有泛型可变参数的方法之后，其设计者对调用处的警告也无能为力。这使得这些 API 难以使用。用户必须忍受警告，或者更好一点在每个调用处使用 @SuppressWarnings("unchecked") 注解来消除它们（**条目 27**）。不过这非常繁琐，可读性也不好，而且会掩盖了反映实际问题的警告。

Java 7 向平台中加入了 SafeVarargs 注解，供程序员在编写带有泛型可变参数的方法时使用，它可以自动抑制调用该方法时的警告。本质上，**SafeVarargs 注解就是一个承诺：方法的作者保证该方法是类型安全的**。作为对这一承诺的交换，编译器同意不再对该方法的用户发出“调用可能不安全”的警告。

重要的是，除非能够保证方法确实是安全的，否则不要使用@SafeVarargs 注解。那么如何确保这一点呢？回想一下，当这样的方法被调用时，编译器会创建一个泛型数组，用来保存可变参数。如果方法内不会向这个数组中存储数据（以免参数被覆盖掉），而且不允许指向该数组的引用逃逸到方法之外（以免不受信任的代码访问该数组），那么它就是安全的。换句话说，如果可变参数数组只是用来将数量可变的一组参数从调用者传递给方法（毕竟这才是可变参数的目的所在），那么这个方法就是安全的。

值得注意的是，即使没有将任何东西存储到可变参数数组中，仍然有可能破坏类型安全。考虑下面的泛型可变参数方法，它返回了包含其参数的数组。乍一看，它很像一个方便的小工具：

```
// 不安全——暴露了指向其泛型参数数组的引用
static <T> T[] toArray(T... args) {
    return args;
}
```

这个方法只是返回了其可变参数数组，看起来没什么危险，但并非如此！这个数组的类型是由传入方法的参数的编译时类型决定的，而编译器可能没有足够的信息来做出准确的判断。因为这个方法返回了它的可变参数数组，所以会将堆污染沿着调用栈向上传播。

为了更具体地说明这个问题，来看下面这个泛型方法，它接收 3 个 T 类型的参数，并返回一个包含随机选择的两个参数的数组：

```
static <T> T[] pickTwo(T a, T b, T c) {
    switch(ThreadLocalRandom.current().nextInt(3)) {
      case 0: return toArray(a, b);
      case 1: return toArray(a, c);
      case 2: return toArray(b, c);
```

```
    }
    throw new AssertionError(); // 不会走到这里
}
```

这个方法本身并不存在危险，如果不是调用了带有泛型可变参数的 toArray 方法，也不会产生警告。

当我们编译这个方法时，编译器会生成创建可变参数数组的代码，并将两个 T 类型的实例通过该数组传递给 toArray。编译器生成的代码会创建一个 Object[]类型的数组，无论在调用处传递给 pickTwo 方法的对象是什么类型，这是确保都可以保存的最具体的类型。toArray 方法简单地将这个数组返回给了 pickTwo，然后 pickTwo 又将其返回给更上层的调用者，因此 pickTwo 将始终返回 Object[]类型的数组。

现在考虑下面的 main 方法，它调用了 pickTwo：

```
public static void main(String[] args) {
    String[] attributes = pickTwo("Good", "Fast", "Cheap");
}
```

这个方法本身没有任何问题，所以在编译时不会生成任何警告。但是当我们运行它时，它会抛出一个 ClassCastException，尽管代码中没有包含任何可见的转换。我们没有看到的是，编译器生成了一个隐藏的从 pickTwo 返回的值向 String[]类型的强制转换，以便将其存储到 attributes 中。转换失败了，因为 Object[]不是 String[]的子类型。这个失败令人相当不安，因为它与实际导致堆污染的方法（toArray）相差了两层，而且可变参数数组在实参存储进去之后并没有被修改。

这个示例是想强调，**让别的方法有机会访问泛型可变参数数组是不安全的**，但有两个例外：将这个数组传递给另一个正确使用了@SafeVarargs 注解的可变参数方法是安全的，将数组传递给一个仅使用数组的内容来计算某个函数的非可变参数方法也是安全的。

下面是一个典型的安全使用泛型可变参数的示例。这个方法可以接收任意数量的列表作为参数，并返回一个将所有输入列表中的元素依次保存下来的列表。因为这个方法带有@SafeVarargs 注解，所以在声明或调用它的地方都不会生成任何警告：

```
// 安全使用了泛型可变参数的方法
@SafeVarargs
static <T> List<T> flatten(List<? extends T>... lists) {
    List<T> result = new ArrayList<>();
    for (List<? extends T> list : lists)
        result.addAll(list);
    return result;
}
```

判断何时使用 SafeVarargs 注解的规则很简单：**对于每个带有泛型或参数化类型的可变参数的方法，都要使用@SafeVarargs 注解**，这样其用户就不会被那些不必要且令人困惑的编译器警告所困扰了。这意味着我们永远不应该编写像 dangerous 或 toArray 这类不安全的可变参数方法。每当编译器警告，我们控制的某个方法的泛型可变参数有可能导致堆污染时，我们都应该检查这个方法是否安全。作为提醒，只要满足以下条件，泛型可变参数方法就是安全的：

- 它不会将任何内容存储到可变参数数组中；
- 它不会使该数组（或其克隆体）对不受信任的代码可见。

如果违反了其中任何一条，就要立即修复它。

需要注意的是，SafeVarargs 注解只能用在无法被重写的方法上，因为无法保证每个可能的重写版本都是安全的。在 Java 8 中，该注解只能用在静态方法和 final 的实例方法上；而在 Java 9 中，该注解也可以用在私有的实例方法上。

如果不想使用 SafeVarargs 注解，可变参数毕竟是由数组伪装而来的，所以我们也可以根据**条目 28** 的建议，将其替换为 List 参数。下面我们就将这种方式用在 flatten 方法上。注意，只有参数声明发生了变化：

```
// List 是泛型可变参数的类型安全的替代选择
static <T> List<T> flatten(List<List<? extends T>> lists) {
    List<T> result = new ArrayList<>();
    for (List<? extends T> list : lists)
        result.addAll(list);
    return result;
}
```

然后可以将这个方法与静态工厂方法 List.of 结合使用，以支持数量可变的参数：

```
audience = flatten(List.of(friends, romans, countrymen));
```

注意，这种方式的前提是 List.of 声明使用了@SafeVarargs 注解。

这种方式的优点是，编译器可以证明该方法是类型安全的。我们不需要用 SafeVarargs 注解来保证其安全性，也不用担心自己是否在确认其安全性时犯了错误。其缺点在于，客户端代码会变得冗长，运行速度可能也要慢一点。

有些情况下，我们无法编写一个安全的可变参数方法，就像前面的 toArray 方法，这时候也可以利用这种技巧。List 中的 List.of 方法可以实现类似的功能，我们甚至都不需要自己编写；Java 类库的设计者已经为我们做了这个工作。然后，pickTwo 方法变成了下面这样：

```
static <T> List<T> pickTwo(T a, T b, T c) {
    switch(rnd.nextInt(3)) {
      case 0: return List.of(a, b);
      case 1: return List.of(a, c);
      case 2: return List.of(b, c);
    }
    throw new AssertionError();
}
```

而 main 方法变成了下面这样：

```
public static void main(String[] args) {
    List<String> attributes = pickTwo("Good", "Fast", "Cheap");
}
```

这样得到的代码是类型安全的，因为它只使用了泛型，没有使用数组。

总而言之，可变参数和泛型不能很好地配合，因为可变参数机制是在数组之上构建起来的存在漏洞的抽象，而数组与泛型有不同的类型规则。虽然泛型可变参数不是类型安全的，但它们是合法的。如果选择编写带有泛型（或参数化）可变参数的方法，首先要确保该方法是类型安全的，然后使用@SafeVarargs 注解，这样使用起来就不会出现令人不快的情况了。

条目 33：考虑类型安全的异构容器

泛型常用于集合（如 Set<E>和 Map<K,V>）和单元素容器（如 ThreadLocal<T>

和 AtomicReference<T>）。在所有这些应用中，被参数化的是容器。这就限制了我们针对每个容器只能使用数量固定的类型参数，而这通常正是我们想要的。Set 有一个类型参数，代表它的元素类型；Map 有两个类型参数，分别代表它的键和值的类型……。

不过有时我们需要更强的灵活性。例如，一个数据库行可以有任意多的列，如果能以类型安全的方式访问所有的列就好了。幸运的是，有种简单的方式可以实现这个效果。其思路就是对键（key）而不是容器（container）进行参数化，然后将参数化的键交给容器来插入或检索值。利用泛型类型系统来保证值的类型与它的键一致。

我们通过一个简单的示例来演示一下这种方式，考虑一个 Favorites 类，支持用户存储和检索自己喜欢的任何类型的实例。我们可以用这个类型的 Class 对象来充当被参数化的键。之所以可以这样做，是因为 Class 类是泛型的。这个类型的 class 字面常量的类型不是简单的 Class，而是 Class<T>。例如，String.class 的类型是 Class<String>，而 Integer.class 的类型是 Class<Integer>。当一个 class 字面常量在方法之间传递，以传达编译时和运行时的类型信息时，它被称为类型令牌（type token）[Bracha04]。

Favorites 类的 API 很简单。它看起来就像一个简单的 Map，只是它被参数化的是键，而不是这个 Map 本身。客户端在设置或获得喜欢的实例时，需要提供一个 Class 对象。下面是 Favorites 类的 API：

```
// 类型安全的异构容器模式——API
public class Favorites {
    public <T> void putFavorite(Class<T> type, T instance);
    public <T> T getFavorite(Class<T> type);
}
```

下面是一个使用 Favorites 类的示例程序，演示了如何存储、检索和打印喜欢的 String、Integer 和 Class 等类型的实例：

```
// 类型安全的异构容器模式——客户端
public static void main(String[] args) {
    Favorites f = new Favorites();
    f.putFavorite(String.class, "Java");
    f.putFavorite(Integer.class, 0xcafebabe);
    f.putFavorite(Class.class, Favorites.class);
    String favoriteString = f.getFavorite(String.class);
    int favoriteInteger = f.getFavorite(Integer.class);
    Class<?> favoriteClass = f.getFavorite(Class.class);
    System.out.printf("%s %x %s%n", favoriteString,
        favoriteInteger, favoriteClass.getName());
}
```

不出所料，这个程序会输出 Java cafebabe Favorites。顺便说一句，Java 的 printf 方法与 C 的 printf 方法不同，在 C 中使用\n 的地方，Java 中应该使用%n。%n 会生成适合特定平台的换行符，并不是所有的平台都将\n 用作换行符。

Favorites 实例是类型安全的：当我们请求 String 时，它绝对不会返回 Integer。它也是异构的：与普通的 Map 不同，它的所有的键都是不同类型的。因此，我们称 Favorites 为类型安全的异构容器。

Favorites 的实现出乎意料地小。下面就是它的全部内容了：

```
// 类型安全的异构容器模式——实现
public class Favorites {
```

```
    private Map<Class<?>, Object> favorites = new HashMap<>();

    public <T> void putFavorite(Class<T> type, T instance) {
        favorites.put(Objects.requireNonNull(type), instance);
    }

    public <T> T getFavorite(Class<T> type) {
        return type.cast(favorites.get(type));
    }
}
```

这里面发生了一些微妙的事情。每个 Favorites 实例都得到了一个私有的、名为 favorites 的实例的支持，这个实例的类型为 Map<Class<?>, Object>。你可能会认为，我们无法将任何东西放入这个 Map 中，因为这里使用了无限制的通配符类型，但事实恰恰相反。需要注意的是，通配符类型是嵌套的：不是这个 Map 的类型是通配符类型，而是这个 Map 的键的类型是通配符类型。这意味着每个键可以有不同的参数化类型：一个可以是 Class<String>，下一个可以是 Class<Integer>等。异构性就是这么来的。

接下来要注意的是，favorites 这个 Map 的值类型只是 Object。换句话说，键和值之间的类型关系，也就是每个值都对应它的键所表示的类型，这个 Map 是不会保证这一点的。事实上，Java 的类型系统还没有强大到可以表达这一点。但是我们知道这是成立的，在检索喜欢的实例的时候，我们就利用了这种关系。

putFavorite 的实现非常简单：它只是把从给定的 Class 对象到给定的喜欢的实例的一个映射放入 favorites 中。如前所述，这会丢失键和值之间的“类型链接”，丢失了这一信息——这个值是这个键所表示的类型的实例。不过没有关系，因为 getFavorites 方法可以重建这种链接。

getFavorite 的实现要比 putFavorite 复杂一点。首先，它从 favorites 这个 Map 中获得与给定的 Class 对象对应的值。这是要返回的正确的对象引用，但它的编译时类型是错误的：它是 Object 类型的（favorites 这个 Map 中的值的类型），而我们需要返回的是 T 类型的。因此，getFavorite 的实现通过使用 Class 的 cast 方法，将这个对象引用动态地转换成了该 Class 对象所表示的类型。

cast 方法是 Java 的强制转换运算符的动态对应。它会简单地检查其参数是否为 Class 对象所表示的类型的实例。如果是，它就返回这个参数；否则就抛出 ClassCastException。如果客户代码可以干干净净地通过编译，我们就知道 getFavorite 中的 cast 调用不会抛出 ClassCastException。也就是说，我们知道 favorites 这个 Map 中的值总是可以与它们的键的类型匹配。

那么，既然 cast 方法只是返回其参数，对我们又有什么意义呢？cast 方法的签名充分利用了这一事实：Class 类是泛型的。其返回类型就是该 Class 对象的类型参数：

```
public class Class<T> {
    T cast(Object obj);
}
```

而这正是 getFavorite 方法所需要的。它使我们能够保证 Favorites 是类型安全的，而不需要求助于未经检查的转换。

值得注意的是，Favorites 类有两个局限性。首先，恶意的客户端可以利用原始类型的 Class 对象轻易破坏掉 Favorites 实例的类型安全。但这样的客户端代码在编译时会生成 unchecked 类型的警告。普通的集合实现（如 HashSet 和 HashMap）也是这样。通过使用原始类型的 HashSet，可以轻松地将 String 放入 HashSet<Integer>中（**条目 26**）。即便如此，如果愿意为此付出代价，也可以拥有运行时的类型安全。确保 Favorites 始终不会违反其类型不变式的方式是，让 putFavorite 方法检查确认这个 instance 确实是 type 所代表的类型的实例，而我们已经知道怎么做了。只需使用一个动态转换：

```
// 利用动态转换实现运行时类型安全
public <T> void putFavorite(Class<T> type, T instance) {
    favorites.put(type, type.cast(instance));
}
```

java.util.Collections 类中有一些集合包装器方法也采用了同样的技巧，包括 checkedSet、checkedList 和 checkedMap 等。除了接收一个集合（或映射），这些静态工厂方法还接收一个（或两个）Class 对象。这些方法是泛型方法，其作用是确保作为参数的 Class 对象和集合的编译时类型匹配。这些包装器对它们所包装的集合进行了更细化的处理。例如，如果有人试图将 Coin 对象放入 Collection<Stamp>中，这类包装器会在运行时抛出 ClassCastException。在混用泛型和原始类型的应用程序中，可以利用这些包装器来跟踪将错误类型的元素添加到集合中的客户端代码。

Favorites 类的第二个局限性是，它不能用于不可具体化的类型（**条目 28**）。换句话说，我们可以存储自己喜欢的 String 或 String[]，但不能存储自己喜欢的 List<String>。如果试图存储 List<String>，程序将无法通过编译。原因在于我们无法获得 List<String>类型的 Class 对象。List<String>.class 会导致语法错误，这样规定是有意义的。List<String>和 List<Integer>共享同一个 Class 对象，即 List.class。如果语法上支持“类型字面常量” List<String>.class 和 List<Integer>.class，它们就会返回相同的对象引用，这会严重破坏 Favorites 对象的内部实现。对于这个局限性，还没有完全令人满意的解决办法。

Favorites 所使用的类型令牌没有限制信息：getFavorite 和 putFavorite 可以接受任何 Class 对象。有时可能需要限制可以传递给某个方法的类型。这可以通过有限制的类型令牌（bounded type token）来实现，就是利用有限制的类型参数（**条目 29**）或有限制的通配符（**条目 31**），在类型令牌上放上可以使用何种类型的限制信息。

注解 API（**条目 39**）大量使用了有限制的类型令牌。例如，下面是一个在运行时读取注解的方法。这个方法来自 AnnotatedElement 接口，该接口供表示类、方法、字段和其他程序元素的反射类型实现：

```
public <T extends Annotation>
    T getAnnotation(Class<T> annotationType);
```

其参数 annotationType 是一个表示注解类型的有限制的类型令牌。如果当前元素具有该类型的注解，则该方法就将其返回；否则返回 null。本质上，带注解的元素就是一个类型安全的异构容器，它的键是注解类型。

假设有一个 Class<?>类型的对象，我们想将其传递给一个使用了有限制的类型令牌的方法，比如前面介绍的 getAnnotation。我们可以把这个对象强制转换为 Class<? extends Annotation>，但是这种转换是未经检查的，所以会产生一个编译时警告（**条目 27**）。好在 Class 类提供了一个实例方法，可以安全地（和动态地）执行这种转换，这就是 asSubclass 方法，它会将调用它的 Class 对象转换为其参数所代表的类的子类。如果转换成功，该方法将返回其参数；如果失败，则将抛出 ClassCastException。

下面演示了如何使用 asSubclass 方法来读取一个其类型在编译时未知的注解。这个方法可以顺利编译，没有错误或警告：

```
// 使用 asSubclass 安全地转换为有限制的类型令牌
static Annotation getAnnotation(AnnotatedElement element,
                                String annotationTypeName) {
    Class<?> annotationType = null; // 无限制的类型令牌
    try {
        annotationType = Class.forName(annotationTypeName);
    } catch (Exception ex) {
        throw new IllegalArgumentException(ex);
    }
    return element.getAnnotation(
        annotationType.asSubclass(Annotation.class));
}
```

总而言之，以集合 API 为例，泛型的正常使用方式会限制我们针对每个容器使用数量固定的类型参数。通过将类型参数放到键上而不是容器上，可以绕过这个限制。可以使用 Class 对象作为这种类型安全的异构容器的键。以这种方式使用的 Class 对象称为类型令牌。我们还可以使用自定义的键类型。例如，可以用一个 DatabaseRow 类型表示数据库的一行（容器），以泛型类型 Column<T>作为它的键。

第 6 章　枚举和注解

Java 支持两种特殊用途的引用类型：一种是称为枚举类型（enum type）的类，一种是称为注解类型（annotation type）的接口。本章将讨论使用这些类型的最佳实践。

条目 34：使用 enum 代替 int 常量

可枚举类型（enumerated type）是这样的一种类型，其合法值由一组固定的常量组成，如一年中的季节、太阳系中的行星或一副扑克牌中的花色。在 Java 编程语言引入枚举类型之前，可枚举类型经常用这样的模式来表示：声明一组命名的 `int` 常量，每个常量对应该类型中的一个成员。

```
// int 枚举模式——存在严重不足
public static final int APPLE_FUJI         = 0;
public static final int APPLE_PIPPIN       = 1;
public static final int APPLE_GRANNY_SMITH = 2;

public static final int ORANGE_NAVEL  = 0;
public static final int ORANGE_TEMPLE = 1;
public static final int ORANGE_BLOOD  = 2;
```

这种方法就是所谓的 int 枚举模式，它存在很多缺点。它在类型安全方面没有提供任何保障，也几乎没什么描述性可言。如果我们将上面定义的某个苹果常量传递给一个期望橙子常量的方法，或使用==运算符来比较苹果常量和橙子常量，甚至是像下面这样更糟糕的操作，编译器都不会报错：

```
// 美味的橙子味的苹果酱
int i = (APPLE_FUJI - ORANGE_TEMPLE) / APPLE_PIPPIN;
```

注意，每个苹果常量的名字都以 `APPLE_` 为前缀，每个橙子常量的名字都以 `ORANGE_` 为前缀。这是因为 Java 没有为 `int` 枚举组提供命名空间。当两个 `int` 枚举组之间存在名字相同的常量时，前缀可以防止名称出现冲突，例如 `ELEMENT_MERCURY`（汞元素）和 `PLANET_MERCURY`（水星）之间。

使用 `int` 枚举模式的程序是非常脆弱的。因为 `int` 枚举是常量变量（constant variable）[JLS, 4.12.4]，它们的 `int` 值会被直接编译到使用它们的客户端中[JLS, 13.1]。如果与某个 `int` 枚举关联的值发生了变化，其客户端必须重新编译。如果不重新编译，客户端程序仍然可以运行，但行为将是错误的。

要将 `int` 枚举常量转换成可打印的字符串，也没有比较简单的办法。如果要打印这样的常量，或将其显示在调试器中，那么我们看到的只是一个数字，这几乎没什么用处。也没有可靠的办法来遍历一个 `int` 枚举组中的所有枚举常量，甚至无法获得这个枚举组的大小。

你可能会遇到这种模式的一个变体，即用 String 常量来代替 int 常量。这种变体被称为 String *枚举模式*，甚至更不可取。虽然它确实为其常量提供了可打印的字符串，但它可能导致没有经验的用户将字符串常量硬编码到客户端代码中，而不是使用字段名。如果这样一个硬编码的字符串常量存在拼写错误，在编译时不会被检测出错误，但是在运行时会导致错误。此外，该模式还有可能导致性能问题，因为它依赖于字符串的比较操作。

好在 Java 提供了一种替代方式，可以避免 int 枚举模式和 String 枚举模式的所有缺点，还提供了许多额外的好处。它就是*枚举类型*（enum type） [JLS, 8.9]。最简单的枚举类型就是以下形式：

```
public enum Apple  { FUJI, PIPPIN, GRANNY_SMITH }
public enum Orange { NAVEL, TEMPLE, BLOOD }
```

从表面上看，这些枚举类型可能与其他语言（如 C、C++和 C#）的枚举类型相似，但实际上并非如此。Java 的枚举类型是全功能的类，比其他语言的枚举类型要强大得多，因为后者本质上还是 int 值。

Java 的枚举类型的基本思想很简单：它们是类，这样的类通过公有静态 final 字段为每个枚举常量导出了一个实例。由于没有可访问的构造器，枚举类型实际上相当于 final 类。因为客户端既不能创建枚举类型的实例，也不能扩展它，所以除了已经声明的枚举常量之外，不可能有其他实例。换句话说，枚举类型是实例受控的（**条目 1**）。它们是 Singeton（**条目 3**）的一种泛化，而 Singeton 本质上就是只包含一个元素的枚举。

枚举提供了编译时的类型安全。如果声明了一个 Apple 类型的参数，就可以确保传递给该参数的任何非空对象引用一定是三个有效的 Apple 值之一。试图传递错误类型的值，或试图将一个枚举类型的表达式赋值给另一个枚举类型的变量，或试图使用==运算符来比较不同枚举类型的值，都会导致编译时错误。

具有同名常量的枚举类型可以和平共处，因为每个类型都有自己的命名空间。我们可以在一个枚举类型中添加常量或调整常量的顺序，而不需要重新编译其客户端代码，因为用来导出常量的字段在枚举类型和它的客户端之间提供了一层隔离：常量值不会像在 int 枚举模式中那样被编译到客户端代码中。最后，可以通过调用枚举常量的 toString 方法将其转换成可打印的字符串。

除了改正了 int 枚举模式的缺陷外，枚举类型还允许添加任意的方法和字段，以及实现任意的接口。它们提供了所有 Object 方法（**第 3 章**）的高质量实现，还实现了 Comparable 接口（**条目 14**）和 Serializable 接口（**第 12 章**），并且针对序列化形式进行了精心的设计，足以承受对枚举类型的大多数更改。

那么，为什么需要向枚举类型中添加方法或字段呢？对于初学者来说，可能是想把数据和它的常量关联起来。例如，对我们的 Apple 和 Orange 类型来说，返回水果颜色的方法或返回水果图片的方法可能有用。我们可以用任何看起来合适的方法来增强枚举类型。枚举类型可以从一个简单的枚举常量的集合起步，随着时间的推移而逐渐演变成一个全功能的抽象。

再看一个包含更多枚举常量的很好的例子，考虑太阳系的八大行星。每颗行星都有质量和半径，通过这两个性质可以计算出行星的表面重力。进而可以根据物体的质量计算出该物体在行星表面的重量。下面是这个枚举类型的代码。每个枚举常量后面括号里的数字是传递给其构造器的参数，它们是行星的质量和半径：

```
// 带有数据和行为的枚举类型
public enum Planet {
    MERCURY(3.302e+23, 2.439e6),
    VENUS  (4.869e+24, 6.052e6),
    EARTH  (5.975e+24, 6.378e6),
    MARS   (6.419e+23, 3.393e6),
    JUPITER(1.899e+27, 7.149e7),
    SATURN (5.685e+26, 6.027e7),
    URANUS (8.683e+25, 2.556e7),
    NEPTUNE(1.024e+26, 2.477e7);

    private final double mass;           // 以kg表示
    private final double radius;         // 以m表示
    private final double surfaceGravity; // 以m/s^2表示

    // 万有引力常数，以m^3/(kg·s^2)表示
    private static final double G = 6.67300E-11;

    // 构造器
    Planet(double mass, double radius) {
        this.mass = mass;
        this.radius = radius;
        surfaceGravity = G * mass / (radius * radius);
    }

    public double mass()           { return mass; }
    public double radius()         { return radius; }
    public double surfaceGravity() { return surfaceGravity; }

    public double surfaceWeight(double mass) {
        return mass * surfaceGravity;  // F = ma
    }
}
```

编写一个像 Planet 这样信息丰富的枚举类型非常容易。**要将数据与枚举常量关联起来，需要声明实例字段并编写一个构造器，该构造器负责接收数据并将其存储在相应的字段中**。由于枚举类型本质上是不可变的，因此所有的字段都应该是 final 的（**条目 17**）。这些字段可以是公有的，但最好将其设置为私有的，并提供公有的访问器方法（**条目 16**）。在 Planet 这个示例中，构造器还计算并存储了表面重力的值，不过这只是一种优化。表面重力还可以在每次被 surfaceWeight 方法使用时重新通过质量和半径计算出来，surfaceWeight 方法接收物体的质量并返回它在这个常量所代表的行星上的重量。

虽然 Planet 枚举类型很简单，但它的功能非常强大。下面是一个简短的程序，它根据物体在地球上的重量（可以以任何单位表示），打印出一个漂亮的表格，显示该物体在八大行星上的重量（以相同单位表示）：

```
public class WeightTable {
   public static void main(String[] args) {
      double earthWeight = Double.parseDouble(args[0]);
      double mass = earthWeight / Planet.EARTH.surfaceGravity();
      for (Planet p : Planet.values())
         System.out.printf("Weight on %s is %f%n",
```

```
                p, p.surfaceWeight(mass));
    }
}
```

注意，和所有的枚举类型一样，Planet有一个静态的values方法，该方法会返回一个数组，数组中是按照声明顺序保存的枚举值。还要注意的是，toString方法会返回每个枚举值的声明名称，使得通过println和printf打印变得更为方便。如果对这个字符串表示不满意，可以重写toString方法进行修改。下面是使用命令行参数185来运行WeightTable程序（它没有重写toString）的结果：

```
Weight on MERCURY is 69.912739
Weight on VENUS is 167.434436
Weight on EARTH is 185.000000
Weight on MARS is 70.226739
Weight on JUPITER is 467.990696
Weight on SATURN is 197.120111
Weight on URANUS is 167.398264
Weight on NEPTUNE is 210.208751
```

直到2006年，也就是Java中增加了枚举类型的两年后，冥王星（Pluto）还是一颗行星。这就引发了一个问题：当我们从枚举类型中删除一个元素时会发生什么？答案是：任何没有引用被删除元素的客户端程序将继续正常工作。因此，以我们的WeightTable程序为例，它只是简单地少打印一行。那么，引用了被删除元素（在这个示例中，就是Planet.Pluto）的客户端程序呢？如果重新编译客户端程序，编译将在引用被删除行星的那行代码处失败，而且会给出一条有用的错误消息；如果没有重新编译客户端程序，它将在运行时从这一行抛出一个有用的异常。这是我们可以期望的最好的行为，比使用int枚举模式好得多。

有些与枚举常量相关的行为可能只需要在定义枚举的类或包中使用。这类行为最好实现为私有的或包私有的方法。这样的话，每个常量就都带了一个隐藏的行为集合，包含这个枚举的类或包可以在这些常量上调用。就像其他类一样，除非有充分的理由将一个枚举方法暴露给用户，否则应将其声明为私有的，或者如果需要的话，声明为包私有的（**条目15**）。

如果一个枚举较为通用，就应该将其设计为顶层类；如果它的使用仅限于一个特定的顶层类之内，就应该将其设计为这个顶层类的成员类（**条目24**）。例如，枚举java.math.RoundingMode表示十进制小数的舍入模式。BigDecimal类使用了这些舍入模式，但它们提供了一个有用的抽象，并没有从根本上与BigDecimal绑在一起。通过将RoundingMode设计为顶层的枚举，类库的设计者鼓励任何需要舍入模式的程序员复用该枚举，从而增强API之间的一致性。

Planet这个示例中展示的方法对于大多数枚举类型来说已经足够了，但有时我们的需求不止于此。虽然每个Planet常量都关联了不同的数据，但有时我们需要为每个常量关联完全不同的行为。例如，假设我们正在编写一个枚举类型，表示基本四则运算计算器的运算（也就是加减乘除），并且我们想提供一个方法，执行每个常量所表示的算术运算。一种实现方式是根据枚举的值进行switch操作：

```
// 在自己的值上进行switch操作的枚举类型——存疑
public enum Operation {
    PLUS, MINUS, TIMES, DIVIDE;

    // 执行该常量所代表的算术运算
```

```
    public double apply(double x, double y) {
        switch(this) {
            case PLUS:   return x + y;
            case MINUS:  return x - y;
            case TIMES:  return x * y;
            case DIVIDE: return x / y;
        }
        throw new AssertionError("Unknown op: " + this);
    }
}
```

这段代码可以运行，但并不是很优雅。如果没有最后的 throw 语句，它就不能通过编译，虽然从技术上讲，方法的结尾是可以执行到的，但是实际上永远不会执行到这行代码 [JLS, 14.21]。更糟糕的是，这段代码非常脆弱。如果我们添加了一个新的枚举常量，但忘记在 switch 语句中添加相应的 case，这个枚举仍然可以通过编译，但在运行时，当我们尝试应用新添加的运算时，程序会失败。

幸运的是，有种更好的方式可以将不同的行为与每个枚举常量关联起来：在枚举类型中声明一个抽象的 apply 方法，并在特定于常量的类主体（constant-specific class body）中用一个具体的方法来重写该方法。这样的方法被称为特定于常量的方法实现（constant-specific method implementation）。

```
// 带有特定于常量的方法实现的枚举类型
public enum Operation {
  PLUS  {public double apply(double x, double y){return x + y;}},
  MINUS {public double apply(double x, double y){return x - y;}},
  TIMES {public double apply(double x, double y){return x * y;}},
  DIVIDE{public double apply(double x, double y){return x / y;}};

  public abstract double apply(double x, double y);
}
```

如果在 Operation 的第二个版本中添加了一个新的常量，你就不太可能会忘记提供 apply 方法，因为该方法紧跟在每个常量声明之后。万一确实忘记了，编译器也会提醒你，因为所有的常量都必须用具体方法重写这个枚举类型中的抽象方法。

特定于常量的方法实现可以与特定于常量的数据结合使用。例如，下面的 Operation 版本重写了 toString 方法，以返回该运算对应的符号：

```
// 带有特定于常量的类主体和数据的枚举类型
public enum Operation {
    PLUS("+") {
        public double apply(double x, double y) { return x + y; }
    },
    MINUS("-") {
        public double apply(double x, double y) { return x - y; }
    },
    TIMES("*") {
        public double apply(double x, double y) { return x * y; }
    },
    DIVIDE("/") {
        public double apply(double x, double y) { return x / y; }
    };
```

```
    private final String symbol;

    Operation(String symbol) { this.symbol = symbol; }

    @Override public String toString() { return symbol; }

    public abstract double apply(double x, double y);
}
```

正如这个小程序所演示的，toString 的实现使得打印算术表达式变得非常容易：

```
public static void main(String[] args) {
    double x = Double.parseDouble(args[0]);
    double y = Double.parseDouble(args[1]);
    for (Operation op : Operation.values())
        System.out.printf("%f %s %f = %f%n",
                          x, op, y, op.apply(x, y));
}
```

以 2 和 4 作为命令行参数运行这个程序，输出如下：

```
2.000000 + 4.000000 = 6.000000
2.000000 - 4.000000 = -2.000000
2.000000 * 4.000000 = 8.000000
2.000000 / 4.000000 = 0.500000
```

枚举类型有一个自动生成的 valueOf(String) 方法，可以将常量的名字转换为常量本身。如果重写了枚举类型中的 toString 方法，应该考虑编写一个 fromString 方法，将自定义的字符串表示转换回相应的枚举常量。下面的代码（适当改变了类型名称）可以处理任何枚举，只要每个常量都有唯一的字符串表示：

```
// 在一个枚举类型上实现 fromString 方法
private static final Map<String, Operation> stringToEnum =
        Stream.of(values()).collect(
            toMap(Object::toString, e -> e));

// 如果存在的话，返回字符串对应的 Operation
public static Optional<Operation> fromString(String symbol) {
    return Optional.ofNullable(stringToEnum.get(symbol));
}
```

注意，Operation 常量是通过静态字段初始化放入 stringToEnum 映射中的，这个初始化在枚举常量创建完毕之后运行。前面的代码在 values() 方法返回的数组上使用了一个流（**第 7 章**）；在 Java 8 之前，我们会创建一个空的哈希映射，并在这个数组上进行迭代，将从字符串到枚举常量的映射插入到这个哈希映射中，如果你愿意，仍然可以这么做。但请注意，尝试在构造器中将枚举常量自身放入一个映射中是行不通的。这将导致编译错误，不过这是好事，因为如果它是合法的，它将在运行时导致 NullPointerException。除了常量变量之外，枚举的构造器不可以访问这个枚举的静态字段（**条目 24**）。这个限制是必要的，因为在枚举的构造器运行时，静态字段尚未初始化。这个限制还有一个很典型的情况，枚举常量不能在构造器中访问其他枚举常量。

还要注意的是，fromString 方法返回了一个 Optional<Operation>。它用这个返回类型表明，传入的字符串未必可以表示一个有效的运算，并要求客户端直面这种可能性（**条目 55**）。

特定于常量的方法实现有个缺点，它们使得在枚举常量之间共享代码变得更加困难了。例如，考虑一个这样的枚举，表示工资包中用到的星期一、星期二……星期日等信息。这个枚举有一个方法，根据每小时的基本工资和当天工作的时间来计算工人当天的工资。在五个工作日中，超过正常工时的任何工作都会产生加班工资；而在周末，所有工作都会产生加班工资。使用switch语句，通过将多个case标签应用于两个代码片段，可以轻松完成这个计算：

```
// 利用switch实现共享代码的枚举——存疑
enum PayrollDay {
    MONDAY, TUESDAY, WEDNESDAY, THURSDAY, FRIDAY,
    SATURDAY, SUNDAY;

    private static final int MINS_PER_SHIFT = 8 * 60;

    int pay(int minutesWorked, int payRate) {
        int basePay = minutesWorked * payRate;

        int overtimePay;
        switch(this) {
          case SATURDAY: case SUNDAY: // 周末
            overtimePay = basePay / 2;
            break;
          default: // 工作日
            overtimePay = minutesWorked <= MINS_PER_SHIFT ?
              0 : (minutesWorked - MINS_PER_SHIFT) * payRate / 2;
        }

        return basePay + overtimePay;
    }
}
```

不可否认，这段代码非常简洁，但从维护的角度来看，却存在风险。假设我们在这个枚举中添加了一个元素，也许是一个表示休假日的某个特殊值，但忘记在switch语句中添加相应的case。程序仍然可以通过编译，但是pay方法会默默地在休假日这天为工人支付和正常工作日相同的工资。

要安全地使用特定于常量的方法实现来计算工资，我们必须为每个常量重复编写计算加班工资的代码，或将计算代码移到两个辅助方法中（一个用于工作日，一个用于周末），并在每个常量中调用相应的辅助方法。无论哪种方式，都会导致大量的样板代码，进而大大降低可读性，还增加了出错的机会。

通过将PayrollDay上抽象的overtimePay方法替换为一个计算工作日加班工资的具体方法，可以减少样板代码。这样的话，只有表示周末的枚举常量需要重写该方法。但这和switch语句存在同样的缺点：如果枚举中增加了一个元素，但没有重写overtimePay方法，我们就默默地继承了工作日的计算方式。

我们真正想要的是，每当添加一个枚举常量时，就强制选择一种加班工资计算策略。好在有种不错的方式可以实现这一点。思路是这样，将加班工资计算移到一个私有的嵌套枚举中，并将这个策略枚举（strategy enum）的一个实例传递给PayrollDay枚举的构造器。然后PayrollDay枚举将加班工资计算委托给这个策略枚举，这样PayrollDay中就不需要switch语句或特定于常量的方法实现了。虽然不如switch语句简洁，但这种模式更安全、更灵活：

```
// 策略枚举模式
enum PayrollDay {
    MONDAY, TUESDAY, WEDNESDAY, THURSDAY, FRIDAY,
    SATURDAY(PayType.WEEKEND), SUNDAY(PayType.WEEKEND);

    private final PayType payType;

    PayrollDay(PayType payType) { this.payType = payType; }
    PayrollDay() { this(PayType.WEEKDAY); } // 默认

    int pay(int minutesWorked, int payRate) {
        return payType.pay(minutesWorked, payRate);
    }

    // 策略枚举类型
    private enum PayType {
        WEEKDAY {
            int overtimePay(int minsWorked, int payRate) {
                return minsWorked <= MINS_PER_SHIFT ? 0 :
                  (minsWorked - MINS_PER_SHIFT) * payRate / 2;
            }
        },
        WEEKEND {
            int overtimePay(int minsWorked, int payRate) {
                return minsWorked * payRate / 2;
            }
        };

        abstract int overtimePay(int mins, int payRate);
        private static final int MINS_PER_SHIFT = 8 * 60;

        int pay(int minsWorked, int payRate) {
            int basePay = minsWorked * payRate;
            return basePay + overtimePay(minsWorked, payRate);
        }
    }
}
```

如果在枚举上使用 switch 语句不是实现特定于常量的行为的一种很好的选择，那么它们适合做什么呢？**在枚举上使用 switch 语句适合用于扩充特定于常量的行为**。例如，假设 Operation 枚举不受我们的控制，但我们希望它有一个可以返回每个运算的逆运算的实例方法。可以通过下面的静态方法来模拟这种效果：

```
// 在枚举上使用 switch 来模拟缺少的方法
public static Operation inverse(Operation op) {
    switch(op) {
        case PLUS:   return Operation.MINUS;
        case MINUS:  return Operation.PLUS;
        case TIMES:  return Operation.DIVIDE;
        case DIVIDE: return Operation.TIMES;

        default: throw new AssertionError("Unknownop:"+op);
    }
}
```

即使是自己可以控制的枚举类型，如果某个方法不属于该枚举，也应该这样实现。这个方法可能在某些地方是必需的，但通常来说又不足以将其包含在这个枚举类型中。

一般来说，枚举类型在性能上与 int 常量相当。不过枚举类型有个小小的缺点，加载和初始化枚举类型会有空间和时间成本，但在实践中，几乎注意不到这个问题。

那么，什么时候应该使用枚举呢？**每当需要一组常量，而且其成员在编译时都已知的时候，就应该使用枚举。**当然，这包括“自然的可枚举类型”，例如行星、星期几和国际象棋棋子的名字。但它还包括其他在编译时已知所有可能值的集合，如菜单选项、操作代码和命令行标志等。**并不要求枚举类型中的常量集合一直保持不变。**这个特性是为了支持枚举类型在演变时能保持二进制兼容而专门设计的。

总而言之，与 int 常量相比，枚举类型的优势引人注目。枚举类型的可读性更好，也更安全，功能更强大。许多枚举不需要显式的构造器或成员，但其他一些枚举可以受益于将数据与每个常量关联起来并提供根据这些数据来执行计算的方法。还有少量枚举可以受益于将多个行为和单个方法关联起来。在这种相对罕见的情况下，应该优先考虑特定于常量的方法，而不是在枚举上使用 switch 语句。如果一些（但不是所有的）枚举常量有共同的行为，可以考虑策略枚举模式。

条目 35：使用实例字段代替序号

很多枚举都自然地与一个 int 值相关联。所有的枚举类型都有一个 ordinal 方法，它返回每个枚举常量在这个类型中以数字表示的位置信息，也就是序号。你可能会想根据序号计算出一个与该枚举关联的 int 值：

```
// 滥用序号计算关联值——不要这样做
public enum Ensemble {
    SOLO,   DUET,   TRIO, QUARTET, QUINTET,
    SEXTET, SEPTET, OCTET, NONET,  DECTET;

    public int numberOfMusicians() { return ordinal() + 1; }
}
```

虽然这个枚举可以工作，但它会导致维护困难。如果常量的顺序变了，numberOfMusicians 方法就出错了。如果想添加一个关联了某个 int 值的枚举常量，不巧这个 int 值已经被用了，那就没办法了。例如，我们可能想添加一个表示双四重奏（double quartet）的常量，而它和八重奏一样，也是由 8 位乐师组成，但是现在的 numberOfMusicians 方法无法做到这一点。

此外，如果想添加一个与某个 int 值关联的常量，但这个值与已有的 int 值是不连续的，那也是做不到的。例如，假设想添加一个表示三叠四重奏（triple quartet）的常量，它由 12 位乐师组成。然而，没有一个标准的术语来表示由 11 位乐师组成的合奏，所以我们不得不为没有用到的 int 值 11 添加一个假常量。仅就这个示例而言，充其量是丑了一点；但是如果存在很多没有用到的 int 值，逐一处理就不切实际了。

幸运的是，这些问题有个简单的解决方案。**对于一个与枚举有关联的值，永远不要根据枚举的序号将其计算出来，而应该将其存储在一个实例字段中：**

```
public enum Ensemble {
    SOLO(1), DUET(2), TRIO(3), QUARTET(4), QUINTET(5),
```

```
    SEXTET(6), SEPTET(7), OCTET(8), DOUBLE_QUARTET(8),
    NONET(9), DECTET(10), TRIPLE_QUARTET(12);

    private final int numberOfMusicians;
    Ensemble(int size) { this.numberOfMusicians = size; }
    public int numberOfMusicians() { return numberOfMusicians; }
}
```

Enum 的文档中对 ordinal 方法有以下说明：“大多数程序员用不到这个方法。它是设计用于基于枚举的通用数据结构的，如 EnumSet 和 EnumMap。”除非正在编写这种数据结构，否则最好完全避免使用 ordinal 方法。

条目 36：使用 EnumSet 代替位域

如果一个可枚举类型的元素主要以集合的形式使用，传统的做法是使用 int 枚举模式（**条目 34**），将每个不同的常量赋值为 2 的不同次方：

```
// 使用位域实现可枚举常量——过时的用法
public class Text {
    public static final int STYLE_BOLD          = 1 << 0;  // 1
    public static final int STYLE_ITALIC        = 1 << 1;  // 2
    public static final int STYLE_UNDERLINE     = 1 << 2;  // 4
    public static final int STYLE_STRIKETHROUGH = 1 << 3;  // 8

    // 以 0 个或多个 STYLE_常量按位或作为参数
    public void applyStyles(int styles) { ... }
}
```

这种表示法允许我们使用按位或（bitwise OR）运算将多个常量组合到一个集合中，这个集合叫作位域（bit field）。

```
text.applyStyles(STYLE_BOLD | STYLE_ITALIC);
```

位域表示法也允许使用位运算来高效计算并集和交集等集合操作。但是，位域具有 int 枚举常量的所有缺点，甚至还不止于此。当以数字形式打印时，位域解释起来要比简单的 int 枚举常量更困难。没有一种简单的方式可以遍历一个位域表示的所有元素。最后，必须在编写 API 时预测可能需要的最大位数，并相应地选择这个位域的类型（通常为 int 或 long）。一旦选定了类型，就不能在不修改其 API 的情况下扩充其宽度（32 位或 64 位）了。

有些程序员已经习惯于使用枚举而不是 int 常量，但是当需要以常量集合的形式来传递时，他们则会坚持使用位域。其实没有理由这样做，因为存在更好的替代方案。java.util 包提供了 EnumSet 类，可以高效地表示来自一个枚举类型的值的集合。这个类实现了 Set 接口，提供了与任何其他 Set 实现同样丰富的功能，还提供了类型安全性和互操作性。但在内部，每个 EnumSet 都被表示为一个位向量。如果底层的枚举类型的元素不超过 64 个（大多数情况都是这样），整个 EnumSet 将被表示为一个单一的 long，因此其性能与位域相当。批量操作（如 removeAll 和 retainAll）也使用位运算实现了，就像我们手动处理位域一样。手动处理位操作的话，代码不太美观，而且容易出错，而 EnumSet 可以避免这些问题，它帮我们把脏活累活都干了。

将前面的示例修改为使用枚举和枚举集合之后，代码如下。这个版本更加简短、清晰和安全：

```
// EnumSet——用于替换位域的现代方式
public class Text {
    public enum Style { BOLD, ITALIC, UNDERLINE, STRIKETHROUGH }

    // 可以传入任何 Set，EnumSet 最佳
    public void applyStyles(Set<Style> styles) { ... }
}
```

下面是将 EnumSet 实例传递给 applyStyles 方法的客户端代码。EnumSet 类为方便集合的创建提供了丰富的静态工厂，其中一个如下代码所示：

```
text.applyStyles(EnumSet.of(Style.BOLD, Style.ITALIC));
```

需要注意的是，applyStyles 方法接收的是一个 Set<Style>，而不是 EnumSet<Style>。虽然看起来可能所有的客户端都会向这个方法传递一个 EnumSet，但通常最好接收接口类型而不是实现类型（**条目 64**）。这样就保留了一种可能性，或许有特殊的用户会传递一些其他的 Set 实现。

总而言之，**不能仅仅因为一个可枚举类型要放到集合中，就使用位域来表示它**。EnumSet 类集位域的简洁性和性能与**条目 34** 中描述的枚举类型的诸多优点于一身。EnumSet 有个实际的缺点，一直到 Java 9，还无法创建不可变的 EnumSet，但这可能会在未来的版本中得到解决。在这个问题解决之前，可以使用 Collections.unmodifiableSet 将 EnumSet 封装起来，但简洁性和性能会受到影响。

条目 37：不要以序号作为索引，使用 EnumMap 代替

我们有时可能会看到使用 ordinal 方法（**条目 35**）来索引数组或列表的代码。例如，考虑下面这个简单的类，用于表示一种植物：

```
class Plant {
    enum LifeCycle { ANNUAL, PERENNIAL, BIENNIAL }

    final String name;
    final LifeCycle lifeCycle;

    Plant(String name, LifeCycle lifeCycle) {
        this.name = name;
        this.lifeCycle = lifeCycle;
    }

    @Override public String toString() {
        return name;
    }
}
```

现在假设有一个表示花园的植物数组，我们想按照生长周期（一年生、多年生或两年生）列出这些植物。要做到这一点，我们要构建三个集合，每个生长周期一个，然后遍历整个花园，将每个植物放入相应的集合中。有些程序员可能会这样做：把这些集合放到一个数组中，以生长周期的序号来索引。

```
// 使用 ordinal()索引数组——不要这样做
Set<Plant>[] plantsByLifeCycle =
    (Set<Plant>[]) new Set[Plant.LifeCycle.values().length];
```

```
for (int i = 0; i < plantsByLifeCycle.length; i++)
    plantsByLifeCycle[i] = new HashSet<>();

for (Plant p : garden)
    plantsByLifeCycle[p.lifeCycle.ordinal()].add(p);

// 打印结果
for (int i = 0; i < plantsByLifeCycle.length; i++) {
    System.out.printf("%s: %s%n",
        Plant.LifeCycle.values()[i], plantsByLifeCycle[i]);
}
```

这种方法虽然可行，但隐藏着很多问题。因为数组与泛型不兼容（**条目 28**），所以程序需要进行未经检查的转换，不能干干净净地通过编译。因为数组不知道其索引代表什么，所以我们需要手动标记输出。但是，这种方法最严重的问题是，当我们访问以枚举的序号作为索引的数组时，我们需要确保使用的是正确的 `int` 值；不过 `int` 值并不能提供枚举所具备的类型安全。如果使用了错误的值，程序可能会默默地执行错误的操作，或者幸运的话，会抛出 `ArrayIndexOutOfBoundsException`。

有种更好的方式可以达到同样的效果。这里实际上是将数组用作了一个从枚举到值的映射，因此我们不妨直接使用 `Map`。更确切地说，有个性能非常好的 `Map` 实现就是为 `enum` 类型的键设计的，称为 `java.util.EnumMap`。下面我们将程序改写为使用 `EnumMap` 的方式：

```
// 使用 EnumMap 将数据与枚举关联起来
Map<Plant.LifeCycle, Set<Plant>> plantsByLifeCycle =
    new EnumMap<>(Plant.LifeCycle.class);
for (Plant.LifeCycle lc : Plant.LifeCycle.values())
    plantsByLifeCycle.put(lc, new HashSet<>());
for (Plant p : garden)
    plantsByLifeCycle.get(p.lifeCycle).add(p);
System.out.println(plantsByLifeCycle);
```

这个程序更简短、更清晰，也更安全，而且速度与原来的版本相当。代码中没有不安全的强制类型转换；不需要手动标记输出，因为 `Map` 的键就是 `enum`，它们知道如何将自己转换为可打印的字符串；在计算数组索引时也不可能出错。`EnumMap` 之所以能在速度上与以序号为索引的数组相媲美，正是因为 `EnumMap` 在内部使用了一个这样的数组，但向程序员隐藏了该实现细节，使得程序员既能够享受到 `Map` 带来的丰富功能和类型安全，又能够获得数组的速度。注意，`EnumMap` 构造器接收的是其键的类型对应的 `Class` 对象：这是一个有限制的类型令牌，它提供了运行时的泛型类型信息（**条目 33**）。

使用流（**条目 45**）来管理这个 `Map`，可以将前面的程序进一步缩短。下面是最简单的基于流的代码，行为与前面的例子基本相同：

```
// 简单的基于流的方式——不太可能生成 EnumMap
System.out.println(Arrays.stream(garden)
        .collect(groupingBy(p -> p.lifeCycle)));
```

这段代码的问题在于它选择了自己的 `Map` 实现，实际上它不会是 `EnumMap`，所以它的空间和时间性能无法与显式使用 `EnumMap` 的版本相比。为了解决这个问题，可以使用 `Collectors.groupingBy` 的三参数形式，它允许调用者使用 `mapFactory` 参数指定要使用的 `Map` 实现：

```
// 使用流和 EnumMap 将数据与枚举关联起来
System.out.println(Arrays.stream(garden)
        .collect(groupingBy(p -> p.lifeCycle,
            () -> new EnumMap<>(LifeCycle.class), toSet())));
```

这种优化在像这样的玩具程序中可能并不值得做，但在大量使用了该映射的程序中可能是至关重要的。

基于流的版本的行为与 EmumMap 版本的行为略有不同。EnumMap 版本总是会为每个植物生长周期创建一个嵌套的 Map，而基于流的版本只有在花园中包含一个或多个具有该生长周期的植物时才会创建一个嵌套的 Map。因此，如果花园中存在一年生和多年生植物，但没有两年生植物，那么在 EnumMap 版本中，plantsByLifeCycle 的大小为 3，而在两个基于流的版本中，它的大小为 2。

有时候我们还会看到使用序号来索引的数组的数组（序号用了两次！），用来表示来自两个枚举值的映射。例如下面的程序，它使用了这样一个数组来将两个相（Phase）映射到一个相变（从液态到固态是凝固，从液态到气态是沸腾，等等）：

```
// 使用 ordinal()来索引数组的数组——不要这样做
public enum Phase {
    SOLID, LIQUID, GAS;

    public enum Transition {
        MELT, FREEZE, BOIL, CONDENSE, SUBLIME, DEPOSIT;

        // 行以 from 的序号为索引，列以 to 的序号为索引
        private static final Transition[][] TRANSITIONS = {
            { null,    MELT,     SUBLIME },
            { FREEZE,  null,     BOIL    },
            { DEPOSIT, CONDENSE, null    }
        };

        // 返回从一个相到另一个相的相变
        public static Transition from(Phase from, Phase to) {
            return TRANSITIONS[from.ordinal()][to.ordinal()];
        }
    }
}
```

这个程序可以运行，甚至可能看起来很优雅，但不要被外表所欺骗。就像前面演示的比较简单的花园示例一样，编译器没有办法知道序号和数组索引之间的关系。如果我们在相变表中犯了错误，或者在修改 Phase 或 Phase.Transition 枚举类型时忘记更新这个表，程序就会在运行时失败。这种失败可能是 ArrayIndexOutOfBoundsException 或 NullPointerException，或者是更糟糕的情况——程序默默运行，只是表现出了错误的行为。而且表的大小是相的个数的平方，即使非空项的数量比较少，这个表也是非常大的。

同样，我们可以用 EnumMap 做得更好。因为每个相变是用一对 Phase 枚举来索引的，所以最好将这种关系表示为从一个枚举（即“from”Phase）到另一个映射的映射，这里所谓的另一个映射，就是从第二个枚举（即“to”Phase）到结果（即相变）的映射。两个相对应一个相变最好这样来体现——将两个相与相变枚举关联起来，然后我们利用这种

关联来初始化嵌套的 EnumMap：

```
// 使用一个嵌套的 EnumMap 将数据和枚举对关联起来
public enum Phase {
   SOLID, LIQUID, GAS;

   public enum Transition {
      MELT(SOLID, LIQUID), FREEZE(LIQUID, SOLID),
      BOIL(LIQUID, GAS),   CONDENSE(GAS, LIQUID),
      SUBLIME(SOLID, GAS), DEPOSIT(GAS, SOLID);

      private final Phase from;
      private final Phase to;

      Transition(Phase from, Phase to) {
         this.from = from;
         this.to = to;
      }

      // 初始化相变映射
      private static final Map<Phase, Map<Phase, Transition>>
        m = Stream.of(values()).collect(groupingBy(t -> t.from,
         () -> new EnumMap<>(Phase.class),
         toMap(t -> t.to, t -> t,
            (x, y) -> y, () -> new EnumMap<>(Phase.class))));

      public static Transition from(Phase from, Phase to) {
         return m.get(from).get(to);
      }
   }
}
```

初始化相变映射的代码有点复杂。这个映射的类型是 Map<Phase, Map<Phase, Transition>>，表示将（源）相映射到另一个映射，另一个映射是将（目标）相映射到相变。这个映射的映射使用了级联的两个 collector 进行初始化。第一个 collector 按照源相对相变进行分组，第二个 collector 使用从目标相到相变的映射创建了一个 EnumMap。第二个 collector 中的 merge 函数（(x, y) -> y）没有用到，之所以需要它，只是因为我们需要指定一个 map 工厂以获得 EnumMap，而 Collectors 提供了伸缩工厂。本书之前的版本使用了显式的迭代来初始化这个相变映射。之前的代码虽然更为冗长，但理解起来比这个版本更容易。

现在假设我们想给该系统添加一个新的相：等离子态（plasma），或者说电离气体（ionized gas）。只有两个相变与该相有关联：离子化（ionization），从气态到等离子态；去离子化（deionization），从等离子态到气态。要更新基于数组的程序，我们必须向 Phase 中增加一个新常量，向 Phase.Transition 中增加两个新常量，并将原来的 9 个元素的数组替换为 16 个元素的数组。如果添加多了或少了，或者把一个元素的顺序弄错了，那就麻烦了：程序可以编译，但会在运行时失败。而要更新基于 EnumMap 的版本，所要做的就是将 PLASMA 添加到 Phase 中，并将 IONIZE(GAS, PLASMA) 和 DEIONIZE(PLASMA, GAS) 添加到 Phase.Transition 中：

```
// 使用嵌套的 EnumMap 实现添加一个新的相
public enum Phase {
    SOLID, LIQUID, GAS, PLASMA;

    public enum Transition {
        MELT(SOLID, LIQUID), FREEZE(LIQUID, SOLID),
        BOIL(LIQUID, GAS), CONDENSE(GAS, LIQUID),
        SUBLIME(SOLID, GAS), DEPOSIT(GAS, SOLID),
        IONIZE(GAS, PLASMA), DEIONIZE(PLASMA, GAS);
        ... // 其余代码不变
    }
}
```

该程序会自行处理其他所有的事情，这样就几乎不会有出错的可能了。在内部，映射的映射也是通过数组的数组来实现的，因此我们在得到了清晰、安全和易维护等好处的同时，在空间和时间上几乎没有增加多少开销。

为了简洁起见，上面的例子用 `null` 来表示没有状态变化（`to` 和 `from` 相同的情况）。这种做法不好，很可能会在运行时导致 `NullPointerException`。为这个问题设计一个干净、优雅的解决方案，其实相当棘手，而且得到的程序的代码会非常长，就本条目而言，可能会喧宾夺主。

总而言之，**序号不太适合用来索引数组，应该使用 `EnumMap` 代替**。如果要表示的关系是多维的，可以使用 `EnumMap<..., EnumMap<...>>`。这是条目 35 所介绍的通用原则（即应用程序员应该极少使用或绝不使用 `Enum.ordinal`）的一种典型情况。

条目 38：使用接口模拟可扩展的枚举

在几乎所有方面，枚举类型都要优于本书第 1 版[Bloch01]所描述的类型安全的枚举模式。从表面上看，有个例外是在可扩展性方面，本书第 1 版介绍的模式是支持的，但 Java 的 `enum` 并不支持。换句话说，使用原来的模式，我们可以让一个可枚举类型扩展另一个；使用 `enum` 这个语言特性却不可以。这并非偶然。因为在大多数情况下，事实证明扩展枚举并不是好主意。如果一个*扩展类型*（extension type）的元素是*基类型*（base type）的实例，但反过来不成立，这会令人困惑。要枚举基类型及其扩展类型的所有元素，也没有很好的办法。最后，可扩展性会让设计和实现的许多方面变得复杂。

话虽如此，可扩展的枚举类型至少有一个很有说服力的使用场景，这就是*运算码*（operation code），也称作 opcode。运算码是一个可枚举类型，其元素表示某个机器支持的运算，比如**条目 34** 中的 `Operation` 类型，它代表的是一个简单计算器支持的功能。有时，让 API 的用户提供他们自己的运算是可取的，这样可以有效扩充 API 所提供的运算集。

幸运的是，有一种很好的方式可以使用枚举类型来实现这种效果。基本的想法是，利用枚举类型可以实现任意接口这一事实，为 opcode 类型定义一个接口，并定义一个枚举，作为该接口的标准实现。例如，下面是**条目 34** 中的 `Operation` 类型的一个可扩展版本：

```
// 使用接口模拟可扩展的枚举
public interface Operation {
    double apply(double x, double y);
}
```

```
public enum BasicOperation implements Operation {
    PLUS("+") {
        public double apply(double x, double y) { return x + y; }
    },
    MINUS("-") {
        public double apply(double x, double y) { return x - y; }
    },
    TIMES("*") {
        public double apply(double x, double y) { return x * y; }
    },
    DIVIDE("/") {
        public double apply(double x, double y) { return x / y; }
    };

    private final String symbol;

    BasicOperation(String symbol) {
        this.symbol = symbol;
    }

    @Override public String toString() {
        return symbol;
    }
}
```

虽然 BasicOperation 这个枚举类型是不可扩展的，但 Operation 这个接口类型是可扩展的，而且它是用来表示 API 中的运算的接口类型。我们可以定义另一个实现了该接口的枚举类型，并使用这个新类型的实例来代替其基类型。例如，假设我们想定义一个以上运算类型的扩展，由求幂（exponentiation）和求余（remainder）运算组成。我们只需要编写一个实现了 Operation 接口的枚举类型：

```
// 模拟扩展枚举
public enum ExtendedOperation implements Operation {
    EXP("^") {
        public double apply(double x, double y) {
            return Math.pow(x, y);
        }
    },
    REMAINDER("%") {
        public double apply(double x, double y) {
            return x % y;
        }
    };

    private final String symbol;

    ExtendedOperation(String symbol) {
        this.symbol = symbol;
    }

    @Override public String toString() {
```

```
        return symbol;
    }
}
```

只要 API 被编写为接收接口类型（Operation），而不是实现（BasicOperation），任何可以使用基本运算的地方就都可以使用我们的新运算了。注意，不必像在不可扩展的枚举中所做的那样，利用特定于实例的方法实现（**条目 34**）来声明抽象的 apply 方法。这是因为 apply 这个抽象方法是 Operation 接口的成员。

不仅可以在期望"基本枚举"的任何地方传递"扩展枚举"的实例，还可以传入整个扩展枚举，并使用它的元素来代替基类型的元素，或作为补充。例如，下面是**条目 34** 的测试程序的一个修改版本，它执行了前面定义的所有扩展操作：

```
public static void main(String[] args) {
    double x = Double.parseDouble(args[0]);
    double y = Double.parseDouble(args[1]);
    test(ExtendedOperation.class, x, y);
}

private static <T extends Enum<T> & Operation> void test(
        Class<T> opEnumType, double x, double y) {
    for (Operation op : opEnumType.getEnumConstants())
        System.out.printf("%f %s %f = %f%n",
                          x, op, y, op.apply(x, y));
}
```

注意，扩展的运算类型的类字面常量（ExtendedOperation.class）从 main 方法被传递给了 test 方法，以描述扩展运算的集合。类字面常量充当了一个有限制的类型令牌（**条目 33**）。不可否认，opEnumType 参数的声明非常复杂（<T extends Enum<T> & Operation> Class<T>），但它可以确保这个 Class 对象既表示一个枚举类型，又表示 Operation 的一个子类型，这正是遍历其元素并执行与每个元素相关联的运算所需要的。

第二个选择是传递一个 Collection<? extends Operation>，它是一个有限制的通配符类型（**条目 31**），而不是传递一个 Class 对象：

```
public static void main(String[] args) {
    double x = Double.parseDouble(args[0]);
    double y = Double.parseDouble(args[1]);
    test(Arrays.asList(ExtendedOperation.values()), x, y);
}

private static void test(Collection<? extends Operation> opSet,
        double x, double y) {
    for (Operation op : opSet)
        System.out.printf("%f %s %f = %f%n",
                          x, op, y, op.apply(x, y));
}
```

这样得到的代码复杂性有所降低，而且 test 方法也更灵活了：调用者可以将来自多个实现类型的运算组合到一起。但另一方面，我们也就无法在指定运算上使用 EnumSet（**条目 36**）和 EnumMap（**条目 37**）了。

使用命令行参数 4 和参数 2 来运行前面的两个程序，都将得到如下输出：

```
4.000000 ^ 2.000000 = 16.000000
```

```
4.000000 % 2.000000 = 0.000000
```

使用接口来模拟可扩展的枚举有个小缺点，实现代码不能从一个枚举类型继承到另一个之中。如果实现代码不依赖于任何状态，可以将其置于接口中，并使用默认实现（**条目 20**）。在我们的 Operation 示例中，用于存储和检索与运算关联的符号的逻辑，必须在 BasicOperation 和 ExtendedOperation 中各实现一次。在这种情况下，由于重复的代码量非常少，所以问题并不严重。如果相同功能的代码量非常大，我们可以将其封装在一个辅助类或一个静态辅助方法中，以消除代码的重复。

本条目所描述的模式在 Java 类库中也用到了。例如，java.nio.file.LinkOption 枚举类型同时实现了 CopyOption 和 OpenOption 接口。

总而言之，虽然无法编写可扩展的枚举类型，但可以通过编写一个接口并配合一个实现了该接口的基本枚举类型来模拟。这允许客户端编写自己的实现该接口的枚举（或其他类型）。这样，只要 API 是基于同样的接口编写的，任何可以使用基本枚举类型的实例的地方，就都可以使用客户端定义的这些类型的实例。

条目 39：与命名模式相比首选注解

历史上，通常使用命名模式（naming pattern）来指示某些程序元素需要由工具或框架进行特殊处理。例如，在 JUnit 4 之前，这个测试框架要求其用户以 test 为前缀来标明测试方法[Beck04]。这种方法虽然有效，但也存在几个明显的缺点。命名模式的第一个缺点是，如果存在拼写错误，框架不会有任何提示。例如，假设不小心将一个测试方法命名成了 tsetSafetyOverride，而不是 testSafetyOverride。JUnit 3 不会报错，但也不会执行该测试，从而导致一种虚假的安全感。

命名模式的第二个缺点是，无法确保它们只用于应该适用的程序元素。例如，假设我们将一个类命名为 TestSafetyMechanisms，希望 JUnit 3 会自动测试其所有方法，而不管方法名是什么。同样，JUnit 3 不会报错，但也不会执行该测试。

命名模式的第三个缺点是，它们没有提供将参数值与程序元素关联起来的好方法。例如，假设我们想支持一类测试，只有当方法抛出某个特定的异常时才算成功。这个异常类型本质上是该测试的一个参数。我们可以使用精心设计的命名模式将异常类型的名称编码到测试方法的名称中，但这种做法会很难看，而且非常脆弱（**条目 62**）。编译器并不知道要去检查那个应该命名为异常的字符串是否真是这么做的。如果以这个字符串为名字的类并不存在，或者不是一个异常，也要到尝试运行这个测试的时候才会发现。

注解 [JLS, 9.7] 很好地解决了所有这些问题，JUnit 4 就开始采用了注解。在本条目中，我们将编写一个简单的测试框架来展示注解是如何工作的。假设我们想定义一个注解类型来标明简单测试：这些测试可以自动运行，如果抛出了异常，则测试失败。下面就是这样一个注解类型，名为 Test：

```
// 标记注解类型声明
import java.lang.annotation.*;
/**
 * 标明被注解的方法是一个测试方法。
 * 仅用于无参数的静态方法。
 */
@Retention(RetentionPolicy.RUNTIME)
```

```
@Target(ElementType.METHOD)
public @interface Test {
}
```

Test 注解类型的声明本身带有 Retention 和 Target 注解。这种用在注解类型声明上的注解被称为*元注解*（meta-annotation）。@Retention(RetentionPolicy.RUNTIME) 元注解标明 Test 注解应该在运行时保留。如果没有这个注解，测试工具就看不到 Test 注解了。@Target(ElementType.METHOD) 元注解标明 Test 注解只能应用于方法声明，不能应用于类声明、字段声明或其他程序元素。

注意 Test 注解声明前的注释："仅用于无参数的静态方法。"如果编译器能够强制实施这一要求最好，但实际上它不能，除非编写一个*注解处理器*（annotation processor）来实现。有关这个主题的更多信息，可以参阅 javax.annotation.processing 的文档。在没有这样的注解处理器的情况下，如果将 Test 注解注解放在实例方法的声明中，或放在带有一个或多个参数的静态方法中，测试程序仍然可以编译通过，将问题留给了测试工具在运行时处理。

下面来看一下 Test 注解在实践中是如何使用的。它被称为*标记注解*（marker annotation），因为它没有参数，只是简单地"标记"了被注解的元素。如果程序员拼错了 Test 注解的名字，或者将其用到了方法声明之外的程序元素上，程序将无法通过编译：

```
// 包含标记注解的程序
public class Sample {
    @Test public static void m1() { } // 测试应该通过
    public static void m2() { }
    @Test public static void m3() {   // 测试应该失败
        throw new RuntimeException("Boom");
    }
    public static void m4() { }
    @Test public void m5() { } // 无效使用：非静态方法
    public static void m6() { }
    @Test public static void m7() {   // 测试应该失败
        throw new RuntimeException("Crash");
    }
    public static void m8() { }
}
```

Sample 类有 7 个静态方法，其中 4 个使用了 Test 注解。而在这 4 个之中，有两个（m3 和 m7）会抛出异常，另外两个（m1 和 m5）则不会。但是没有抛出异常的 m5 是一个实例方法，所以它并不是对该注解的有效使用。总结一下，Sample 包含 4 个测试：一个会通过，两个会失败，一个是无效的。测试工具会忽略另外 4 个没有使用 Test 注解的方法。

Test 注解对 Sample 类的语义没有直接影响。它们只用于为感兴趣的程序提供信息。更一般地说，注解不会改变被注解的代码的语义，而是使其能够被某些工具进行特殊处理，比如这个简单的测试运行工具：

```
// 处理标记注解的程序
import java.lang.reflect.*;

public class RunTests {
    public static void main(String[] args) throws Exception {
        int tests = 0;
```

```
            int passed = 0;
            Class<?> testClass = Class.forName(args[0]);
            for (Method m : testClass.getDeclaredMethods()) {
                if (m.isAnnotationPresent(Test.class)) {
                    tests++;
                    try {
                        m.invoke(null);
                        passed++;
                    } catch (InvocationTargetException wrappedExc) {
                        Throwable exc = wrappedExc.getCause();
                        System.out.println(m + " failed: " + exc);
                    } catch (Exception exc) {
                        System.out.println("Invalid @Test: " + m);
                    }
                }
            }
            System.out.printf("Passed: %d, Failed: %d%n",
                              passed, tests - passed);
        }
    }
```

这个测试运行工具在命令行上接受一个完全限定的类名作为参数，并通过调用 Method.invoke，以反射方式运行该类中所有使用了 Test 注解的方法。isAnnotationPresent 方法告诉这个工具哪些方法需要运行。如果某个被测试的方法抛出了异常，反射机制会将其包装在 InvocationTargetException 中。该工具会捕获这个异常，并打印一个包含被测试的方法所抛出的原始异常信息的失败报告，该信息是通过 getCause 方法从 InvocationTargetException 中提取出来的。

如果通过反射调用的被测试方法抛出了 InvocationTargetException 之外的异常，就表明出现了编译时没有捕获的 Test 注解的无效使用。这些无效使用包括对实例方法的注解、带有一个或多个参数的方法的注解，或无法访问的方法的注解。测试运行工具中的第二个 catch 块会捕获这些 Test 注解使用错误，并打印适当的错误消息。以下是在 Sample 类上运行 RunTests 工具时打印的输出：

```
public static void Sample.m3() failed: RuntimeException: Boom
Invalid @Test: public void Sample.m5()
public static void Sample.m7() failed: RuntimeException: Crash
Passed: 1, Failed: 3
```

现在我们对只在抛出特定异常时才会成功的测试添加支持。我们需要一个新的注解类型来实现该功能：

```
// 带参数的注解类型
import java.lang.annotation.*;
/**
 * 标明被注解的方法是一个测试方法，
 * 只有该方法抛出指定的异常时，测试才会成功
 */
@Retention(RetentionPolicy.RUNTIME)
@Target(ElementType.METHOD)
public @interface ExceptionTest {
    Class<? extends Throwable> value();
}
```

这个注解的参数类型是 Class<? extends Throwable>。诚然，这个通配符类型又长又拗口。它的意思是“某个扩展了 Throwable 的类的 Class 对象”，它允许注解的使用者指定任何异常（或错误）类型。这种用法是有限制的类型令牌的一个例子（**条目 33**）。下面来演示这个注解在实践中是如何使用的。注意，类字面常量被用作了注解参数的值：

```
// 包含了带参数的注解的程序
public class Sample2 {
    @ExceptionTest(ArithmeticException.class)
    public static void m1() {  // 测试应该通过
        int i = 0;
        i = i / i;
    }
    @ExceptionTest(ArithmeticException.class)
    public static void m2() {  // 应该失败（错误的异常）
        int[] a = new int[0];
        int i = a[1];
    }
    @ExceptionTest(ArithmeticException.class)
    public static void m3() { }  // 应该失败（未抛出异常）
}
```

现在让我们修改测试运行工具来处理新的注解。这可以通过在 main 方法中添加以下代码来完成：

```
if (m.isAnnotationPresent(ExceptionTest.class)) {
    tests++;
    try {
        m.invoke(null);
        System.out.printf("Test %s failed: no exception%n", m);
    } catch (InvocationTargetException wrappedEx) {
        Throwable exc = wrappedEx.getCause();
        Class<? extends Throwable> excType =
            m.getAnnotation(ExceptionTest.class).value();
        if (excType.isInstance(exc)) {
            passed++;
        } else {
            System.out.printf(
                "Test %s failed: expected %s, got %s%n",
                m, excType.getName(), exc);
        }
    } catch (Exception exc) {
        System.out.println("Invalid @ExceptionTest: " + m);
    }
}
```

这段代码与处理 Test 注解的代码类似，只有一点不同：这段代码提取了注解参数的值，并使用它来检查被测试的方法抛出的异常是否为正确的类型。这里没有显式的强制类型转换，因此不会出现 ClassCastException 的危险。只要测试程序编译通过，就可以保证其注解参数表示的是有效的异常类型，但有一点需要注意：如果注解参数在编译时是有效的，但表示指定的异常类型的类文件在运行时却已经不存在了，测试运行工具将抛出 TypeNotPresentException。

将上面的异常测试实例再往前推进一步，可以实现这样的测试：如果被测试的方法抛出了几个指定的异常中的任何一个，则测试通过。注解机制有一种方式，使得这种用法很容易实现。假设我们将 ExceptionTest 注解的参数类型修改为 Class 对象的数组：

```
// 使用了数组参数的注解类型
@Retention(RetentionPolicy.RUNTIME)
@Target(ElementType.METHOD)
public @interface ExceptionTest {
    Class<? extends Throwable>[] value();
}
```

注解中的数组参数语法非常灵活。它针对单元素数组进行了优化。在新的数组参数的 ExceptionTest 版本下，前面使用到 ExceptionTest 注解的地方仍然有效，并且会生成单元素数组。要指定包含多个元素的数组，可以使用花括号将元素包围起来，并用逗号分隔：

```
// 包含了带数组参数的注解的代码
@ExceptionTest({ IndexOutOfBoundsException.class,
                 NullPointerException.class })
public static void doublyBad() {
    List<String> list = new ArrayList<>();

    // 前面的方法说明允许其抛出
    // IndexOutOfBoundsException 或 NullPointerException
    list.addAll(5, null);
}
```

修改测试运行工具来处理新版本的 ExceptionTest 非常简单。我们可以用这段代码替换原来的版本：

```
if (m.isAnnotationPresent(ExceptionTest.class)) {
    tests++;
    try {
        m.invoke(null);
        System.out.printf("Test %s failed: no exception%n", m);
    } catch (Throwable wrappedExc) {
        Throwable exc = wrappedExc.getCause();
        int oldPassed = passed;
        Class<? extends Throwable>[] excTypes =
            m.getAnnotation(ExceptionTest.class).value();
        for (Class<? extends Throwable> excType : excTypes) {
            if (excType.isInstance(exc)) {
                passed++;
                break;
            }
        }
        if (passed == oldPassed)
            System.out.printf("Test %s failed: %s %n", m, exc);
    }
}
```

从 Java 8 开始，还有另一种方式可以实现多值注解。在声明注解的时候，我们可以使用@Repeatable 元注解代替使用数组参数，来表明该注解可以重复应用于单个元素。这个元注解接收单个参数，该参数是一个包含注解类型（containing annotation type）的 class 对象，而这个包含注解类型的唯一参数是一个注解类型的数组[JLS, 9.6.3]。如果对我们的

ExceptionTest 注解采用这种方式，其注解声明如下：

```
// 可重复的注解类型
@Retention(RetentionPolicy.RUNTIME)
@Target(ElementType.METHOD)
@Repeatable(ExceptionTestContainer.class)
public @interface ExceptionTest {
    Class<? extends Throwable> value();
}

@Retention(RetentionPolicy.RUNTIME)
@Target(ElementType.METHOD)
public @interface ExceptionTestContainer {
    ExceptionTest[] value();
}
```

注意，包含注解类型必须使用相应的保留策略和目标进行注解，否则该声明无法通过编译。

使用可重复的注解类型替代数组参数的注解之后，doublyBad 测试变成了下面这样：

```
// 包含可重复注解的代码
@ExceptionTest(IndexOutOfBoundsException.class)
@ExceptionTest(NullPointerException.class)
public static void doublyBad() { ... }
```

处理可重复的注解需要小心。可重复注解会生成一个包含注解类型的合成注解。getAnnotationsByType 方法掩盖了这一事实，它可以用来访问一个可重复注解类型的重复注解和非重复注解。但 isAnnotationPresent 方法可以明确区分，重复注解的类型并不是这个可重复注解类型，而是这个包含注解类型。如果一个元素具有某种类型的重复注解，当使用 isAnnotationPresent 方法来检查这个元素是否具有该类型的注解时，我们会发现它没有。因此，使用这个方法来检查某个注解类型是否存在，将导致程序默默地忽略重复注解。同样，使用这个方法来检查包含注解类型是否存在，将导致程序默默地忽略非重复注解。为了用 isAnnotationPresent 检测出重复注解和非重复注解，必须同时检查注解类型和它的包含注解类型。将 RunTests 修改为使用可重复的 ExceptionTest，代码如下：

```
// 处理可重复注解
if (m.isAnnotationPresent(ExceptionTest.class)
    || m.isAnnotationPresent(ExceptionTestContainer.class)) {
    tests++;
    try {
        m.invoke(null);
        System.out.printf("Test %s failed: no exception%n", m);
    } catch (Throwable wrappedExc) {
        Throwable exc = wrappedExc.getCause();
        int oldPassed = passed;
        ExceptionTest[] excTests =
                m.getAnnotationsByType(ExceptionTest.class);
        for (ExceptionTest excTest : excTests) {
            if (excTest.value().isInstance(exc)) {
                passed++;
                break;
```

```
            }
        }
        if (passed == oldPassed)
            System.out.printf("Test %s failed: %s %n", m, exc);
    }
}
```

如果源代码的逻辑是这样，将同一注解的多个实例应用于某个给定的程序元素，可重复注解就是为提高其可读性而添加的。如果觉得可重复注解可以增强我们的源代码的可读性，那就使用，但请记住，声明和处理可重复注解都需要更多的样板代码，并且处理可重复注解容易出错。

本条目中的测试框架只是个示例，但它清楚地展示了注解与命名模式相比所具有的明显优势，而且这里仅仅涉及了注解功能的一点皮毛。如果我们编写的工具需要程序员向源代码中添加信息，就可以定义适当的注解类型。**在可以使用注解的情况下，没有理由再使用命名模式。**

即便如此，除了开发工具的程序员，大多数程序员不需要定义注解类型。但是，**所有程序员都应该使用 Java 提供的预定义的注解类型（条目 40、条目 27）**。此外，考虑使用 IDE 或静态分析工具提供的注解。这类注解可以提高这些工具所提供的诊断信息的质量。但请注意，这些注解尚未标准化，因此当我们换了工具，或出现了标准的注解时，可能需要做一些工作。

条目 40：始终使用 Override 注解

Java 类库包含了几种注解类型。对于传统的程序员来说，其中最重要的是@Override。这个注解只能用在方法声明上，表示被注解的方法声明重写了超类型中对应方法的声明。如果始终使用这个注解，它将保护我们免受一大类错误的影响。考虑下面这个程序，Bigram 类表示一个双字母组，或者有序的两个字母：

```
// 你能发现这个错误吗?
public class Bigram {
    private final char first;
    private final char second;

    public Bigram(char first, char second) {
        this.first  = first;
        this.second = second;
    }
    public boolean equals(Bigram b) {
        return b.first == first && b.second == second;
    }
    public int hashCode() {
        return 31 * first + second;
    }

    public static void main(String[] args) {
        Set<Bigram> s = new HashSet<>();
        for (int i = 0; i < 10; i++)
            for (char ch = 'a'; ch <= 'z'; ch++)
```

```
            s.add(new Bigram(ch, ch));
        System.out.println(s.size());
    }
}
```

主程序重复地将 26 个包含两个相同小写字母的双字母组添加到一个集合中。然后，它打印出这个集合的大小。你可能会期望程序打印出 26，因为集合不能包含重复元素。但是，如果尝试运行这个程序，会发现它打印出的不是 26，而是 260。出了什么问题呢？

显然，Bigram 类的创建者打算重写 equals 方法（**条目 10**），甚至还记得同时重写 hashCode 方法（**条目 11**）。遗憾的是，这位运气不好的程序员没有成功重写 equals 方法，而是重载了它（**条目 52**）。要想重写 Object.equals 方法，必须定义一个参数类型为 Object 的 equals 方法，但是 Bigram 的 equals 方法的参数并不是 Object 类型，因此 Bigram 从 Object 继承了其 equals 方法实现。这个 equals 方法实现测试的是对象的同一性（identity），就像==运算符一样。在每个双字母组的 10 个副本中，任何一个都和其他 9 个不同，因此 Object.equals 方法会认为它们不相等，这就解释了为什么程序打印的是 260。

幸运的是，编译器可以帮助我们发现这个错误，但前提是，要告诉它我们打算重写 Object.equals 方法。要做到这一点，可以在 Bigram.equals 方法上加上@Override 注解，如下所示：

```
@Override public boolean equals(Bigram b) {
    return b.first == first && b.second == second;
}
```

如果插入了这个注解并尝试重新编译该程序，编译器将生成如下的错误消息：

```
Bigram.java:10: method does not override or implement a method
from a supertype
    @Override public boolean equals(Bigram b) {
    ^
```

我们会立即意识到自己做错了什么，拍拍自己的额头，恍然大悟，用正确的 equals 实现（**条目 10**）将错误的替换掉：

```
@Override public boolean equals(Object o) {
    if (!(o instanceof Bigram))
        return false;
    Bigram b = (Bigram) o;
    return b.first == first && b.second == second;
}
```

因此，**只要你认为一个方法声明是要重写超类的方法声明，就应该使用 Override 注解**。这一规则有个小例外。如果我们正在编写一个类，而这个类没有被标记为抽象类，我们认为它会重写其超类中的一个抽象方法，这时我们无须在该方法上放置 Override 注解。在没有声明为抽象的类中，如果它没有成功重写抽象超类的方法，编译器会生成一条错误消息。然而，你可能希望用户注意到自己的类中所有重写了超类方法的方法，这种情况下可以自由使用该注解。大多数 IDE 都支持这样的设置，在我们选择重写某个方法时自动插入 Override 注解。

大多数 IDE 为始终使用 Override 注解提供了另一个理由。如果启用了相应的检查，当一个方法没有使用 Override 注解，却重写了超类的某个方法时，IDE 会生成警告。如果始终使用 Override 注解，这些警告会提醒我们注意无意中进行的重写。它们可以和编译器的错误消息相辅相成，后者会提醒我们注意无意中没有成功进行的重写。IDE 和编译器可以确保我们在想要重写的地方实现了重写，在不想重写的地方也不会无意重写。

除了类中的方法，当重写接口中的方法时，也可以在方法声明上使用 `Override` 注解。随着默认方法的出现，在接口方法的具体实现上使用 `Override` 是很好的做法，可以确保签名是正确的。如果知道接口没有默认方法，可以选择在接口方法的具体实现上省略 `Override` 注解，以减少混乱。

然而，在抽象类或接口中，对于你认为会重写超类或超接口中的方法的*所有方法*，无论是具体方法还是抽象方法，都值得使用 `Override` 注解。例如，`Set` 接口没有向 `Collection` 接口添加新的方法，因此它应该在其所有的方法声明中都包含 `Override` 注解，以确保它不会一不小心向 `Collection` 接口中加入任何新的方法。

总而言之，如果对我们认为要重写超类方法的任何方法声明都加上 `Override` 注解，那么编译器可以帮我们避免很多错误。但有一种例外情况，在具体类中，如果我们认为一个方法是在重写抽象方法声明，这时候并不需要使用 `Override` 注解（尽管这样做也没有害处）。

条目 41：使用标记接口来定义类型

标记接口（marker interface）是一个不包含方法声明的接口，它只是标明（或“标记”）一个实现了该接口的类具有某种属性。例如，考虑 `Serializable` 接口（**第 12 章**）。通过实现这个接口，一个类表明它的实例可以被写入 `ObjectOutputStream`（或者说，它的实例可以被“序列化”）。

可能有人会说，有了标记注解（**条目 39**），标记接口就过时了。这种说法是不正确的。与标记注解相比，标记接口有两大优势。首先也是最重要的，**标记接口定义了一个由被标记类的实例实现的类型；而标记注解却没有。**如果使用标记注解，有些错误直到运行时才能发现；而标记接口类型的存在，使我们可以在编译时捕获这些错误。

Java 的序列化机制（**第 12 章**）使用 `Serializable` 标记接口来表明一个类型可以被序列化。`ObjectOutputStream.writeObject` 方法要求其参数是可序列化的，该方法会将传递给它的对象序列化。如果这个方法的参数被设计为 `Serializable`，那么当尝试对不恰当的对象进行序列化时，（通过类型检查）在编译时就可以检测到。在编译时发现错误就是标记接口的目的所在，但遗憾的是，`ObjectOutputStream.write` API 并没有利用 `Serializable` 接口：它的参数被声明为 `Object` 类型，因此，如果尝试对一个不可序列化对象进行序列化，这样的错误直到运行时才会表现出来。

与标记注解相比，标记接口的另一个优势是，它们可以被更精确地定位到。如果一个注解类型是用目标类型 `ElementType.TYPE` 来声明的，它就可以应用于任何类或接口。假设有一个只适用于特定接口实现的标记。如果将其定义为标记接口，就可以让它扩展那个唯一适用的接口，从而确保所有标记类型也是它所适用的唯一接口的子类型。

可以说，`Set` 接口就是这样一个*有限制的标记接口*（restricted marker interface）。它只适用于 `Collection` 的子类型，但除了 `Collection` 所定义的方法之外，它没有增加任何方法。一般情况下，不会将其看作标记接口，因为它细化了几个 `Collection` 方法的约定，包括 `add`、`equals` 和 `hashCode`。但是不难想象这样一个标记接口：它只适用于某个特定接口的子类型，并且没有细化该接口的任何方法的约定。这样的标记接口可以描述整个对象的某个不变式，或表明其实例可以使用其他某个类的方法来处理（就像 `Serializable` 接口表明其实例可以使用 `ObjectOutputStream` 来处理那样）。

与标记接口相比，标记注解的主要优势在于，它们是更大的注解机制的一部分。因此，在基于注解的框架中，标记注解可以实现一致性。

那么，什么时候应该使用标记注解，什么时候应该使用标记接口呢？显然，如果这个标记适用的是除了类或接口之外的任何程序元素，就必须使用注解，因为只有类和接口可以实现或扩展接口。如果这个标记只适用于类和接口，可以问自己一个问题：我是否想编写一个或多个这样的方法，它们只接收具有该标记的对象？如果是的话，应该使用标记接口，而不是标记注解。这样就可以使用这个接口作为问题中方法的参数类型，从而获得编译时类型检查的好处。如果确定自己永远不会编写一个只接收具有该标记的对象的方法，那么使用标记注解可能会更好。此外，如果这个标记是一个大量使用了注解的框架的一部分，那么标记注解就是明智的选择。

总而言之，标记接口和标记注解各有用处。如果想定义一个不带任何新方法的类型，那么应该选择标记接口。如果想标记除了类和接口之外的程序元素，或者将这个标记与已经大量使用注解类型的框架配合使用，则应该选择标记注解。**如果发现自己正在编写一个目标类型为 `ElementType.TYPE` 的标记注解类型，则需要花点时间考虑清楚，它是否真的应该是注解类型，是否标记接口更为合适。**

从某种意义上说，该条目是**条目 22** 的否命题。**条目 22** 说的是：“如果不想定义类型，就不要使用接口。”而本条目近似于说：“如果确实想定义类型，就使用接口。”

第 7 章 Lambda 表达式和流

为了更轻松地创建函数对象，Java 8 添加了函数式接口、Lambda 表达式和方法引用。与这些语言变化相配套，流 API 也被添加进来，为处理数据元素序列提供类库级别的支持。本章将讨论如何充分利用这些机制。

条目 42：与匿名类相比，优先选择 Lambda 表达式

历史上，我们将只有一个抽象方法的接口（极少情况下是抽象类）用作*函数类型*（function type）。它们的实例被称为*函数对象*（function object），代表函数或动作。自从 1997 年发布 JDK 1.1 以来，创建函数对象的主要方式是使用*匿名类*（**条目 24**）。下面的代码片段会根据字符串列表中每个字符串的长度对其进行排序，我们使用匿名类来创建用于排序的比较函数（它决定了排序的顺序）：

```
// 以匿名类实例作为函数对象——已过时
Collections.sort(words, new Comparator<String>() {
    public int compare(String s1, String s2) {
        return Integer.compare(s1.length(), s2.length());
    }
});
```

匿名类足以满足经典的面向对象设计模式所需的函数对象，特别是*策略*（Strategy）模式 [Gamma95]。`Comparator` 接口代表的是排序的*抽象策略*；上面的匿名类是用于对字符串进行排序的一个*具体策略*。然而，匿名类的繁琐使得在 Java 中进行函数式编程前景暗淡。

在 Java 8 中，Java 正式形成了这样的概念：只有一个抽象方法的接口非常特殊，值得特殊对待。这样的接口现在被称为*函数式接口*（functional interface），Java 支持使用 *Lambda 表达式*（或简称 Lambda）来创建这些接口的实例。Lambda 的功能与匿名类相似，但要简洁得多。将上面代码片段中的匿名类替换为 Lambda 之后，代码如下：

```
// 以 Lambda 表达式作为函数对象（替换匿名类）
Collections.sort(words,
        (s1, s2) -> Integer.compare(s1.length(), s2.length()));
```

样板代码不见了，行为清晰可见。

注意，Lambda 表达式的类型（`Comparator<String>`）、参数的类型（`s1` 和 `s2`，均为 `String`）和返回值的类型（`int`）均未出现在代码中。编译器会使用一个叫作*类型推导*（type inference）的过程，根据上下文推断出这些类型。在某些情况下，编译器无法确定这些类型，我们就必须指明。类型推导的规则非常复杂：它们在《Java 语言规范：基于 Java SE 8》[JLS, 18]中占了整整一章。很少有程序员能详细理解这些规则，但这也没关系。**除非参数类型的存在能让程序更清晰，否则应该省略 Lambda 表达式中所有参数的类**

型信息。如果编译器生成了一条错误，告诉我们它无法推导出某个 Lambda 参数的类型，那时再指明。有时可能不得不对 Lambda 表达式的返回值或整个表达式进行强制类型转换，但这种情形比较少见。

关于类型推导，有一点需要注意。**条目 26** 建议不要使用原始类型，**条目 29** 建议优先使用泛型类型，而**条目 30** 建议优先使用泛型方法。当使用 Lambda 表达式时，这些建议就倍加重要了，因为支持编译器执行类型推导的大部分类型信息都是从泛型得到的。如果没有提供这些信息，编译器就无法进行类型推导，而我们就不得不在 Lambda 表达式中手动指明类型，这将极大增加其冗长程度。举个例子，在上面的代码片段中，如果变量 `words` 是用原始类型 `List` 声明的，而不是用参数化类型 `List<String>`声明的，代码将无法通过编译。

顺便提一下，如果用*比较器构造方法*代替 Lambda 表达式（**条目 14**、**条目 43**），这个代码片段中的比较器还会更加简洁：

```
Collections.sort(words, comparingInt(String::length));
```

实际上，利用 Java 8 在 `List` 接口中添加的 `sort` 方法，这个代码片段还可以再简洁一些：

```
words.sort(comparingInt(String::length));
```

以前，有的地方使用函数对象并没有实际的意义，而随着 Java 引入 Lambda 表达式，现在变得可行了。例如，考虑**条目 34** 中的 `Operation` 枚举类型。因为每个枚举常量的 `apply` 方法需要不同的行为，我们使用了特定于常量的类主体，并在每个枚举常量中重写了 `apply` 方法。为了帮助大家回忆起来，其代码如下：

```
// 带有特定于常量的类主体和数据的枚举类型（条目 34）
public enum Operation {
    PLUS("+") {
        public double apply(double x, double y) { return x + y; }
    },
    MINUS("-") {
        public double apply(double x, double y) { return x - y; }
    },
    TIMES("*") {
        public double apply(double x, double y) { return x * y; }
    },
    DIVIDE("/") {
        public double apply(double x, double y) { return x / y; }
    };
    private final String symbol;
    Operation(String symbol) { this.symbol = symbol; }
    @Override public String toString() { return symbol; }

    public abstract double apply(double x, double y);
}
```

由**条目 34** 可知，与特定于常量的类主体相比，应该首选枚举实例字段。Lambda 的引入，使得使用枚举实例字段实现特定于常量的行为更容易了。只需将实现每个枚举常量行为的 Lambda 传递给其构造器即可。构造器将这个 Lambda 存储在一个实例字段中，`apply` 方法会将调用转发给它。与原来的版本相比，这样得到的代码更简单、更清晰：

```
// 带有函数对象字段和特定于常量的行为的枚举
```

```
public enum Operation {
    PLUS  ("+",(x,y)->x+y),
    MINUS ("-", (x, y) -> x - y),
    TIMES ("*", (x, y) -> x * y),
    DIVIDE("/", (x, y) -> x / y);

    private final String symbol;
    private final DoubleBinaryOperator op;

    Operation(String symbol, DoubleBinaryOperator op) {
        this.symbol = symbol;
        this.op = op;
    }

    @Override public String toString() { return symbol; }

    public double apply(double x, double y) {
        return op.applyAsDouble(x, y);
    }
}
```

注意，对于表示枚举常量的行为的 Lambda，我们使用了 `DoubleBinaryOperator` 接口。这是 `java.util.function` 中的众多预定义函数式接口之一（**条目 44**）。它表示的是接受两个 `double` 参数并返回 `double` 结果的函数。

看看基于 Lambda 的 `Operation` 枚举，你可能会认为特定于常量的类主体已经失去了作用，但事实并非如此。与方法和类不同，**Lambda 表达式没有名字，也缺乏文档；如果计算不是不言自明的，或者超过几行代码，就不要将其放在 Lambda 中。**在使用 Lambda 表达式时，一行代码是最理想的，三行是合理的最大值。如果违反了这一规则，会严重影响程序的可读性。如果一个 Lambda 表达式很长或难以理解，要么想办法简化它，要么重构程序去掉它。另外，传递给枚举构造器的参数是在静态上下文下进行求值的。因此，枚举构造器中的 Lambda 不能访问枚举的实例成员。如果枚举类型的特定于常量的行为不太好理解，不能用几行代码实现，或者需要访问实例字段或调用实例方法，则特定于常量的类主体仍然是首选。

同样地，你可能会认为匿名类在 Lambda 时代已经过时了。这更接近事实，不过有几种情况，匿名类可以做到，而 Lambda 做不到。Lambda 仅限于函数式接口。如果想创建抽象类的实例，可以用匿名类来完成，但不能用 Lambda。类似地，对于存在多个抽象方法的接口，也可以用匿名类来创建实例，但不能用 Lambda。最后，Lambda 无法获得对自身的引用。在 Lambda 表达式中，`this` 关键字指向的是包围这个表达式的实例，而这通常就是我们想要的。在匿名类中，`this` 关键字指向的是这个匿名类的实例。如果需要在函数对象的方法体内访问这个对象，则必须使用匿名类。

Lambda 和匿名类有个共同点，我们无法可靠地跨不同的 Java 实现对其进行序列化和反序列化。因此，**尽可能不要序列化 Lambda（或匿名类的实例）**。如果有一个函数对象，我们想让它可以序列化，比如 `Comparator`，可以使用私有的静态嵌套类（**条目 24**）。

总而言之，从 Java 8 开始，Lambda 表达式已经是表示小型函数对象的最佳方式。**除非我们要为其创建实例的类型不是函数式接口，否则不要使用匿名类来表示函数对象。**另外，还请记住，Lambda 使得表示小型函数变得非常容易，这就打开了通往函数式编程的大门，而在此之前这是不现实的。

条目 43：与 Lambda 表达式相比，优先选择方法引用

与匿名类相比，Lambda 表达式的主要优势在于它们更简洁。Java 还提供了一种比 Lambda 更简洁的生成函数对象的方式：*方法引用*（method reference）。下面是来自某个程序的一个代码片段，这个程序维护着一个从任意键到 `Integer` 值的映射。如果将该 `Integer` 值解释为该键的实例数量，那么这个程序就是一个多重集合（multiset）实现。这个代码片段的功能是，如果该键不存在于映射中，就将数字 1 与之关联，如果键已经存在，则将关联值递增：

```
map.merge(key, 1, (count, incr) -> count + incr);
```

注意，这段代码使用了 `merge` 方法，该方法是在 Java 8 中添加到 `Map` 接口的。如果给定的键在映射中不存在，该方法只是插入给定的值；如果已经存在，该方法会在当前值和给定值上执行给定的函数，并用计算结果覆盖当前值。这段代码是 `merge` 方法的一个很典型的应用。

代码的可读性很好，但仍存在一些样板代码。参数 `count` 和 `incr` 并没有增加太多价值，还占用了不少空间。实际上，这个 Lambda 表达式告诉我们的所有信息，就是这个函数会返回它的两个参数的和。从 Java 8 开始，`Integer`（以及所有的基本数字类型的封装类）提供了一个静态方法 `sum`，它做的事情完全一样。只需要传递一个对 `sum` 方法的引用就能更轻松地得到同样的结果：

```
map.merge(key, 1, Integer::sum);
```

方法的参数越多，我们使用方法引用消除掉的样板代码就越多。不过在某些 Lambda 表达式中，所选择的参数名称提供了有用的文档信息，这使得 Lambda 表达式的可读性和可维护性比方法引用更好，哪怕它更长一些。

没有什么是用方法引用可以做，但用 Lambda 表达式不可以做的（只有一种情况例外，感兴趣的读者可以参阅《Java 语言规范：基于 Java SE 8》中的代码示例 9.9-2）。即便如此，使用方法引用的代码通常更短、更清晰。如果 Lambda 太长或太复杂，方法引用还为我们提供了一个解决方案：可以将代码从 Lambda 表达式中提取到一个新的方法中，并用指向该方法的引用来替换这个 Lambda 表达式。我们可以给这个方法起个好名字，并将内心的想法写在文档中。

如果用 IDE 编程，它会在任何可能的地方提示用方法引用代替 Lambda。我们通常应该接受 IDE 的建议，但并非总是如此。偶尔，Lambda 表达式会比方法引用更简洁。当方法和 Lambda 表达式在同一个类中时，这种情况最常见。例如，考虑下面的代码片段，假定它出现于一个名为 `GoshThisClassNameIsHumongous` 的类中：

```
service.execute(GoshThisClassNameIsHumongous::action);
```

与其等价的 Lambda 表达式如下：

```
service.execute(() -> action());
```

与使用 Lambda 的代码片段相比，使用方法引用的代码片段既不会更简短，也不会更清晰，因此这种情况下我们应该选择 Lambda。类似地，`Function` 接口提供了一个返回恒等（identity）函数的泛型静态工厂方法，即 `Function.identity()`。但我们通常不

会使用这个方法，而是直接在代码中使用与其等价的 Lambda 表达式 `x -> x`，后者更简短、更干净。

许多方法引用指向的都是静态方法，但有 4 种方法例外。其中两种是绑定（bound）和未绑定（unbound）实例方法引用。在绑定的引用中，接收对象会在方法引用中指明。有限制的引用在本质上与静态引用类似：函数对象接收的参数与被引用方法相同。在未绑定的引用中，当函数对象被应用时，接收对象会通过方法声明的参数之前的一个额外参数来指明。未绑定的引用经常被用作流管道中的映射和过滤函数（**条目 45**）。最后，还有两种是构造器引用，用于类和数组。构造器引用可以用作工厂对象。表 7-1 总结了 5 种方法引用的情况：

表 7-1　5 种方法引用概述

方法引用类型	示　例	等价的 Lambda 表达式
静态	`Integer::parseInt`	`str -> Integer.parseInt(str)`
绑定	`Instant.now()::isAfter`	`Instant then = Instant.now(); t -> then.isAfter(t)`
未绑定	`String::toLowerCase`	`str -> str.toLowerCase()`
类构造器	`TreeMap<K,V>::new`	`() -> new TreeMap<K,V>()`
数组构造器	`int[]::new`	`len -> new int[len]`

总而言之，方法引用通常可以提供比 Lambda 表达式更简洁的替代方案。**如果方法引用更简短、更清晰，就使用方法引用；如果并非如此，就坚持使用 Lambda 表达式。**

条目 44：首选标准的函数式接口

现在 Java 有了 Lambda 表达式，编写 API 的最佳实践已经发生了很大的变化。例如，在模板方法（Template Method）模式[Gamma95]中，子类通过重写一个基本方法（primitive method）来特化其超类的行为，就不那么有吸引力了。现在的替代方案是提供一个接受函数对象的静态工厂或构造器，以实现同样的效果。更一般地说，我们将会编写更多以函数对象为参数的构造器和方法。选择正确的函数参数类型需要仔细考虑。

考虑 `LinkedHashMap`。可以通过重写其受保护的 `removeEldestEntry` 方法将其用作缓存，该方法在每次有新的键被添加到这个映射中时由 `put` 调用。当这个方法返回 `true` 时，映射就会删除其中存在时间最久的条目，而这个条目是作为参数被传递给该方法的。下面的重写方式，允许该映射增长到 100 个条目，然后在每次有新的键被添加时删除存在时间最久的条目，而维护最新的 100 个条目：

```
protected boolean removeEldestEntry(Map.Entry<K,V> eldest) {
    return size() > 100;
}
```

这种方法可以正常运行，但使用 Lambda 表达式可以做得更好。如果 `LinkedHashMap` 是现在编写的，它应该有一个接收函数对象的静态工厂或构造器。看看 `removeEldestEntry` 的声明，你可能会认为新加入的函数对象应该接收一个 `Map.Entry<K,V>`并返回一个 `boolean` 值，但不完全是这样：`removeEldestEntry` 方法会调用 `size()`来获取当前映射中的条目数，之所以可行，是因为 removeEldestEntry 是这个映射的实例方法。但我们传递给构造器的函数对象并不是这个映射的实例方法，因而不能获得这个映射实例，因为当我们调用其工厂或构造器时，这个实例尚不存在。因此，这个映射实例必须将自身传递给该函数对象，也就是说，函数对象必须同时接收这个映射实例以及存在最久的条目作为输入。如果我们要声明这样一个函数式接口，它看起来会是这样的：

```
// 没有必要的函数式接口，使用标准的来代替
@FunctionalInterface interface EldestEntryRemovalFunction<K,V>{
    boolean remove(Map<K,V> map, Map.Entry<K,V> eldest);
}
```

这个接口可以正常工作，但我们不应该使用它，因为没必要为此声明一个新的接口。java.util.function 包提供了大量标准的函数式接口供我们使用。**如果存在标准的函数式接口可以满足需求，就应该优先使用这个接口，而不是专门编写一个。**这可以减少 API 引入的新概念，从而更容易学习；这还会在互操作性方面带来明显的优势，因为很多标准的函数式接口都提供了有用的默认方法。例如，Predicate 接口提供了组合使用多个谓词的方法。在我们的 LinkedHashMap 示例中，应该优先使用标准的 BiPredicate<Map<K,V>,Map.Entry<K,V>>接口，而不是自定义的 EldestEntryRemovalFunction 接口。

java.util.Function 中有 43 个接口。不能指望全部记住这些接口，但如果记住了 6 个基本接口，必要时就可以推导出其余的接口。这些基本接口都应用于对象引用类型。Operator 接口表示结果和参数类型相同的函数。Predicate 接口表示接收一个参数并返回一个 boolean 值的函数。Function 接口表示参数和返回类型不同的函数。Supplier 接口表示没有参数但会返回（或“提供”）一个值的函数。最后，Consumer 表示接收一个参数但没有返回值的函数，本质上是消费其参数。这 6 个基础函数式接口总结如表 7-2 所示：

表 7-2　　6 个基础函数式接口总结

接　口	函数签名	示　例
UnaryOperator	T apply(T t)	String::toLowerCase
BinaryOperator	T apply(T t1, T t2)	BigInteger::add
Predicate	boolean test(T t)	Collection::isEmpty
Function<T,R>	R apply(T t)	Arrays::asList
Supplier	T get()	Instant::now
Consumer	void accept(T t)	System.out::println

6 个基本接口中的每一个都有 3 个变体，分别用于处理基本类型 int、long 和 double。它们的名称是通过在基本接口的名称前面加上基本类型作为前缀衍生出来的。例如，接收 int 参数的谓词是 IntPredicate，而接收两个 long 值并返回一个 long 值的二元运算符是 LongBinaryOperator。除了 Function 的变体（由其返回类型进行参数化），其他变体类型中没有任何一个是参数化的。例如，LongFunction<int[]>接收一个 long 值并返回一个 int[]。

Function 接口还有另外 9 个变体，用于结果类型是基本类型值的情况。源类型

（source）和结果类型（result）总是不同的，因为在类型相同的情况下，对应的函数式接口应该是 UnaryOperator。如果源类型和结果类型都是基本类型，则在 Function 之前加上 SrcToResult 作为前缀，例如 LongToIntFunction（6 个变体）。如果源类型是基本类型且结果类型是对象引用，则在 Function 前加上 SrcToObj，例如 DoubleToObjFunction（3 个变体）。

3 个基本函数接口都有双参数版本，提供它们是有意义的：BiPredicate<T,U>、BiFunction<T,U,R>和 BiConsumer<T,U>。也有分别返回 3 个基本类型值的 BiFunction 变体：ToIntBiFunction<T,U>、ToLongBiFunction<T,U>和 ToDoubleBiFunction<T,U>。还有 Consumer 的双参数变体，它们接收一个对象引用和一个基本类型：ObjDoubleConsumer<T>、ObjIntConsumer<T>和 ObjLongConsumer<T>。总共有 9 个双参数版本的基本接口。

最后是 BooleanSupplier 接口，它是 Supplier 接口的一个变体，返回 boolean 值。这是标准函数式接口名称中唯一明确提到 boolean 类型的地方，但 Predicate 和它的 4 个变体形式都支持 boolean 返回值类型。BooleanSupplier 接口和前面段落中描述的 42 个接口就构成了这 43 个标准函数式接口。诚然，这些一时还难以消化，而且它们还不是完全正交的。但另一方面，我们可能会需要的大部分函数式接口，它们已经为我们写好了，而且它们的名称也足够规则，所以当需要的时候，应该不会有太大的麻烦。

很多标准函数式接口之所以存在，只是为了提供对基本类型的支持。**不要尝试将基本类型的函数式接口替换为其对应封装类的基本函数式接口**。虽然可行，但这违反了**条目 61** 的建议，“首选基本类型，而不是其封装类”。在大批量操作中使用基本类型的封装类对性能的负面影响可能会非常严重。

现在我们知道了，通常应该使用标准的函数式接口，而不是自己编写的接口。但什么时候才应该自己编写接口呢？当然，如果没有一个标准接口能满足要求，我们就需要自己编写，例如，我们需要一个接收 3 个参数的 Predicate 接口，或者一个能抛出检查型异常的接口。但有些时候，哪怕存在结构相同的标准接口，我们还是应该编写自己的函数式接口。

考虑我们的老朋友 Comparator<T>，它在结构上与 ToIntBiFunction<T, T>接口完全相同。且不说 Comparator<T>在类库中出现得更早，就算它是在 ToIntBiFunction<T, T>之后加入的，也不应该使用后者。Comparator 值得拥有自己的接口，有 3 个原因。首先，每当它的名称被用在 API 之中时，名称本身就提供了很好的说明信息，并且它经常被用到。其次，Comparator 接口对如何构成一个有效的实例有严格的要求，这包括它的通用约定。实现这个接口就相当于作出了会遵守其约定的承诺。最后，该接口提供了大量有用的默认方法，可用于转换和组合比较器。

如果我们需要的函数式接口与 Comparator 接口存在下面的一个或多个共性，则应该认真考虑编写一个专用的函数式接口，而不是使用标准接口：

- 它将被频繁使用，一个描述性的名字能带来好处；
- 它有严格的通用约定；
- 自定义的默认方法能带来好处。

如果选择编写自己的函数式接口，请记住它是一个接口，因此应该非常谨慎地设计（**条目 21**）。

注意，在本条目的开头，我们使用@FunctionalInterface 注解对 EldestEntryRemovalFunction 接口进行了标记。这个注解类型本质上与@Override 类似。它在表明程序员的意图，目的有三：它告诉这个类及其文档的读者，该接口被设计用于支持 Lambda 表达式；它让我们避免无心之失，除非这个接口中恰好只有一个抽象方法，否则无法通过编译；它还可以防止维护者在接口不断演变时不小心加入新的抽象方法。**应该始终在我们编写的函数式接口上使用@FunctionalInterface 注解。**

最后，在 API 中使用函数式接口时，还有一点需要注意。不要提供这样的重载方法——在同一个参数位置上接收不同的函数式接口，这有可能在客户端造成歧义。这不仅仅是一个理论上的问题，现实中也出现过。例如 ExecutorService 的 submit 方法既可以接收 Callable<T>，也可以接收 Runnable，所以就存在这样的可能，在编写客户程序时，需要使用强制类型转换来选择正确的重载版本（**条目 52**）。要避免这个问题，最简单的办法就是不要提供这样的重载方法。这是**条目 52**“谨慎地使用重载”的一种情形。

总而言之，现在 Java 有了 Lambda 表达式，我们在设计 API 时就要考虑使用 Lambda。应该考虑接受函数式接口作为输入，以及将函数式接口作为输出返回。一般来说，最好使用 java.util.function 中提供的标准接口，但也要注意在极少数情况下，最好编写自己的函数式接口。

条目 45：谨慎使用流

流（Stream）API 是在 Java 8 中加入的，旨在简化顺序或并行执行大批量操作的任务。该 API 提供了两个关键抽象：*流*（stream），表示有限或无限的数据元素序列；*流管道*（stream pipeline），表示在这些元素上进行的多阶段计算。流中的元素可以来自任何地方。常见的来源包括集合、数组、文件、正则表达式模式匹配器、伪随机数生成器和其他流。流中的数据元素可以是对象引用或基本类型值。流支持三种基本类型：int、long 和 double。

一个流管道由一个源流、零个或多个*中间操作*（intermediate operation）和一个*终结操作*（terminal operation）组成。每个中间操作都会以某种方式对流进行转换，例如将每个元素映射到该元素的一个函数，或过滤掉不满足某些条件的所有元素。中间操作都将会一个流转换为另一个流，其元素类型可能与输入流相同，也可能不同。终结操作对最后一个中间操作产生的流执行最终的计算，例如将其元素存储到集合中、返回某个元素或打印其所有元素。

流管道是*延迟求值*的：求值直到终结操作被调用时才会开始，并且永远不会计算对于完成终结操作而言并不需要的数据元素。延迟求值使得处理无限的流成为可能。注意，没有终结操作的流管道会进入静默的无操作状态，所以不要忘记包含终结操作。

流 API 是*流式*（fluent）的：它被设计为允许将组成管道的所有调用链接成单条表达式。实际上，多个管道也可以链接到单条表达式之中。

默认情况下，流管道会顺序运行。想让管道并行执行，也非常简单，只需在管道中的任何一个流上调用 parallel 方法，但很多时候这样处理并不合适（**条目 48**）。

流 API 用途非常广泛，几乎任何计算都可以使用流来执行，但可以这么做并不意味着就应该这么做。如果使用得当，流可以使程序更简短、更清晰；但如果使用不当，它们会使程序难以阅读和维护。对于什么时候应该使用流，并没有硬性的规定，但是可以提供一些启发。

考虑下面的程序，它从字典文件中读取单词，并打印出长度符合用户指定的最小值的所有异序词。回想一下，如果两个单词由相同的字母组成，但字母的顺序不同，它们就是异序词。程序会从用户指定的字典文件中读取每个单词，并将其放入一个映射中。我们将异序词的所有字母按字母表顺序排列，作为映射的键（key），因此“staple”的键是“aelpst”，而“petals”的键也是“aelpst”：这两个单词是异序词，所有的异序词对应的按字母表顺序排列的形式是相同的。再来看映射的值（value），它是一个 Set，包含对应于同一个字母表顺序排列形式的所有异序词。在处理完字典后，每个 Set 都是一组完整的异序词。然后程序通过对这个映射的 values()视图进行迭代，打印出大小符合阈值要求的每个 Set：

```
// 迭代打印字典中的所有长度达到某个阈值的异序词
public class Anagrams {
    public static void main(String[] args) throws IOException {
        File dictionary = new File(args[0]);
        int minGroupSize = Integer.parseInt(args[1]);

        Map<String, Set<String>> groups = new HashMap<>();
        try (Scanner s = new Scanner(dictionary)) {
            while (s.hasNext()) {
                String word = s.next();
                groups.computeIfAbsent(alphabetize(word),
                    (unused) -> new TreeSet<>()).add(word);
            }
        }
        for (Set<String> group : groups.values())
            if (group.size() >= minGroupSize)
                System.out.println(group.size() + ": " + group);
    }
    private static String alphabetize(String s) {
        char[] a = s.toCharArray();
        Arrays.sort(a);
        return new String(a);
    }
}
```

程序中有个步骤值得注意。如粗体所示，在将每个单词插入映射中时，使用了在 Java 8 中加入的 computeIfAbsent 方法。这个方法会在映射中查找一个键：如果该键存在，这个方法就直接返回与其关联的值。如果不存在，则这个方法会在该键上应用给定函数，计算出一个值，然后将该值和该键关联起来，并返回该值。computeIfAbsent 方法简化了每个键会关联多个值的这种映射的实现。

现在考虑下面的程序，它解决了同样的问题，但是大量使用了流。注意，整个程序，除了打开字典文件的代码之外，都包含在单条表达式之中。将打开字典放在一条单独的表达式中，唯一的原因是为了支持使用 try-with-resources 语句，以确保关闭字典文件：

```
// 过度使用了流——不要这样做
public class Anagrams {
  public static void main(String[] args) throws IOException {
    Path dictionary = Paths.get(args[0]);
    int minGroupSize = Integer.parseInt(args[1]);
```

```
    try (Stream<String> words = Files.lines(dictionary)) {
      words.collect(
        groupingBy(word -> word.chars().sorted()
                    .collect(StringBuilder::new,
                      (sb, c) -> sb.append((char) c),
                      StringBuilder::append).toString()))
        .values().stream()
          .filter(group -> group.size() >= minGroupSize)
          .map(group -> group.size() + ": " + group)
          .forEach(System.out::println);
      }
    }
}
```

如果你发现这段代码难以阅读，不用担心；你并不是唯一这样认为的人。虽然它更短，但它的可读性更差，尤其是对使用流还不熟练的程序员来说。**过度使用流会使程序难以阅读和维护。**

幸运的是，有个不错的中间方案。下面的程序解决了同样的问题，既使用了流，又没有过度使用它们。这个程序比原来的更简短、更清晰：

```
// 有品位地使用流，增强了清晰度和简洁性
public class Anagrams {
   public static void main(String[] args) throws IOException {
      Path dictionary = Paths.get(args[0]);
      int minGroupSize = Integer.parseInt(args[1]);

      try (Stream<String> words = Files.lines(dictionary)) {
         words.collect(groupingBy(word -> alphabetize(word)))
           .values().stream()
           .filter(group -> group.size() >= minGroupSize)
           .forEach(g -> System.out.println(g.size() + ": " + g));
      }
   }

   // alphabetize 方法和原来的版本一样
}
```

即使之前没怎么接触过流，这个程序也不难理解。它在一个 `try`-with-resources 块中打开了字典文件，获得了一个由文件中所有文本行组成的流。`stream` 变量被命名为 `words`，以表明流中的每个元素都是一个单词。这个流上的管道没有中间操作；它的终结操作将所有单词收集（collect）到一个映射中，这个映射会根据这些单词的字母表顺序排列形式对其进行分组（**条目 46**）。这个映射与程序的前两个版本中构建的映射大体相同。然后，在这个映射的 `values()` 视图中，一个新的流 `Stream<List<String>>` 被打开了。这个流中的元素当然就是异序词组。这个流会被过滤，所有长度小于 `minGroupSize` 的异序词组会被忽略掉，最后，剩下的组会被终结操作 `forEach` 打印出来。

注意，Lambda 参数的名字是精心选择的。参数 `g` 实际上应该命名为 `group`，但这样得到的代码行太宽，不适合本书的排版打印。**在没有显式的类型信息的情况下，仔细命名 Lambda 的参数对流管道的可读性至关重要。**

还要注意，得到单词的字母表顺序排列形式是在一个单独的 `alphabetize` 方法中完

成的。为该操作提供一个名称，并将实现细节放在主程序之外，可以提高可读性。**就可读性而言，在流管道中使用辅助方法比在迭代代码中使用更为重要**，因为管道缺乏显式的类型信息和具名的临时变量。

alphabetize方法可以使用流重新实现，但是基于流的alphabetize方法不如现在的版本清晰，更难以正确编写，而且可能更慢。之所以存在这些不足，是因为Java不支持基本类型的char流（这并不是说Java应该支持char流；这是不可行的）。为了说明使用流来处理char值的危险性，考虑下面的代码：

```
"Hello world!".chars().forEach(System.out::print);
```

你可能期望它会打印Hello world!，但是如果运行的话，会发现打印的是721011081081113211911111410810033。这是因为"Hello world!".chars()返回的流，其元素并不是char值，而是int值，因此这里会调用print方法的int重载版本。一个名为chars的方法返回了一个由int值组成的流，无疑会令人困惑。可以这样修复：使用强制类型装换，强制调用正确的重载版本。

```
"Hello world!".chars().forEach(x -> System.out.print((char) x));
```

但通常应该**避免使用流来处理char值**。

刚开始使用流的时候，可能会有种冲动，想要将所有的循环都改成流，一定要克制。虽然可以做到，但很可能会损害代码的可读性和可维护性。通常情况下，即使是相当复杂的任务，也最好使用流和迭代的某种组合来完成，正如上面的Anagrams程序所说明的那样。因此，**只有在使用流确实有意义的情况下，才应该重构现有代码以使用流，以及在新代码中使用流。**

正如本条目中的程序所示，流管道使用函数对象（通常是Lambda或方法引用）来表达重复的计算，而迭代代码使用代码块表达重复的计算。通过代码块可以做到一些通过函数对象无法做到的事情，如下所述。

- 从代码块中，可以读取或修改作用域内的任何局部变量；而从Lambda中，只能读取final或effectively final的变量[JLS,4.12.4]，并且不能修改任何局部变量。
- 从代码块中，可以使用return，实现从包围的方法中返回，也可以在包围的循环内执行break或continue，或抛出包围的方法声明会抛出的任何检查型异常；而从Lambda中，这些事情都不能做。

如果某项计算最好使用这些方法来完成，可能就不适合使用流。相反，流使得下面一些工作变得非常容易：

- 对元素的序列进行统一的转换；
- 对元素的序列进行过滤；
- 使用单个操作将多个元素序列合并起来（例如将它们相加、连接，或计算最小值）；
- 将元素序列累加到一个集合中，也许是根据某个共同的属性来分组；
- 在一个元素序列中查找满足某个条件的元素。

如果某些计算最好使用这些方法来完成，它就适合使用流。

使用流很难做到同时从管道的多个阶段访问相应的元素：一旦把一个值映射到其他的值，原来的值就消失了。一个变通方案是，将每个值映射到一个包含原值和新值的值对对象（pair object），但这并不是一个令人满意的解决方案，尤其是当一个管道的多个阶段都需要值对对象时。由此产生的代码会混乱且冗长，这违背了流的主要目的。当它适用时，一个更好的解决方法是在需要访问早期阶段的值时反转映射。

例如，编写一个程序来打印前 20 个梅森素数（Mersenne prime）。回忆一下，梅森数是形如 $2^p - 1$ 的数。如果 p 是素数，则相应的梅森数可能是素数；如果是，则它就是梅森素数。作为管道中的初始流，我们想要所有的素数。这里有一个方法可以返回这个（无限的）流。我们假设已经使用了静态导入，以方便访问 BigInteger 的静态成员：

```
static Stream<BigInteger> primes() {
    return Stream.iterate(TWO, BigInteger::nextProbablePrime);
}
```

方法的名称（primes）是一个描述流元素的复数名词。对于所有返回流的方法，强烈推荐这种命名约定，因为它增强了流管道的可读性。该方法使用了静态工厂方法 Stream.iterate，它接收两个参数：流中的第一个元素和一个从流中的前一个元素生成下一个元素的函数。下面是打印前 20 个梅森素数的程序：

```
public static void main(String[] args) {
    primes().map(p -> TWO.pow(p.intValueExact()).subtract(ONE))
        .filter(mersenne -> mersenne.isProbablePrime(50))
        .limit(20)
        .forEach(System.out::println);
}
```

这个程序就是将上面的描述直接变成了代码：它从素数（primes）开始，计算相应的梅森数，过滤掉除素数之外的所有数（幻数 50 控制着概率素性测试），将得到的流限制为 20 个元素，并将其打印出来。

现在假设我们想在每个梅森素数的前面打印出它的指数（p）。这个值只存在于初始流中，因此在用于打印结果的终结操作中无法访问它。幸运的是，通过反转发生在第一个中间操作中的映射，很容易计算出梅森数的指数。这个指数就是梅森数的二进制表示的位数，因此下面这个终结操作可以生成我们想要的结果：

```
.forEach(mp -> System.out.println(mp.bitLength() + ": " + mp));
```

在很多任务中，应该使用流还是使用迭代，并不是显而易见的。例如，考虑初始化一副新扑克牌的任务。假设 Card 是一个不可变的值类，它封装了 Rank（点数）和 Suit（花色），两者都是枚举类型。这个任务很有代表性，本质就是计算分别从两个集合中选择一个元素组成的所有元素对。数学家称之为两个集合的*笛卡儿积*（Cartesian product）。这是一个迭代实现，使用了嵌套的 for-each 循环，我们应该非常熟悉：

```
// 通过迭代方式计算笛卡儿积
private static List<Card> newDeck() {
    List<Card> result = new ArrayList<>();
    for (Suit suit : Suit.values())
        for (Rank rank : Rank.values())
            result.add(new Card(suit, rank));
    return result;
}
```

而下面是一个基于流的实现，利用了中间操作 flatMap。这个操作会将流中的每个元素映射到一个新的流中，然后将所有这些新的流合并成一个流（或者说对这些流进行了*扁平化处理*）。注意，这个实现包含了一个嵌套的 Lambda，如粗体所示：

```
// 通过流方式计算笛卡儿积
private static List<Card> newDeck() {
```

```
    return Stream.of(Suit.values())
        .flatMap(suit ->
            Stream.of(Rank.values())
                .map(rank -> new Card(suit, rank)))
        .collect(toList());
}
```

哪个版本的 newDeck 更好呢？这取决于个人偏好和所在的编程环境。第一个版本更简单，也许感觉更自然。能够理解和维护这个版本的 Java 程序员会更多一些，但有些程序员会更喜欢第二个（基于流的）版本。它更简洁，而且如果对流和函数式编程有一定的了解，理解起来也不太难。如果不确定自己更喜欢哪个版本，迭代版本可能是更安全的选择。如果更喜欢基于流的版本，并且相信其他将使用该代码的程序员也有这样的偏好，则应该使用它。

总而言之，有些任务最好用流来完成，有些则最好用迭代。还有许多任务最好结合这两种方式来完成。对于选择哪种方式来完成某项任务，并没有硬性的规定，但本条目提供了一些有用的启发。在许多情况下，适合使用哪种方式是很明确的；但在某些情况下，又不是非常明确。**如果不确定某项任务是使用流更好，还是使用迭代更好，那就两种都试试，看看哪种效果更好**。

条目 46：在流中首选没有副作用的函数

如果刚接触流，要掌握其要领还是挺难的。单说用流管道来表达自己的计算，就不容易。就算成功做到了这一点，程序跑起来了，可能也很难意识到流到底带来了什么好处。流不只是一个 API，它还是一种基于函数式编程的范型。为了获得流带来的描述性、速度和在某些情况下的可并行性，我们不仅要使用流 API，还必须采用这种范型。

流这种范型最重要的部分在于，将我们的计算组织为一个结构化的转换序列，其中每个阶段的结果都尽可能接近上一个阶段的结果的*纯函数*（pure function）。所谓纯函数，就是结果仅取决于其输入的函数：它不依赖于任何可变状态，也不会更新任何状态。为了实现这一点，传递到流操作（包括中间操作和终结操作）中的任何函数对象都应该没有副作用。

偶尔，我们可能会看到下面这样的流代码，它为文本文件中的单词构建了一个频率表：

```
// 使用了流 API，但没有使用函数式编程范型——不要这样做
Map<String, Long> freq = new HashMap<>();
try (Stream<String> words = new Scanner(file).tokens()) {
    words.forEach(word -> {
        freq.merge(word.toLowerCase(), 1L, Long::sum);
    });
}
```

这段代码有什么问题吗？毕竟，它使用了流、Lambda 和方法引用，并得到了正确的答案。简单地说，它根本不是流代码，而是伪装成流代码的迭代式代码。它没有得到流 API 的任何好处，而且它比相应的迭代式代码更长、更难阅读，且更难维护。问题出在这段代码在一个终结操作 forEach 中完成了所有的工作，使用了一个会修改外部状态（频率表）的 Lambda。forEach 操作应该做的就是展示流的计算结果，除此之外的任何动作都是“代码中的坏味道”好事，就像会修改状态的 Lambda 一样。那么这段代码应该怎么写呢？

```
// 正确使用流来初始化频率表
Map<String, Long> freq;
try (Stream<String> words = new Scanner(file).tokens()) {
    freq = words
        .collect(groupingBy(String::toLowerCase, counting()));
}
```

这段代码与之前的代码功能相同，但正确使用了流 API。代码更简短，也更清晰。那么为什么还会有人写成之前那种方式呢？因为流中用到了程序员已经熟悉的工具。Java 程序员知道如何使用 for-each 循环，而 forEach 终结操作与之类似。但它是效果最弱的终结操作之一，也是对流最不友好的。它明显是迭代式的，因此不适合并行化处理。**forEach 操作应该仅用于报告流计算的结果，而不是执行计算。**偶尔使用 forEach 来实现其他目的是有意义的，比如将流计算的结果添加到一个已有的集合中。

改进后的代码使用了一个收集器（collector），为了使用流，这是我们必须学习的一个新概念。Collectors API 令人望而生畏：它有 39 个方法，其中一些方法还带有多达 5 个类型参数。好消息是，我们不必弄懂其所有复杂内容，就可以获得该 API 的大部分好处。刚开始，我们可以忽略 Collector 接口，并将收集器视为一个封装了归约（reduction）策略的不透明对象。在这个语境下，规约意味着将一个流中的元素合并到一个对象中。收集器生成的对象通常是一个集合（其英文名称 collector 也是从 collection 来的）。

用于将流的元素收集到一个真正的 Collection 中的收集器非常简单。有 3 个这样的收集器：toList()、toSet() 和 toCollection(collectionFactory)。它们分别返回一个 List、一个 Set 和一个由程序员指定的 Collection 类型。有了这些知识，我们就可以编写一个流管道，提取频率表中前 10 名的元素组成的列表。

```
// 用于从频率表中提取前 10 名的管道
List<String> topTen = freq.keySet().stream()
    .sorted(comparing(freq::get).reversed())
    .limit(10)
    .collect(toList());
```

注意，我们没有使用类名 Collectors 来限定 toList 方法。习惯和明智的做法是静态导入 Collectors 的所有成员，这样可以提升流管道的可读性。

这段代码中唯一棘手的部分是我们传递给 sorted 方法的比较器：comparing(freq::get).reversed()。comparing 方法是一个比较器构造方法（**条目 14**），它接收一个键提取函数。该函数接收一个单词，所谓“提取”，实际上是一个表查找操作：绑定的方法引用 freq::get 会在频率表中查找该单词，并返回该单词在文件中出现的次数。最后，我们在比较器上调用了 reversed，这样就按频率从高到低的顺序对单词进行了排序。然后，剩下的操作就是小菜一碟了，将流限制为 10 个单词并将其收集到一个列表中。

前面的代码片段使用 Scanner 的 stream 方法得到了 scanner 上的一个流。这个方法是在 Java 9 中加入的。如果使用的是更早的版本，利用 Scanner 实现了 Iterator 这一点，我们可以使用类似于**条目 47** 中的适配器（streamOf(Iterable<E>)）将 Scanner 转换为一个流。

那么 Collectors 中的其他 36 个方法呢？其中大部分都是用来将流收集到 Map 中的，这比将流收集到真正的集合中要复杂得多。每个流元素都与一个键（key）和一个值（value）相关联，并且多个流元素可以与同一个键相关联。

最简单的映射收集器是 toMap(keyMapper, valueMapper)，它接收两个函数，一个将流元素映射到一个键，另一个将流元素映射到一个值。我们在**条目 34** 的 fromString 实现中使用了这个收集器，用于生成一个从枚举类型的字符串形式到枚举本身的映射：

```
// 使用 toMap 生成器来生成从字符串到枚举的映射
private static final Map<String, Operation> stringToEnum =
    Stream.of(values()).collect(
        toMap(Object::toString, e -> e));
```

如果流中的每个元素都映射到一个唯一的键，toMap 的这种简单形式是非常完美的。但如果有多个流元素映射到相同的键，管道将抛出 IllegalStateException 并终止。

toMap 的更复杂的形式以及 groupingBy 方法以不同方式提供了处理这类冲突的策略。一种方式是，除了键和值的映射函数之外，再提供一个*归并*（merge）*函数*。归并函数的类型是 BinaryOperator<V>，其中 V 是映射的值的类型。归并函数会将与一个键关联的任何其他值与现有值合并到一起，例如，如果归并函数是乘法，我们最终会得到一个值，它是与同一个键关联的所有值（通过值映射函数得到）的乘积。

三参数的 toMap 的形式也很有用，可以生成从一个键到与该键关联的一个选定元素的映射。例如，假设我们有一个包含不同艺术家的多个专辑的流，我们希望得到从艺术家到其最畅销专辑的映射。这个收集器可以完成该工作：

```
// 生成从一个键到对应该键的选定元素的映射
Map<Artist, Album> topHits = albums.collect(
    toMap(Album::artist, a->a, maxBy(comparing(Album::sales))));
```

注意，这个比较器使用了静态工厂方法 maxBy，该方法从 BinaryOperator 静态导入。该方法将 Comparator<T>转换为 BinaryOperator<T>，它负责计算通过指定的比较器得到的最大值。在这个示例中，比较器是由比较器构造方法 comparing 返回的，而 comparing 会接收键提取函数 Album::sales。可能看起来有点复杂，但代码的可读性还不错。大致来说，它的意思是“将唱片流转换为一个映射，将每个艺术家映射到他的销量最好的专辑”。这已经非常接近于问题描述了。

三参数的 toMap 的另一个用途是生成一个收集器，当存在冲突时这个收集器会采用最后写入者获胜（last-write-wins）策略。对于许多流而言，结果并不是确定性的，但如果某个键通过映射函数得到的所有关联值都相同，或者都可以接受，这个收集器的行为可能正是我们想要的：

```
// 实施最后写入者获胜策略的收集器
toMap(keyMapper, valueMapper, (oldVal, newVal) -> newVal)
```

toMap 的第三个也是最后一个版本，需要第四个参数，该参数是一个映射工厂，用于指定一个特定的映射实现，比如 EnumMap 或 TreeMap。

toMap 的前 3 个版本还有其他变体形式，名为 toConcurrentMap，可以高效地并行运行并生成 ConcurrentHashMap 实例。

除了 toMap 方法之外，Collectors API 还提供了 groupingBy 方法，它返回的收集器会生成这样的映射：根据*分类函数*（classifier function）将元素分到几个类别之中。分类函数接收一个元素并返回其所属的类别，这个类别就用作该元素的映射键。groupingBy 方法最简单的版本，只接收一个分类器，并返回一个映射，映射的值是每个类别中所有元素的列表。这就是我们在**条目 45** 中的 Anagram 程序中使用的收集器，用于生成这样的 Map：从按字母表顺序排列的单词，映射到其顺序排列形式均为该单词的所有异序词的列表：

```
words.collect(groupingBy(word -> alphabetize(word)))
```

如果想让 groupingBy 返回一个这样的收集器，它生成的 Map 中包含的是值而不是列表，那么除了分类器之外，我们还可以指定一个下游（downstream）收集器。下游收集器会从包含一个类别中的所有元素的流中生成一个值。这个参数最简单的用法就是将 toSet() 传递给它，这样得到的 Map，它的值就会是由元素组成的 Set，而不是 List。

另外，也可以传递 toCollection(collectionFactory)，这样我们就可以创建放置每个类别的元素的集合。这使我们可以灵活地选择任何自己想要的集合类型。双参数的 groupingBy 方法的另一个简单用法是，将 counting() 作为下游收集器传递进去。这样得到的 Map 会将每个类别和这个类别中元素的数量关联起来，而不再是包含元素的集合。这就是本条目开头，我们在频率表那个示例中所看到的：

```
Map<String, Long> freq = words
        .collect(groupingBy(String::toLowerCase, counting()));
```

groupingBy 的第三个版本，除了下游收集器之外，还允许我们指定一个 Map 工厂。注意，该方法违反了标准的伸缩参数列表模式：mapFactory 参数在 downStream 参数之前，而不是之后。这个版本的 groupingBy 使我们不仅可以控制所生成的映射，还可以控制用来包含元素的集合，因此，举个例子，我们可以指定一个返回 TreeMap 且其值为 TreeSet 的收集器。

groupingByConcurrent 方法提供了 groupingBy 的 3 个重载版本的变体。这些变体可以高效地并行运行，并生成 ConcurrentHashMap 实例。还有一个与 groupingBy 相关的叫作 partitioningBy 的方法，不过用得很少。它接收的不是分类函数，而是一个谓词，并返回一个其键为 Boolean 的映射。这个方法有两个重载版本，其中之一除了谓词之外还接收一个下游收集器。

counting 方法返回的收集器仅用作下游收集器。如果需要在 Stream 上使用相同的功能，可以通过 count 方法，因此**没有理由使用 collect(counting())**。还有 15 个 Collectors 方法也是这样的，包括其名称以 summing、averaging 和 summarizing 开头的 9 个（相应的基本类型流也提供了这些功能），还包括各种重载版本的 reducing 方法以及 filtering、mapping、flatMapping 和 collectingAndThen 方法。大多数程序员可以放心地忽略其中的大多数方法。从设计的角度来看，这些收集器代表了一种尝试，即在收集器中部分复制流的功能，以便下游收集器可以充当“迷你流”。

有 3 个 Collectors 方法我们还没有提到。虽然它们都在 Collectors 类中，但它们与集合无关。前两个是 minBy 和 maxBy，它们接收一个比较器，并返回根据这个比较器确定的流中的最小或最大元素。它们是 Stream 接口中的 min 和 max 方法的简单实现，它们与 BinaryOperator 接口中的同名方法所返回的二元运算符也是类似的。回想一下，我们在前面的畅销专辑那个示例中使用了 BinaryOperator.maxBy。

最后一个 Collectors 方法是 joining，它仅用于处理由 CharSequence 实例（如字符串）组成的流。在其无参版本中，它会返回一个只是将流元素连接起来的收集器。其单参数版本，会接收一个名为 delimiter（分隔符）的 CharSequence 参数，并返回一个收集器，该收集器会将流元素连接起来，在相邻元素之间插入这个分隔符。如果传入逗号作为分隔符，该收集器将返回一个以逗号分隔元素值的字符串（但请注意，如果流中的任何元素本身就包含逗号，则生成的字符串会存在歧义）。其三参数版本，除了分隔符之外还有前缀和后缀。这样得到的收集器，其生成的字符串就和我们在打印集合时看到的类似，例如[came, saw, conquered]。

总而言之，编程实现流管道的精髓在于无副作用的函数对象。这适用于所有传递给流和相关对象的诸多函数对象。终结操作 forEach 应该只用来报告流执行的计算结果，而不是用来执行计算。为了正确使用流，我们必须了解收集器。最重要的收集器工厂是 toList、toSet、toMap、groupingBy 和 joining。

条目 47：作为返回类型时，首选 Collection 而不是 Stream

许多方法会返回元素序列。在 Java 8 之前，这类方法常见的返回类型有 Collection、Set 和 List 等集合接口，还有 Iterable 接口以及数组类型。通常很容易确定要返回哪种类型。集合接口是常规选择。如果方法只是为了支持 for-each 循环，或所返回的序列无法实现某个 Collection 方法（通常是 contains(Object)），则使用 Iterable 接口。如果所返回的元素是基本类型值，或存在严格的性能要求，则使用数组。在 Java 8 中，流被添加到平台中，使得为返回元素序列的方法确定返回类型变得复杂多了。

有人说现在明显应该选择流来返回元素序列，但正如我们在**条目 45** 中所讨论的那样，并不是说有了流，迭代就过时了：编写良好的代码需要明智而审慎地组合流和迭代。如果某个 API 仅返回流，而某些用户希望使用 for-each 循环对返回的序列进行迭代，那么这些用户肯定会感到不满。尤其令人沮丧的是，Stream 接口中包含了 Iterable 接口中唯一的抽象方法[①]，两个方法的声明是兼容的，但 Stream 却没有扩展 Iterable，这使得程序员无法使用 for-each 循环对流进行迭代。

遗憾的是，这个问题没有比较好的解决方案。乍一看，似乎将指向 Stream 的 iterator 方法的方法引用传递给 for-each 循环就可以了。由此产生的代码或许有点晦涩难懂，但也不无道理：

```
// 因为 Java 类型推导的限制，无法通过编译
for (ProcessHandle ph : ProcessHandle.allProcesses()::iterator) {
    // 对进程进行处理
}
```

但很遗憾，如果尝试编译这段代码，会出现一条错误消息：

```
Test.java:6: error: method reference not expected here
for (ProcessHandle ph : ProcessHandle.allProcesses()::iterator) {
                        ^
```

为了使代码通过编译，必须将这个方法引用强制转换为一个适当的参数化的 Iterable：

```
// 比较丑陋的解决方案，实现在流上迭代
for (ProcessHandle ph : (Iterable<ProcessHandle>)
                        ProcessHandle.allProcesses()::iterator)
```

这段客户端代码可以工作，但过于晦涩难懂，并不适合在实践中使用。更好的解决方案是使用适配器方法。JDK 没有提供这样的方法，但使用与内嵌在上面的代码片段中的相同的技术，编写一个也非常容易。注意，在适配器方法中，强制类型转换并不是必需的，因为 Java 的类型推导在这里可以正常工作：

```
// 从 Stream<E>到 Iterable<E>的适配器
```

① 也就是 Iterator<T> iterator()方法。——译者注

```
public static <E> Iterable<E> iterableOf(Stream<E> stream) {
    return stream::iterator;
}
```

有了这个适配器，就可以使用 for-each 语句对任何流进行迭代了：

```
for(ProcessHandle p:iterableOf(ProcessHandle.allProcesses())){
    // 对进程进行处理
}
```

注意，**条目 45** 中的 Anagrams 程序的流版本使用了 Files.lines 方法来读取字典，而迭代版本使用了 Scanner。Files.lines 方法要优于 Scanner，因为后者会将在读取文件时遇到的任何异常悄悄吞噬掉。理想情况下，在迭代版本中也应该使用 Files.lines。如果 API 只提供了对序列的流访问方式，而程序员想使用 for-each 语句对该序列进行迭代，那么这就是程序员需要做出的妥协。

反过来，如果程序员想使用流管道来处理序列，而 API 只提供了 Iterable，他肯定也会不满。同样，JDK 没有提供适配器，但编写一个非常简单：

```
// 从 Iterable<E>到 Stream<E>的适配器
public static <E> Stream<E> streamOf(Iterable<E> iterable) {
    return StreamSupport.stream(iterable.spliterator(), false);
}
```

如果正在编写一个返回对象序列的方法，并且知道它只会用于流管道中，就可以放心地返回 Stream。同样地，如果返回的对象序列只会用于迭代，则应该返回 Iterable。但是，如果我们正在编写的是一个会返回对象序列的公有的 API，那么对于想使用流管道的用户和想使用迭代的用户，我们都应该支持，除非有充分的理由相信大多数用户都想使用同一种机制。

Collection 接口是 Iterable 的子类型，并且有一个 stream 方法，所以它既支持迭代访问，也支持流访问。因此，**对于公有的返回对象序列的方法，Collection 或其适当的子类型通常是返回类型的最佳选择**。利用 Arrays.asList 和 Stream.of 方法，数组也很容易支持迭代访问和流访问。如果所要返回的序列足够小，可以轻松地放入内存中，可能最好返回某个标准的集合实现，例如 ArrayList 或 HashSet。但是**不要只是为了以 Collection 形式返回而将一个大型序列存储在内存中**。

如果要返回的序列很大，但可以简洁地表示出来，可以考虑实现一个特殊用途的集合。例如，假设想返回一个给定集合的幂集（power set），它包括该集合所有的子集。集合{a，b，c}的幂集是{{}，{a}，{b}，{c}，{a，b}，{a，c}，{b，c}，{a，b，c}}。如果一个集合有 n 个元素，它的幂集就有 2^n 个元素。因此，我们甚至不应该考虑将幂集存储在某个标准的集合实现中。不过，借助 AbstractList，我们很容易为这个需求实现一个自定义的集合。

技巧在于，将每个元素在幂集中的索引用作位向量，用索引中的第 n 位表示原集合中第 n 个元素是否存在。实质上，从 0 到 2^n-1 的二进制数与包含 n 个元素的集合的幂集之间，存在一个自然映射。代码如下：

```
// 通过自定义的集合返回输入集合的幂集
public class PowerSet {
   public static final <E> Collection<Set<E>> of(Set<E> s) {
      List<E> src = new ArrayList<>(s);
      if (src.size() > 30)
```

```
            throw new IllegalArgumentException("Set too big " + s);
        return new AbstractList<Set<E>>() {
            @Override public int size() {
                return 1 << src.size(); // 从2到src.size()的幂
            }

            @Override public boolean contains(Object o) {
                return o instanceof Set && src.containsAll((Set)o);
            }

            @Override public Set<E> get(int index) {
                Set<E> result = new HashSet<>();
                for (int i = 0; index != 0; i++, index >>= 1)
                    if ((index & 1) == 1)
                        result.add(src.get(i));
                    return result;
                }
            };
        }
    }
```

注意，如果输入集合的元素超过 30 个，PowerSet.of 会抛出异常。这正是使用 Collection 而不是 Stream 或 Iterable 作为返回类型的一个缺点：Collection 有一个返回类型为 int 的 size 方法，这就将返回序列的长度限制为 Integer.MAX_VALUE，即 2^{31}-1。如果集合更大，甚至无限大，Collection 的文档说明确实允许 size 方法返回 2^{31}-1，这并不是一个完全令人满意的解决方案。

为了在 AbstractCollection 之上编写 Collection 实现，在 Iterable 所要求的一个方法之外，我们只需要实现两个方法：contains 和 size。编写这些方法的高效实现通常比较容易。如果不可行，可能是因为在迭代开始之前不能提前确定序列的内容，这时候可以返回 Stream 或 Iterable，感觉哪个更自然就选哪个。如果你愿意的话，也可以提供两个单独的方法。

有时候，我们会完全根据实现的难易程度来选择返回类型。例如，假设我们想写一个方法来返回一个输入列表的所有（连续的）子列表。只需要三行代码就可以生成这些子列表并把它们放在一个标准的集合中，但是容纳这个集合所需的内存是源列表大小的平方。虽然这并不像指数级的幂集那样糟糕，但显然也是无法接受的。像我们为幂集所做的那样实现一个自定义集合会非常烦琐，更是因为 JDK 没有为我们提供一个骨架 Iterator 实现。

不过，实现一个包含输入列表的所有子列表的流倒是很容易，尽管需要一点洞察力。我们将包含列表的第一个元素的子列表称为该列表的前缀（prefix）。例如，(*a*，*b*，*c*）的前缀是（*a*)，(*a*，*b*）和（*a*，*b*，*c*)。类似地，我们将包含列表的最后一个元素的子列表称为该列表的后缀（suffix），因此（*a*，*b*，*c*）的后缀是（*a*，*b*，*c*)，(*b*，*c*）和（*c*)。我们发现，列表的所有子列表就是其前缀的后缀（同样可以说是其后缀的前缀）和空列表。基于这个观察，我们有了一个非常清晰而且相当简洁的实现：

```
// 返回由输入列表的所有子列表组成的流
public class SubLists {
    public static <E> Stream<List<E>> of(List<E> list) {
```

```
        return Stream.concat(Stream.of(Collections.emptyList()),
            prefixes(list).flatMap(SubLists::suffixes));
    }

    private static <E> Stream<List<E>> prefixes(List<E> list) {
        return IntStream.rangeClosed(1, list.size())
            .mapToObj(end -> list.subList(0, end));
    }

    private static <E> Stream<List<E>> suffixes(List<E> list) {
        return IntStream.range(0, list.size())
            .mapToObj(start -> list.subList(start, list.size()));
    }
}
```

注意，Stream.concat 方法用于将空列表添加到返回的流中。还要注意，flatMap 方法（**条目 45**）用于生成一个由所有前缀的所有后缀组成的单一流。最后需要注意的是，我们通过对 IntStream.range 和 IntStream.rangeClosed 返回的连续 int 值组成的流进行映射，生成了前缀和后缀。粗略地说，这种习惯用法就是基于整数索引的 for 循环的流版本。因此，这个子列表实现在本质上与明显的嵌套 for 循环类似：

```
for (int start = 0; start < src.size(); start++)
    for (int end = start + 1; end <= src.size(); end++)
        System.out.println(src.subList(start, end));
```

可以将这个 for 循环直接翻译成一个流。其结果比我们之前的实现更为简洁，但可读性可能稍微差了一点。它在本质上类似于**条目 45** 中计算笛卡儿积的流代码：

```
// 返回由输入列表的所有子列表组成的流
public static <E> Stream<List<E>> of(List<E> list) {
    return IntStream.range(0, list.size())
        .mapToObj(start ->
            IntStream.rangeClosed(start + 1, list.size())
                .mapToObj(end -> list.subList(start, end)))
        .flatMap(x -> x);
}
```

这段代码和前面的 for 循环一样，不会生成空列表。为了解决这个问题，可以像之前的版本一样使用 concat，或者在 rangeClosed 调用中将 1 替换为 (int)Math.signum(start)。

子列表的这两种流实现都不错，但是在使用迭代更自然的地方，它们都需要用户使用从 Stream 到 Iterable 的适配器，或使用流。从 Stream 到 Iterable 的适配器不仅会让客户端代码变得混乱，还会使程序变慢，以我的机器为例，循环的速度只有其 43%。有个专门构建的 Collection 实现（没有放进书里），代码要冗长很多，但在我的机器上，其运行速度是基于流的实现的 1.4 倍。

总而言之，在编写返回元素序列的方法时，请记住，有些用户可能希望将其作为流来处理，而其他用户可能希望迭代处理。要尽量满足两个群体的需求。如果可以返回集合，就返回集合。如果这些元素已经在一个集合中，或序列中元素的数量小到有理由创建一个新集合，就返回一个标准的集合（如 ArrayList）。否则，可以考虑像我们为幂集所做的那样实现一个自定义的集合。如果无法返回集合，则返回 Stream 或 Iterable，哪个看上去更自然就选择哪个。如果在未来的 Java 版本中，Stream 接口声明被修改为扩展 Iterable 接口，则可以放心地返回流，因为它们将同时支持流处理和迭代。

条目 48：将流并行化时要谨慎

在主流编程语言中，在提供设施来简化并发编程方面，Java 一直处于领先地位。1996 年 Java 发布时，它就内置了对线程的支持，包括同步和 wait/notify 机制。Java 5 引入了 java.util.concurrent 类库，提供了并发集合和执行器（executor）框架。Java 7 引入了 fork-join 包，这是一个高性能的并行分解框架。Java 8 引入了流，调用一下 parallel 方法就可以实现并行化。在 Java 中编写并发程序变得越来越容易，但编写正确且快速的并发程序却和以前一样困难。安全性（safety）和活性（liveness）[①]违规是并发编程的常态，对流管道进行并行化也不例外。

考虑**条目 45** 中的这个程序：

```
// 基于流的程序，生成前 20 个梅森素数
public static void main(String[] args) {
    primes().map(p -> TWO.pow(p.intValueExact()).subtract(ONE))
        .filter(mersenne -> mersenne.isProbablePrime(50))
        .limit(20)
        .forEach(System.out::println);
}

static Stream<BigInteger> primes() {
    return Stream.iterate(TWO, BigInteger::nextProbablePrime);
}
```

在我的机器上，这个程序一经启动就会立即开始打印素数，运行完成花费了 12.5 秒。假设我天真地试图通过在流管道中调用一下 parallel() 来加速该程序，你认为它的性能会发生什么变化？是变快几个百分点，还是变慢几个百分点？遗憾的是，它没有打印任何东西，但 CPU 利用率飙升到 90%，然后停在那里一动不动（*活性失败*）。程序最终可能会终止，但我不想一直等下去了；半小时后我就强行把它终止了。

这是怎么回事呢？简单地说，流库不知道如何并行化这个流管道，我们直接调用 parallel() 的尝试失败了。即使在最好的情况下，**如果源流来自 Stream.iterate，或使用了中间操作 limit，将这样的流管道并行化不太可能提高其性能**。而我们的这个流水线必须同时应对这两个问题。更糟糕的是，默认的并行化策略会这样处理不可预测的 limit：它假定处理一些额外的元素，以及丢弃任何不需要的结果，都是无害的。在这种情况下，找到每个梅森素数所需的时间大约是找到前一个梅森素数的两倍。因此，计算一个额外元素的成本大约等于计算之前所有元素的成本之和，这个看似无害的管道使自动并行化算法崩溃了。这个案例的寓意很简单：不要不加区别地对流管道进行并行化。对性能的负面影响可能是灾难性的。

一般而言，**对 ArrayList、HashMap、HashSet 和 ConcurrentHashMap 实例，数组，int 区间，long 区间上的流进行并行化，性能提升效果最佳**。这些数据结构的共同点在于它们都可以被精确、低成本地分割成任意大小的子区间，这使得在并行线程之间

① 一个并发应用程序及时执行的能力被称为其活性。——译者注

进行分工变得很容易。流库用于执行此任务的抽象是*分割迭代器*（Spliterator），它由 `Stream` 和 `Iterable` 上的 `spliterator` 方法返回。

这些数据结构共同具有的另一个重要特性是，它们在连续处理时提供了非常好的*引用局部性*（locality of reference）：连续的元素引用在内存中被存储到一起。这些引用所指向的对象在内存中未必是挨着的，这降低了引用局部性。事实证明，引用局部性对于大批量操作的并行化至关重要：如果没有引用局部性，线程会出现闲置，等待数据从内存传输到处理器的高速缓存中。引用局部性最好的数据结构是基本类型的数组，因为数据本身在内存中是连续存储的。

管道的终结操作的性质也会影响并行执行的有效性。如果与流管道的整体工作相比，终结操作中完成的工作量比重很大，并且该操作本质上是顺序的，则对该管道进行并行化的效果将很有限。最适合并行化的终结操作是*归约*（reduction），就是使用 `Stream` 的某个 `reduce` 方法或类库提供的归约方法（如 `min`、`max`、`count` 和 `sum`），将从管道中出现的所有元素合并到一起。*短路操作* `anyMatch`、`allMatch` 和 `noneMatch` 也适合并行化。由 `Stream` 的 `collect` 方法执行的操作称为*可变归约*（mutable reduction），它不适合并行化，因为对集合进行合并的开销很大。

如果要编写自己的 `Stream`、`Iterable` 或 `Collection` 实现，而且希望提供不错的并行性能，则必须重写 `spliterator` 方法，并对所生成的流的并行性能进行充分的测试。编写高质量的 `Spliterator` 很难，也超出了本书的讨论范围。

对流进行并行化处理不仅有可能导致性能变差（包括活性失败），还有可能导致错误的结果和不可预测的行为（*安全性失败*）。安全性失败可能是因为并行化的管道使用了映射函数、过滤函数和其他由程序员提供的函数对象，而它们未能遵守相关的实现要求。`Stream` 对这些函数对象有严格的要求。例如，传递给 `Stream` 的 `reduce` 操作的累加函数和组合函数必须是可结合的（associative）、无干扰的（non-interfering）和无状态的（stateless）。如果违反了这些要求（其中一些在**条目 46** 中讨论过），但还是以非并行化方式运行我们的流管道，那么很可能会得到正确的结果；但如果将其并行化，则很可能会失败，甚至是灾难性的。

说到这里，值得注意的是，即使并行化的梅森素数程序运行完成了，它也不会按照正确的顺序（升序）打印这些素数。为了保持打印顺序与并行化之前的版本相同，必须使用 `forEachOrdered` 替换终结操作 `forEach`，它会保证以 encounter *顺序*遍历并行流。

即使假设我们正在使用的流管道，其源流可以高效分割，其终结操作可以并行化或计算开销较低，而且用到的函数对象都是无干扰的，除非这个流管道做的实际工作多到足以抵消与并行化相关的成本，否则我们也无法得到理想的并行加速。对于这里的实际工作量，可以有一个*非常粗略*的估算，就是流中的元素数乘以每个元素所执行的代码行数，应该至少是十万[Lea14]。

重要的是要记住，将流并行化严格来说也是一种性能优化。正如任何优化一样，我们必须测试修改前后的性能，以确保这么做是值得的（**条目 67**）。理想情况下，我们应该在尽可能真实的系统设置之下执行测试。通常，程序中的所有并行流管道都会在一个公共的 fork-join 池中运行。一个出现问题的管道可能会影响系统中与该管道并不相关的其他部分的性能。

好像听起来将流并行化的胜算不大，确实如此。我有个朋友，他维护着一个有数百万行代码的代码库，其中大量使用了流，他发现，只有少数几个地方使用并行流是有效的。这并不意味着我们应该避免对流进行并行化。**在适当的情况下，仅仅通过在流管道上添加一个 `parallel` 调用，就可以实现随处理器核数近线性加速。**在某些领域，如机器学习和数据处理，特别适合实现这样的加速。

再来看一个对流管道进行并行化的效果非常不错的简单例子，考虑这个计算 π(*n*)的函数（求出小于或等于 *n* 的素数的个数）：

```
// 素数计数流管道——可以得到并行化带来的好处
static long pi(long n) {
    return LongStream.rangeClosed(2, n)
        .mapToObj(BigInteger::valueOf)
        .filter(i -> i.isProbablePrime(50))
        .count();
}
```

在我的机器上，使用这个函数计算 π(108) 需要 31 秒。只需添加一个 `parallel()` 调用，即可将时间缩短到 9.2 秒：

```
// 素数计数流管道——并行版本
static long pi(long n) {
    return LongStream.rangeClosed(2, n)
        .parallel()
        .mapToObj(BigInteger::valueOf)
        .filter(i -> i.isProbablePrime(50))
        .count();
}
```

换句话说，在我的四核机器上，将计算并行化后，速度提高了 3.7 倍。值得注意的是，在实践中如果 *n* 的值很大，不要使用这种方式来计算 π(*n*)。有更高效的算法，特别是 Lehmer 公式。

如果要并行化一个随机数流，应该从 `SplittableRandom` 实例开始，而不是 `ThreadLocalRandom`（或基本上已经过时的 `Random`）。`SplittableRandom` 就是专门为此设计的，具有线性加速的潜力。而 `ThreadLocalRandom` 是为单线程设计的，虽然也可以使自己适应作为并行的源流，但不会像 `SplittableRandom` 那样快。`Random` 会在每个操作上进行同步，这会导致大量的竞争，进而扼杀并行性。

总而言之，除非有充分的理由相信对流管道进行并行化可以保持计算的正确性并能提高速度，否则甚至不要尝试。不适当地将流并行化，其代价可能是程序运行失败，或造成性能灾难。如果你认为并行化可能是合理的，请确保你的代码在并行运行时能保持其正确性，并在真实环境下进行仔细的性能测量。如果代码仍然是正确的，而且这些实验证明了确实可以提高性能，也只有在这时，才应该在生产代码中对这个流进行并行化。

第 8 章　方法

本章会讨论方法设计的几个方面：如何处理参数和返回值、如何设计方法签名以及如何编写方法文档。除了方法之外，本章的许多内容也适用于构造器。与**第 4 章**类似，本章会侧重于可用性、健壮性和灵活性。

条目 49：检查参数的有效性

大多数方法和构造器对于可以传递给其参数的值都有一些限制。例如，索引值必须为非负数，对象引用不能为 `null`，这种情况并不少见。我们应该将这些限制都清楚地写在文档中，并在方法体的开头进行检查，以强制实施这些限制。本书曾多次强调过一个普遍原则，即应该在错误发生后尽早将其检测出来。对参数的这种检查，正是该原则的一个具体体现。如果没有这样做，错误被检测到的可能性会降低，而且一旦检测到错误，定位其源头的难度也变大了。

如果无效的参数值被传递给方法，而这个方法在执行之前对参数进行了检查，它就会很快失败，并抛出一个恰当的异常。如果这个方法没有对参数进行检查，可能会发生如下几种情况：方法在处理过程中失败，同时抛出一个令人困惑的异常；更糟糕的情况是，方法正常返回，但却默默地计算出了错误的结果；最糟糕的情况是，方法正常返回，但却让某个对象处于损坏状态，导致在未来某个不确定的时间点、在某处不相关的代码上出现错误。换句话说，未能验证参数的有效性，可能导致违背*故障的原子性*（**条目 76**）。

对于公有的和受保护的方法，应该使用 Javadoc 的`@throws` 标签将违反参数值限制时会抛出的异常写在文档中（**条目 74**）。生成的异常通常会是 `IllegalArgumentException`、`IndexOutOfBoundsException` 或 `NullPointerException`（**条目 72**）。一旦将对方法参数的限制和违反这些限制时会抛出的异常写在文档中，强制实施这些限制就是很简单的事情了。下面是一个典型的例子：[1]

```
/**
 * Returns a BigInteger whose value is (this mod m). This method
 * differs from the remainder method in that it always returns a
 * non-negative BigInteger.
 *
 * @param m the modulus, which must be positive
 * @return this mod m
 * @throws ArithmeticException if m is less than or equal to 0
 */
public BigInteger mod(BigInteger m) {
```

---

① 因为文档注释通常要以英文编写，而且本条目的很多文档示例都摘自 Java 类库，所以未将其翻译为中文，仅在必要时提供翻译补充。——译者注

```
    if (m.signum() <= 0)
        throw new ArithmeticException("Modulus <= 0: " + m);
    ... // 执行计算
}
```

注意，文档注释并没有说“mod throws NullPointerException if m is null”（如果 m 为 null，则 mod 会抛出 NullPointerException），尽管该方法确实会这样做，但这是调用 m.signum()的副产物。该异常会被写在这个方法所在的 BigInteger 类的类级文档注释中。类级注释适用于这个类的所有公有方法中的所有参数。如果在每个方法上都单独写一遍 NullPointerException，文档就会很乱，在类级注释中写一次就好了。它可以与@Nullable 或类似注解结合使用，来表明某个特定参数可能为 null，但这并不是标准做法，有多个注释可用于此目的。

Java 7 新增的 Objects.requireNonNull 方法既灵活又方便，所以没有理由再手动执行 null 检查了。如果愿意的话，还可以指定自己的异常详细信息。该方法会返回其输入，所以我们可以在使用某个值的同时对其执行 null 检查：

```
// 将 Java 的 null 检查工具嵌入到使用代码中
this.strategy = Objects.requireNonNull(strategy, "strategy");
```

也可以忽略其返回值，仅在需要的地方使用 Objects.requireNonNull 执行 null 检查。

在 Java 9 中，java.util.Objects 中增加了一个区间检查工具。该工具由三个方法组成：checkFromIndexSize、checkFromToIndex 和 checkIndex。该工具不像 null 检查方法那样灵活。它不允许我们指定自己的异常详细信息，而且仅设计用于列表和数组索引。它不处理闭区间（包含区间两侧的两个端点）。但如果能够满足我们的需求，那就是一个有用的工具。

对于未导出的方法，作为包的创建者，我们控制着方法的调用情况，所以我们能够确保，而且也应该确保只有有效的参数值会被传递进来。因此，非公有的方法可以使用断言（assertion）来检查其参数，如下所示：

```
// 用于递归排序的私有辅助函数
private static void sort(long a[], int offset, int length) {
    assert a != null;
    assert offset >= 0 && offset <= a.length;
    assert length >= 0 && length <= a.length - offset;
    ... // 执行计算
}
```

本质上，这些断言就是在声明，无论客户端代码如何使用这个方法所在的包，被断言的条件都将为真。不同于正常的有效性检查，断言在失败时会抛出 AssertionError。还有一点不同，除非我们通过在 java 命令中传递-ea（或-enableassertions）标志明确启用，否则断言不会生效，也不会有成本开销。关于断言的更多信息，可以参阅 Oracle 官网相关教程[Asserts]。

对于方法没有直接使用，只是存储下来供后面使用的参数，检查其有效性也特别重要。例如，考虑**条目 20** 中的静态工厂方法，它接收一个 int 数组并返回该数组的 List 视图。如果客户端传入了 null，该方法会抛出 NullPointerException，因为该方法含有一个显式的检查（调用了 Objects.requireNonNull）；如果没有这个检查，该方法将返回一个指向新创建的 List 实例的引用，当客户端尝试使用这个引用时，就会抛出

NullPointerException。到那时，List 实例的来源可能就很难确定了，调试的复杂性会大大增加。

应该检查那些将被存储下来供后面使用的参数的有效性，这个原则也适用于构造器。检查构造器参数的有效性是至关重要的，以防构造出破坏了类的不变式的对象。

在执行方法的计算之前，应该显式地检查其参数，不过这个原则也有例外情况。一个很重要的例外情况是，有效性检查的成本很高或难以操作，而且检查会在执行计算的过程中隐含进行。例如，考虑对对象列表进行排序的方法，如 Collections.sort（List）。列表中的所有对象必须可以相互比较。在对列表进行排序的过程中，列表中的每个对象都将与其他对象进行比较。如果这些对象不可以相互比较，其中的一个比较将抛出 ClassCastException，这正是 sort 方法应该做的。因此，提前检查列表中的元素是否可以相互比较几乎没有意义。但是请注意，如果不加区分地依赖隐式的有效性检查，可能会导致失去故障的原子性（**条目 76**）。

有时，计算会隐式地执行所需的有效性检查，但在检查失败时抛出了错误的异常。换句话说，计算在参数值无效的情况下自然会抛出的异常，与方法文档中说明的参数无效时的异常不一致。在这种情况下，应该使用**条目 73** 中描述的*异常转换*（exception translation）习惯用法将这里自然抛出的异常转换为正确的异常。

不要从本条目的内容推出这样的结论：对参数的任何限制都是好事。相反，在设计方法时，应该使其尽可能通用。只要方法可以对它接受的所有参数值进行合理的处理，对参数的限制越少越好。不过有些限制对于被实现的抽象来说是固有的。

总而言之，每次编写方法或构造器时，都需要考虑其参数应该存在哪些限制。我们应该将这些限制写到文档中，并在方法体的开头进行显式的检查，以强制实施这些限制。养成这样做的习惯非常重要。这样做并不需要很大的工作量，但是在第一次有效性检查失败时，我们就得到了连本带利的回报。

条目 50：必要时进行保护性复制

Java 使用起来很愉快，原因之一就是它是一门*安全语言*。这意味着，在不使用本地方法的情况下，困扰着诸如 C 和 C++等不安全语言的缓冲区溢出、数组越界、野指针和其他内存损坏错误，Java 都是免疫的。在一门安全语言中，可以编写出我们确信其不变式将保持不变的类，无论系统的其他部分发生了什么。这在将所有内存视为一个巨大的数组的语言中是不可能的。

即使在安全语言中，如果自己不付出一些努力，也难免受到其他类的影响。**我们应该假设客户端会尽其所能破坏类的不变式，所以必须进行防御性编程**。不管是善意的测试还是恶意的攻击，人们会更加努力地尝试破坏系统的安全性，所以进行防御性编程的必要性越来越大。更常见的情况是，有些程序员虽然是出于善意，但是会犯一些无心之失，我们的类将不得不应对这些错误所导致的意外行为。无论哪种情况，都值得花时间编写面对客户的不良行为仍能保持健壮性的类。

要修改对象的内部状态，如果没有这个对象的协助，另一个类不可能做到这一点。尽管如此，有时我们却轻而易举地提供了这样的协助，虽然并非出于本意。例如，考虑下面的类，它声称表示的是一个不可变的时间段：

```
// 有问题的不可变时间段类
public final class Period {
    private final Date start;
    private final Date end;

    /**
     * @param start the beginning of the period
     * @param end the end of the period; must not precede start
     * @throws IllegalArgumentException if start is after end
     * @throws NullPointerException if start or end is null
     */
    public Period(Date start, Date end) {
        if (start.compareTo(end) > 0)
            throw new IllegalArgumentException(
                start + " after " + end);
        this.start = start;
        this.end   = end;
    }

    public Date start() {
        return start;
    }
    public Date end() {
        return end;
    }
    ...  // 其余代码略去
}
```

乍一看，这个类似乎是不可变的，而且强制实施了这个不变式：一个时间段的开始时间（start）不能位于其结束时间（end）之后。然而 Date 是可变的，利用这一点很容易破坏掉这个不变式：

```
// 攻击 Period 实例的内部
Date start = new Date();
Date end = new Date();
Period p = new Period(start, end);
end.setYear(78); // 修改了 p 的内部
```

从 Java 8 开始，要解决这个问题，明显可以使用 Instant（或 LocalDateTime，或 ZonedDateTime）来代替 Date，因为 Instant（和 java.time 中的其他类）是不可变的（条目 17）。**Date 已经过时，不应该在新代码中使用**。即便如此，问题仍然存在：有时我们不得不在 API 和内部表示中使用可变值类型，本条目所讨论的方法就适用于这类情况。

为了保护 Period 实例的内部免受此类攻击，**有必要为其构造器的每个可变参数进行保护性复制**，并使用这些副本作为 Period 实例的组成部分，而不是使用参数的原始值：

```
// 修复的构造器——对参数进行了保护性复制
public Period(Date start, Date end) {
    this.start = new Date(start.getTime());
    this.end   = new Date(end.getTime());

    if (this.start.compareTo(this.end) > 0)
        throw new IllegalArgumentException(
```

```
            this.start + " after " + this.end);
}
```

有了这个新的构造器，以前的攻击对 Period 实例就没有作用了。注意，**保护性复制是在检查参数的有效性（条目 49）之前进行的，而且检查会在副本而不是在参数的原始值上进行**。虽然看起来可能不太自然，但这是必要的。在检查参数的有效性和复制参数这两个时间点之间，存在一个漏洞窗口，在此期间，可能会有另一个线程修改了参数，所以这里的做法可以避免此类问题。在计算机安全社区中，这被称为检查时间/使用时间（time-of-check/time-of-use）攻击，或简称 TOCTOU 攻击[Viega01]。

还要注意，我们没有使用 Date 的 clone 方法来进行保护性复制。因为 Date 类不是 final 的，所以我们不能保证 clone 方法返回的一定是 java.util.Date 的对象：有可能存在一个专门为恶意攻击而设计的不受信任的子类，返回的就是这样的子类的实例。例如，这样的子类可以在创建实例时将指向每个实例的引用记录在一个私有的静态列表中，并允许攻击者访问此列表。这将使攻击者能够自由控制所有的实例。为了防止此类攻击，**如果参数的类型可以被不受信任方子类化，不要使用 clone 方法对这类参数进行保护性复制**。

虽然在替换了构造器之后，已经可以成功抵御先前的攻击，但 Period 实例仍然有可能被改变，因为它的访问器方法提供了对内部可变状态的访问能力：

```
// 对 Period 内部的第二类攻击
Date start = new Date();
Date end = new Date();
Period p = new Period(start, end);
p.end().setYear(78); // 修改了 p 的内部
```

为了防御第二类攻击，只需要修改访问器方法，使其**返回可变内部字段的保护性副本**：

```
// 修复访问器方法——返回内部字段的保护性副本
public Date start() {
    return new Date(start.getTime());
}

public Date end() {
    return new Date(end.getTime());
}
```

有了新的构造器和新的访问器，Period 真正成了不可变的。无论是多么高明的恶意程序员，还是多么不合格的普通程序员，都无法破坏“一个时间段的开始时间不能位于其结束时间之后”这个不变式（除非使用本地方法和反射等超出语言之外的手段）。这之所以成立，是因为除了 Period 实例本身，没有任何类可以访问该实例中的任何一个可变字段。这些字段被完全封装在了对象之内。

与构造器不同的是，在访问器方法中可以使用 clone 方法来进行保护性复制。这是因为我们知道 Period 内部的 Date 对象的类就是 java.util.Date，而不是一些不受信任的子类。即便如此，出于**条目 13** 中提到的原因，通常最好使用构造器或静态工厂来复制实例。

参数的保护性复制不仅适用于不可变类。每当我们编写的方法或构造器会将客户端提供的对象存储在内部的数据结构之中时，都应该考虑一下，这个对象是否有可能是可变的。如果是，考虑一下如果该对象在进入内部的数据结构之后发生了变化，我们的类是否能够容忍。如果答案是否定的，则必须对该对象进行保护性复制，并用副本代替原始对象，放到内部的数据结构中。例如，如果考虑使用客户端提供的对象引用作为内部 `Set` 实例中的元素，或内部 `Map` 实例中的键，那么我们应该意识到，如果在将这个对象放入内部的实例之后，它又被修改了，`Set` 或 `Map` 的不变式将遭到破坏。

在将内部组件返回给客户端之前对其进行保护性复制，逻辑是一样的。无论我们的类是不是不可变的，在返回指向可变的内部组件的引用时，都应该三思而后行。有可能需要返回保护性副本。记住，长度不为零的数组总是可变的。因此，在将内部数组返回给客户端之前，应该总是对其进行保护性复制。或者，也可以返回这个数组的一个不可变的视图。这两种方法在**条目 15** 中都介绍过。

可以说，讲了这么多，真正的教训是，应该尽可能使用不可变对象作为对象的组件，这样就不用操心保护性复制的问题了（**条目 17**）。在前面的 `Period` 示例中，除非使用的是 Java 8 之前的版本，否则应该使用 `Instant`（或 `LocalDateTime`，或 `ZonedDateTime`）。如果使用的是更早的版本，一种选择是存储 `Date.getTime()` 返回的基本类型的 `long` 值，而不是存储 `Date` 引用。

保护性复制可能会带来性能上的损失，而且这么做并不总是合理的。如果类确信其调用者不会修改内部组件，也许是因为这个类和它的使用者位于同一个包中，那么省去保护性复制可能是合理的。在这种情况下，类的文档应该明确指出，调用者不得修改受影响的参数或返回值。

即使类和它的使用者不在同一个包中，在将可变参数整合到对象中时，也未必总是适合进行保护性复制。有些方法和构造器，对它们进行调用就表示显式地移交（handoff）了参数所引用对象的所有权。在调用这样的方法时，客户端相当于承诺不再直接修改这个对象。如果方法或构造器期望接管客户端所提供的可变对象的所有权，则必须在其文档中明确说明这一点。

如果类中包含这样的方法或构造器，其调用表明控制权的转移，这样的类是无法抵御恶意的客户端的。只有当类和它的使用者之间存在相互信任，或者当使用者破坏了类的不变式只会搬起石头砸自己的脚时，这样的类才是可接受的。后一种情况的一个例子是包装器类模式（**条目 18**）。根据包装器类的性质，在将对象包装起来之后，使用者有可能通过直接访问这个对象破坏了该类的不变式，但这通常只会损害使用者自己。

总而言之，如果一个类包含会从其使用者得到或者会返回给其使用者的可变组件，则这个类必须对这些组件进行保护性复制。如果复制的成本高到难以接受，并且这个类确信其使用者不会不恰当地修改这些组件，那么可以不使用保护性复制，而是在文档中说明，不修改受影响的组件是使用者的责任。

条目 51：仔细设计方法签名

有些 API 设计技巧不值得单独编写一个条目，本条目就将它们放到了一起。如果综合使用这些技巧，我们设计出的 API 会更容易学习和使用，并且不容易出错。

仔细选择方法的名称。方法的名称应始终遵循标准的命名约定（**条目 68**）。首要的目标应该是选择可以理解的名称，并且与同一包中的其他名称保持一致。次要的目标是，如果存在更广泛的共识，所选择的名称也应该与该共识保持一致。避免使用过长的方法名称。如果不确定，可以以 Java 类库 API 作为指导。虽然 Java 类库也存在很多不一致的地方（考虑到类库的规模和范围，也是不可避免的），但也存在相当多的共识。

不要以方便用户使用的名义提供过多方法。每个方法都应该发挥自己的作用。过多的方法会使类难以学习、使用、文档化、测试和维护。对于接口而言更是如此，方法太多会给实现者和使用者带来很多麻烦。对于类或接口所支持的每个动作，都提供一个功能齐全的方法。只有在使用频率非常高的情况下，才考虑提供一个“便捷”方法。**如果不确定，就不要提供**。

避免过长的参数列表。参数最好不超过 4 个。再长的话，大多数程序员都记不住。如果很多方法都超过了这个限制，在使用这样的 API 时就要不断地查阅其文档。虽然现代 IDE 会有所帮助，但最好还是使用较短的参数列表。**类型相同的一长串参数尤其有害**。用户不仅无法记住参数的顺序，而且如果不小心弄反了参数的顺序，程序仍然可以编译和运行，只不过不会以其作者希望的方式运行。

有 3 种技巧可以缩短过长的参数列表。其中一种是将方法分解成多个方法，每个方法仅需要原来方法参数列表的一个子集。如果处理不当，可能又会导致方法太多，但我们可以通过增加正交性来减少方法的数量。例如，考虑 `java.util.List` 接口。比如我们要查找某个元素在一个子列表中第一次或最后一次出现处的索引，这样的方法需要 3 个参数。但该接口没有提供这样的方法。相反，它提供了 `subList` 方法，这个方法接收两个参数，并返回子列表的视图。为实现我们想要的功能，可以将 `subList` 方法与 `indexOf` 或 `lastIndexOf` 结合使用，这两个方法都只需要一个参数。此外，对于可以操作 `List` 实例的任何方法，`subList` 方法都可以与其结合使用，在子列表上执行任意的计算。这样得到的 API 没有明显增加方法的数量，却提供了非常丰富的功能。

第二种缩短过长的参数列表的技巧是创建辅助类来保存参数组。这些辅助类通常会被设计为静态成员类（**条目 24**）。如果一个参数序列看上去表示的是某个独立实体，而且这个序列会频繁出现，则建议使用这种技巧。例如，假设我们正在编写一个表示扑克牌游戏的类，并且我们发现自己会不断传递一个由两个参数组成的序列，它们分别表示一张牌的点数和花色。如果我们添加一个辅助类来表示一张牌，并将出现这个参数序列的地方都替换为以这个辅助类为类型的单个参数，这样对 API 和类的内部表示都有好处。

第三种技巧将前两种技巧的几个方面结合了起来，将生成器模式（**条目 2**）从对象构建应用于方法调用中。如果有个方法存在许多参数，其中有一些还是可选的，那么定义一个表示所有参数的对象，并允许客户端在此对象上多次调用 setter 方法，每个 setter 方法负责设置一个参数或是存在关联的一小组参数，这样做可能会有好处。一旦设置了所需的参数，客户端就可以调用这个对象的 execute 方法，它会对参数进行任何最终的有效性检查，并执行实际的计算。

对于参数类型，应该优先使用接口而不是类（条目 64）。如果有合适的接口来定义参数，就使用这个接口，而不使用实现了这个接口的类。例如，没有理由编写一个接收 `HashMap` 作为输入的方法，应该使用 `Map`。这样我们就可以传递 `HashMap`、`TreeMap`、`ConcurrentHashMap`、`TreeMap` 的子映射或任何将来编写的 `Map` 实现。使用类而不是接口，就限制了客户端只能使用某个特定的实现，而且如果输入数据已经以其他某种形式存在了，客户端也不得不进行不必要且有可能成本高昂的复制操作。

除非从方法名称中能够明确看出要表达布尔值的含义，否则对于存在两个选项的参数，应该首选包含两个元素的枚举类型，而不是 `boolean` 类型。枚举使我们的代码更容易阅读和编写。而且以后要添加更多选项也很容易。例如，假设有一个 Thermometer（温度计）类型，它包含一个接收如下枚举的静态工厂：

```
public enum TemperatureScale { FAHRENHEIT, CELSIUS }
```

不仅 Thermometer.newInstance(TemperatureScale.CELSIUS) 比 Thermometer.newInstance(true) 更有意义，而且在未来的版本中，我们可以在 TemperatureScale（温标）中加入 KELVIN（开氏温标），而不必再为 Thermometer 添加一个新的静态工厂。另外，我们可以把对温标的依赖重构为枚举常量上的方法（**条目 34**）。例如，每个温标常量都可以有一个方法，它接收一个 double 值，并将其转换为摄氏温标。

条目 52：谨慎使用重载

下面的程序出发点是好的，想根据集合到底是 Set、List 还是其他类型对其进行分类：

```
// 存在问题——这个程序会打印什么
public class CollectionClassifier {
    public static String classify(Set<?> s) {
        return "Set";
    }

    public static String classify(List<?> lst) {
        return "List";
    }

    public static String classify(Collection<?> c) {
        return "Unknown Collection";
    }

    public static void main(String[] args) {
        Collection<?>[] collections = {
            new HashSet<String>(),
            new ArrayList<BigInteger>(),
            new HashMap<String, String>().values()
        };

        for (Collection<?> c : collections)
            System.out.println(classify(c));
    }
}
```

你可能以为这个程序会打印 Set，接着是 List 和 Unknown Collection，但它并不会。它打印了 3 次 Unknown Collection。为什么会这样呢？因为 classify 方法被重载（overload）了，**而调用哪个重载版本的选择是在编译时做出的**。在循环的所有 3 次迭代中，参数的编译时类型都是相同的：Collection<?>。虽然在每次迭代中，参数的运行时类型并不相同，但这并不影响重载版本的选择。因为参数的编译时类型是 Collection<?>，所以唯一适用的重载版本是第三个，即 classify(Collection<?>)，每次循环迭代都会调用它。

这个程序的行为是违反直觉的，因为**对重载（overloaded）方法的选择是静态进行的，而对重写（overriden）方法的选择是动态进行的**。重写方法的正确版本会在运行时做出选择，这会根据被调用方法所在对象的运行时类型来进行。再提醒一下，如果子类中的一个方法声明与其祖先类中的一个方法声明签名相同，这就是重写。如果一个实例方法在子类中被重写了，并且这个方法是在子类的实例上被调用的，无论这个子类实例的编译时类型是什么，都会执行子类的重写方法。为了具体说明这一点，考虑下面的程序：

```
class Wine {
    String name() { return "wine"; }
}

class SparklingWine extends Wine {
    @Override String name() { return "sparkling wine"; }
}

class Champagne extends SparklingWine {
    @Override String name() { return "champagne"; }
}

public class Overriding {
    public static void main(String[] args) {
        List<Wine> wineList = List.of(
            new Wine(), new SparklingWine(), new Champagne());

        for (Wine wine : wineList)
            System.out.println(wine.name());
    }
}
```

在 Wine 类中声明的 name 方法，在子类 SparklingWine 和 Champagne 中被重写了。正如我们所期望的那样，这个程序会打印出 wine、sparkling wine 和 champagne，即使在每次循环迭代中，实例的编译时类型都是 Wine。在调用重写方法时，不管对象的编译时类型是什么，都不会影响具体会执行哪个方法；“最具体的”重写方法总是会得到执行。而在重载时，对象的运行时类型不会影响具体选择哪个重载方法；选择是在编译时做出的，完全基于参数的编译时类型。

在 CollectionClassifier 这个示例中，程序的意图是基于参数的运行时类型自动分派相应的重载方法，从而确定参数的类型，就像在 Wine 这个实例中的 name 方法所做的那样。方法重载并不能提供这种功能。假设需要一个静态方法，要修复 CollectionClassifier 程序，最好的方式是用一个显式使用了 instanceof 测试的单独的方法，来替换所有 3 个重载的 classify 方法：

```
public static String classify(Collection<?> c) {
    return c instanceof Set  ? "Set" :
           c instanceof List ? "List" : "Unknown Collection";
}
```

因为重写是常态，而重载是例外，所以重写符合人们对方法调用行为的预期。正如 CollectionClassifier 这个示例所示，重载很容易让人们的期望落空。编写行为可能会使程序员感到困惑的代码是不好的。对于 API 来说尤其如此。对于一组给定的参数，如果 API 的典型用户不知道几个重载方法中的哪一个会被调用，那么使用该 API 很可能会导致错误。这些错误很可能会在运行时表现为不稳定的行为，许多程序员都难以诊断它们。因此，**应该避免令人费解的重载使用情形**。

到底什么是令人费解的重载使用情形，尚有争议。**一个安全、保守的策略是永远不要导出参数数量相同的两个重载版本。**如果方法使用了可变参数，保守的策略是根本不要重载它，除了**条目53**所描述的情况。如果遵守了这些限制，对于任何一组实参，程序员就永远都不需要怀疑适用哪个重载版本了。这些限制并不是非常麻烦，因为**总是可以给方法起不同的名称，而不是重载它们。**

例如，考虑 ObjectOutputStream 类。它的 write 方法对于每种基本类型和几种引用类型都有一个变体。这些变体没有重载 write 方法，而是有不同的名称，如 writeBoolean(boolean)、writeInt(int)和 writeLong(long)。与重载相比，这种命名模式还有一个额外的好处，就是可以提供相应的 read 方法，如 readBoolean()、readInt()和 readLong()。实际上，ObjectInputStream 类确实提供了这样的读取方法。

对于构造器而言，我们无法选择使用不同的名字：一个类的多个构造器总是重载的。不过在很多情况下，我们可以选择导出静态工厂而不是构造器（**条目1**）。另外，对于构造器，我们不必担心重载和重写的相互影响，因为构造器不能被重写。有时可能需要导出参数数量相同的多个构造器，所以要知道如何安全地做到这一点。

如果对于任意给定的一组实参，调用哪个重载版本总是显而易见的，那么导出多个这样的参数数量相同的重载版本，不太可能让程序员感到困惑。就是这样的情况：在每对重载方法中，至少有一个相应的形参具有“完全不同”的类型。什么是完全不同呢？就是没有任何一个非 null 的表达式可以被强制转换为这两个类型。在这种情况下，哪个重载版本适用于一组给定的实参，完全由参数的运行时类型决定，并且不会受到其编译时类型影响，所以造成混淆的一个主要源头就没有了。例如，ArrayList 有一个构造器接收 int 类型的参数，另一个构造器接收 Collection 类型的参数。很难想象会有任何这样的情况，我们弄不清楚应该调用这两个构造器中的哪一个。

在 Java 5 之前，所有的基本类型和所有的引用类型都是完全不同的，但是随着自动装箱的引入，情况发生了变化，这已经造成过真正的麻烦。考虑下面的程序：

```
public class SetList {
    public static void main(String[] args) {
        Set<Integer> set = new TreeSet<>();
        List<Integer> list = new ArrayList<>();

        for (int i = -3; i < 3; i++) {
            set.add(i);
            list.add(i);
        }
        for (int i = 0; i < 3; i++) {
            set.remove(i);
            list.remove(i);
        }
        System.out.println(set + " " + list);
    }
}
```

首先，该程序将从-3 到 2（含）的整数添加到有序的 Set 和 List 实例中。然后，它在 Set 和 List 实例上进行了 3 次相同的 remove 调用。如果和大多数人一样，你会认为程序会从 Set 和 List 实例中删除非负值（0、1 和 2），并打印[-3, -2, -1] [-3, -2,

-1]。实际上，程序删除了 Set 实例中的非负值，但删除了 List 实例中的奇数值，并打印出[-3，-2，-1] [-2，0，2]。这样的行为，称之为“混淆”都算保守了。

为什么会这样呢？具体来说：set.remove(i)调用选择的是 remove(E)这个重载版本，其中的 E 就是这个 Set 的元素类型（Integer），它将 i 从 int 自动装箱为 Integer。这也是我们期望的行为，因此该程序最终从这个 Set 实例中删除了所有正值。另一方面，list.remove(i)调用选择的是 remove(int i)这个重载版本，它会从这个 List 实例中删除指定位置的元素。如果我们以[-3，-2，-1，0，1，2]这个列表为起点，依次移除第零个元素，第一个元素，第二个元素，那么最后得到的就是[-2，0，2]，谜团解开了。要解决这个问题，可以将 list.remove 的参数强制转换为 Integer，从而选择正确的重载版本。也可以对 i 调用 Integer.valueOf 方法，并将其结果传递给 list.remove。无论哪种方式，程序都会按预期打印出[-3，-2，-1] [-3，-2，-1]：

```
for (int i = 0; i < 3; i++) {
    set.remove(i);
    list.remove((Integer)i); // 或 remove(Integer.valueOf(i))
}
```

之所以存在前面示例中的令人费解的行为，是因为 List<E>接口中有两个重载的 remove 方法：remove(Object)和 remove(int)。而在 Java 5 之前，List 接口还没有被泛型化，两个参数类型 Object 和 int 是完全不同的。但是随着泛型和自动装箱的引入，这两种参数类型不再是完全不同的了。换句话说，将泛型和自动装箱添加到语言中破坏了 List 接口。幸运的是，Java 类库中几乎没有其他 API 受到类似的影响，但这个故事清楚地表明，自动装箱和泛型使得重载时要更加小心了。

Java 8 中加入的 Lambda 表达式和方法引用进一步增加了重载导致混淆的可能。例如，考虑下面两个代码片段：

```
new Thread(System.out::println).start();

ExecutorService exec = Executors.newCachedThreadPool();
exec.submit(System.out::println);
```

虽然调用 Thread 的构造器和调用 submit 方法看起来很像，但前者可以通过编译，后者则不能。它们的参数是相同的（System.out::println），并且这个构造器和这个方法都有一个接收 Runnable 类型的重载版本。那到底是怎么回事呢？答案令人惊讶：submit 方法有一个接收 Callable<T>类型的重载版本，而 Thread 的构造器没有。你可能认为这不应该有任何区别，因为 println 的所有重载版本都返回 void，所以这个方法引用不可能是 Callable。这很有道理，但重载解析算法不是这样工作的。或许同样令人惊讶的是，如果 println 方法也没有被重载，那么 submit 方法调用将是合法的。问题在于被引用方法（println）和被调用方法（submit）的重载结合在一起，阻止了重载解析算法按照我们期望的方式工作。

从技术上讲，问题在于 System.out::println 是一个不精确的方法引用（inexact method reference）[JLS, 15.13.1]，而“某些包含隐式类型的 Lambda 表达式或不精确的方法引用的参数表达式，在适用性测试中会被忽略，因为它们的含义要到选定了某个目标类型时才能确定[JLS,15.12.2]”。如果不理解这段话，也没关系；它是写给编译器的作者看的。关键的一点是，对于重载的方法或构造器而言，如果在同一个参数位置使用了不同的函数式接口，这会造成混淆。因此，**不要让多个重载方法在同一参数位置接收不同的函数式接口**。按照本条目的说法，不同的函数式接口并不是完全不同的。如果使用了命令行参数 `-Xlint:overloads`，Java 编译器会对这种有问题的重载发出警告。

数组类型和除 `Object` 以外的类是完全不同的。另外，数组类型和除 `Serializable` 和 `Cloneable` 之外的接口也是完全不同的。如果两个不同的类都不是彼此的后代，我们就称这两个类是*不相关的*（unrelated）[JLS, 5.5]。例如，`String` 和 `Throwable` 是不相关的。任何对象都不可能是两个不相关的类的实例，所以不相关的类也是完全不同的。

还有一些类型对也是不能相互转换的[JLS, 5.1.12]，但一旦超出上面描述的简单情况，对于一组实参而言，大多数程序员很难分辨适用哪个重载版本。确定选择哪个重载版本的规则非常复杂，而且这个规则还会随着每个 Java 版本的发布而变得越来越复杂。很少有程序员能够理解其中所有的细微之处。

有时你可能会觉得有必要违反本条目中的某些准则，特别是在改进现有的类时。以 `String` 类为例，它从 Java 4 开始就有一个 `contentEquals(StringBuffer)` 方法。在 Java 5 中，`CharSequence` 又被加入进来，为 `StringBuffer`、`StringBuilder`、`String`、`CharBuffer` 和其他类似类型提供了一个公共的接口。在引入 `CharSequence` 的同时，`String` 中也增加了一个以 `CharSequence` 为参数的重载的 `contentEquals` 方法。

尽管这样的重载明显违反了本条目中的准则，但它没有带来任何危害，因为当我们将同一个对象引用传递给这两个重载的方法时，它们所做的事情是完全相同的。程序员可能不知道哪个重载版本会被调用，但只要它们的行为相同，就没有什么影响。确保这种行为的标准方式是让更具体的重载版本将调用转发给更通用的重载版本：

```
// 通过转发确保两个方法的行为完全相同
public boolean contentEquals(StringBuffer sb) {
    return contentEquals((CharSequence) sb);
}
```

虽然 Java 类库在很大程度上遵循了本条目的建议，但也有一些类违反了。`String` 导出了两个重载的静态工厂方法，`valueOf(char[])` 和 `valueOf(Object)`，当我们将同一个对象引用传递给它们时，它们做的事情完全不同。这么做并没有什么真正合理的理由，我们应该将其看作一个反常案例，有可能会造成真正的混淆。

总而言之，可以重载并不意味着就应该重载。一般来说，最好不要重载参数数量相同的多个方法。在某些情况下，尤其是涉及构造器时，可能无法遵循这一建议。在这些情况下，至少应该避免这样的情形：同一组参数可以通过增加强制类型转换而传递给不同的重载版本。如果无法避免，比如我们正在改造一个现有的类来实现一个新的接口，那么应该确保所有的重载版本在面对相同的参数时表现一致。如果未能做到这一点，程序员将很难有效地使用这样的重载方法或构造器，他们也无法理解它为什么不能正常工作。

条目 53：谨慎使用可变参数

可变参数（varargs）方法，正式的叫法是*可变参数数量*（variable arity）方法[JLS, 8.4.1]，它接收零个或多个指定类型的参数。可变参数方法的工作原理是，根据在调用位置传入的参数的数量，先创建一个数组，然后将参数值放入这个数组中，最后将数组传递给该方法。

例如，下面的可变参数方法接收一个 int 参数序列，返回这些参数的总和。不出所料，sum(1, 2, 3)的值为 6，sum()的值为 0：

```
// 可变参数的简单使用
static int sum(int... args) {
    int sum = 0;
    for (int arg : args)
        sum += arg;
    return sum;
}
```

有时编写这样的方法更合理——它需要一个或多个某种类型的参数，而不是零个或多个。例如，假设要编写一个计算其参数的最小值的函数。如果客户端未传递任何参数，则该函数的行为是未定义的。我们可以在运行时检查这个数组的长度：

```
// 使用可变参数来传递一个或多个参数的错误方式
static int min(int... args) {
    if (args.length == 0)
        throw new IllegalArgumentException("Too few arguments");
    int min = args[0];
    for (int i = 1; i < args.length; i++)
        if (args[i] < min)
            min = args[i];
    return min;
}
```

这个解决方案有几个问题。最严重的问题是，如果客户端在没有参数的情况下调用了此方法，它将在运行时而不是编译时失败。另一个问题是，这段代码很不美观。我们必须在 args 上包含一个显式的有效性检查，并且除非把 min 初始化为 Integer.MAX_VALUE，否则无法使用 for-each 循环，这也不够美观。

幸运的是，有一个更好的方式可以实现预期效果。可以声明该方法接收两个参数，一个是指定类型的正常参数，一个是该类型的可变参数。这个方案解决了前一个方案的所有不足：

```
// 使用可变参数来传递一个或多个参数的正确方式
static int min(int firstArg, int... remainingArgs) {
    int min = firstArg;
    for (int arg : remainingArgs)
        if (arg < min)
            min = arg;
    return min;
}
```

从这个示例中可以看到，当我们需要一个参数数量不固定的方法时，可变参数方法就非常有效。可变参数是为 printf（这个方法和可变参数是同时加入 Java 平台中的）和核心的反射机制（**条目 65**）设计的，当然相关机制也有所调整。printf 和反射都从可变参数中获益良多。

在对性能要求很高的情况下，使用可变参数时要非常小心。每次调用可变参数方法都会导致一次数组的分配和初始化。如果我们根据经验确定自己无法承受这种开销，但又需要可变参数的灵活性，那么有一种方式可以二者兼得。假设我们已经确定，对一个方法的 95%的调用，参数都不超过 3 个。那么我们可以声明该方法的 5 个重载版本，前 4 个分别包含 0 个到 3 个普通参数，第五个除了 3 个普通参数，还包括一个可变参数，用于处理参数超过 3 个的情况：

```
public void foo() { }
public void foo(int a1) { }
```

```
public void foo(int a1, int a2) { }
public void foo(int a1, int a2, int a3) { }
public void foo(int a1, int a2, int a3, int... rest) { }
```

现在我们知道了，只有参数超过 3 个的情况下才需要付出创建数组的开销，而这只占所有调用的 5%。和大多数性能优化一样，这种方法通常并不需要，但是在需要的时候，就是救命稻草。

EnumSet 的静态工厂使用了这种技术，将创建枚举集合的开销降到最低。这是非常合适的，因为枚举集合要提供一个性能可以与位域媲美的替代方案（**条目 36**），这一优化至关重要。

总而言之，如果需要定义参数数量不固定的方法，可变参数的价值不可估量。应该将任何必需的参数加在可变参数之前，还要注意使用可变参数对性能的影响。

条目 54：返回空的集合或数组，而不是 null

像下面这样的方法并不少见：

```
// 返回 null 来表示空集合——不要这样做
private final List<Cheese> cheesesInStock = ...;

/**
 * @return a list containing all of the cheeses in the shop,
 *     or null if no cheeses are available for purchase.
 *  返回包含商店中的所有奶酪的列表，如果没有奶酪可供购买，则返回 null
 */
public List<Cheese> getCheeses() {
    return cheesesInStock.isEmpty() ? null
        : new ArrayList<>(cheesesInStock);
}
```

没有必要对没有奶酪可供购买的情况进行特殊处理。如果这样做的话，使用这样的方法时就需要额外的代码来处理可能为 null 的返回值，例如：

```
List<Cheese> cheeses = shop.getCheeses();
if (cheeses != null && cheeses.contains(Cheese.STILTON))
    System.out.println("Jolly good, just the thing.");
```

如果方法会返回 null 而不是空的集合或数组，那么几乎每次使用这个方法，都需要这种曲折的使用方式。这样很容易出错，因为编写客户端代码的程序员有可能忘记编写对 null 进行特殊处理的代码。因为这样的方法通常会返回一个或多个对象，所以这样的错误有可能隐藏多年而未被发现。另外，返回 null 而不是空的集合或数组，也会使返回该容器的实现变得复杂。

有时候，有人认为返回 null 比返回空的集合或数组更好，因为可以避免分配空的容器所需要的开销。这一观点存在两个问题。首先，在这个层次上考虑性能问题并不可取，除非有测量结果表明分配的开销确实是造成性能问题的真正原因（**条目 67**）。其次，确实有办法在不分配空间的情况下返回空的集合和数组。下面是返回一个可能为空的集合的典型代码。通常这就是我们所需要的全部代码了：

```
// 返回可能为空的集合的正确方式
public List<Cheese> getCheeses() {
    return new ArrayList<>(cheesesInStock);
}
```

尽管分配空集合不太可能影响性能，但如果确实有证据表明存在影响，可以通过重复返回同一个不可变的空集合来避免分配，因为不可变对象可以自由共享（**条目 17**）。下面的代码就实现了这一点，它使用了 Collections.emptyList 方法。如果要返回 Set，可以使用 Collections.emptySet；如果要返回 Map，可以使用 Collections.emptyMap。但请记住，这是一种优化措施，很少会用到。如果你认为需要使用它，请在使用前后测量性能，以确保它确实有所帮助：

```
// 优化——避免分配空集合
public List<Cheese> getCheeses() {
    return cheesesInStock.isEmpty() ? Collections.emptyList()
        : new ArrayList<>(cheesesInStock);
}
```

数组的情况与集合相同。不要返回 null，而要返回长度为零的数组。通常应该直接返回一个长度正确的数组，而这个长度可能是零。注意，我们将一个长度为零的数组传递给了 toArray 方法，以表明期望的返回类型，即 Cheese[]：

```
// 返回可能为空的集合的正确方式
public Cheese[] getCheeses() {
    return cheesesInStock.toArray(new Cheese[0]);
}
```

如果你认为分配长度为零的数组会影响性能，那么可以重复返回同一个长度为零的数组，因为所有的长度为零数组都是不可变的：

```
// 优化——避免分配空数组
private static final Cheese[] EMPTY_CHEESE_ARRAY = new Cheese[0];

public Cheese[] getCheeses() {
    return cheesesInStock.toArray(EMPTY_CHEESE_ARRAY);
}
```

在优化后的版本中，我们在每次调用 toArray 方法时都传递了同一个空数组，并且只要 cheesesInStock 为空，getCheeses 方法都会返回这个数组。不要为了改进性能而预先分配传递给 toArray 的数组。研究表明，这样做会适得其反[Shipilëv16]：

```
// 不要这样做——预先分配数组会伤害性能
return cheesesInStock.toArray(new Cheese[cheesesInStock.size()]);
```

总而言之，**永远不要返回 null，而要返回空的数组或集合**。返回 null 会使我们的 API 更难使用，更容易出错，而且在性能上并没有优势。

条目 55：谨慎返回 Optional

在 Java 8 之前，当编写在某些情况下无法返回一个值的方法时，可以采用两种方式：抛出异常，或返回 null（假设返回类型是对象引用类型）。但两种方式都不完美。异常应该留作例外情况（**条目 69**），而且抛出异常的开销很大，因为在创建异常时需要获得整个栈轨迹信息。返回 null 不存在这些缺点，但也有自己的缺点。如果一个方法有可能返回 null，客户端中必须包含处理这种特殊情况的代码，除非程序员能够证明，这个方法在相关条件下不可能返回 null。如果客户端忘记检查返回值为 null 的情况，并将返回的 null 存储到某个数据结构中，则有可能在未来的某个时间，在代码中与这个问题无关的某个位置，抛出 NullPointerException。

在 Java 8 中，又有了第三种方式。Optional<T>类表示一个不可变的容器，可以保存单个非 null 的 T 类型的引用，也可以什么都不保存。不包含任何值的 Optional 称为空(empty)。如果 Optional 不为空，则称其中存在（present）一个值。Optional 本质上是一个不可变的集合，最多可以容纳一个元素。Optional<T>没有实现 Collection<T>，但原则上是可以的。

理论上会返回 T 类型的值，但在某些情况下却无法做到的方法，可以声明为返回 Optional<T>。这允许该方法返回一个空结果来表示它无法返回有效结果。返回 Optional 的方法比抛出异常的方法更灵活，也更易于使用，并且比有可能返回 null 的方法更不容易出错。

在**条目 30** 中，我们曾演示过如下方法，它会根据元素的自然顺序计算集合中最大值：

```
// 返回集合中的最大值——如果集合为空则抛出异常
public static <E extends Comparable<E>> E max(Collection<E> c) {
    if (c.isEmpty())
        throw new IllegalArgumentException("Empty collection");

    E result = null;
    for (E e : c)
        if (result == null || e.compareTo(result) > 0)
            result = Objects.requireNonNull(e);

    return result;
}
```

如果给定的集合是空的，这个方法会抛出 IllegalArgumentException。我们在**条目 30** 中提到过，更好的做法是返回一个 Optional<E>。修改后的方法如下：

```
// 以 Optional<E>形式返回集合中的最大值
public static <E extends Comparable<E>>
        Optional<E> max(Collection<E> c) {
    if (c.isEmpty())
        return Optional.empty();

    E result = null;
    for (E e : c)
        if (result == null || e.compareTo(result) > 0)
            result = Objects.requireNonNull(e);

    return Optional.of(result);
}
```

如你所见，返回一个 Optional 非常简单。所要做的就是用相应的静态工厂方法创建 Optional。程序中使用了两个工厂方法：Optional.empty()会返回一个空的 Optional，而 Optional.of(value)会返回一个包含给定的非空值的 Optional。将 null 传递给 Optional.of(value)是编程错误，如果这么做的话，该方法会抛出 NullPointerException。Optional.ofNullable(value)方法可以接受可能为 null 的值，并在传入 null 时返回一个空的 Optional。**千万不要从返回 Optional 的方法中返回 null**：这会破坏这种机制的整个目的。

流上的很多终结操作都会返回 Optional。如果使用流来重写 max 方法，Stream 的 max 操作会为我们生成一个 Optional（尽管我们必须传入一个显式的比较器）：

```
// 以 Optional<E>形式返回集合中的最大值——使用流
public static <E extends Comparable<E>>
```

```
    Optional<E> max(Collection<E> c) {
    return c.stream().max(Comparator.naturalOrder());
}
```

那么，如何选择是返回 Optional，还是返回 null 或抛出异常呢？**Optional 本质上类似于检查型的异常（条目 71）**，因为它们都强制 API 的用户面对可能没有返回值这一事实。抛出非检查型的异常或返回 null 允许用户忽略这种可能的情况，当然可能要面对可怕的后果。但是，抛出检查型的异常需要在客户端中添加额外的样板代码。

如果方法返回的是 Optional，客户端可以选择在该方法无法返回一个值时采取什么动作。可以指定一个默认值：

```
// 使用 Optional 来提供一个选定的默认值
String lastWordInLexicon = max(words).orElse("No words...");
```

或抛出任何适当的异常：

```
// 使用 Optional 来抛出一个选定的异常
Toy myToy = max(toys).orElseThrow(TemperTantrumException::new);
```

注意我们传入的是一个异常工厂，而不是实际的异常。这样可以避免在实际需要抛出异常之前就创建异常实例所带来的开销。如果能够证明一个 Optional 对象不会为空，那么可以从这个 Optional 对象中获取该值，而无须指定当这个 Optional 有可能为空时要执行的操作；但是如果判断错误，代码将抛出 NoSuchElementException：

```
// 当我们知道肯定存在返回值时
Element lastNobleGas = max(Elements.NOBLE_GASES).get();
```

有时可能会遇到这样的情况：获取默认值的开销很大，除非必要，否则我们想避免这种开销。对于这种情况，Optional 提供了一个方法，它接收一个 Supplier<T>，并且只在必要时才调用它。这个方法叫作 orElseGet，但也许它应该被命名为 orElseCompute，因为它与名称以 compute 开头的 3 个 Map 方法密切相关。还有几个 Optional 方法用于处理更特殊的使用场景，包括 filter、map、flatMap 和 ifPresent。Java 9 又添加了两个这样的方法：or 和 ifPresentOrElse。如果上述的基本方法不适合我们的使用场景，请查看文档寻找更高级的方法，看看它们是否能胜任。

如果这些方法都无法满足需求，Optional 还提供了 isPresent()方法，它可以被视为一个安全阀。如果 Optional 实例中包含一个值，该方法会返回 true；如果实例为空，该方法会返回 false。可以使用这个方法对 Optional 类型的结果进行任何我们想要的处理，但一定要明智地使用它。很多使用 isPresent 的地方用上面提到的方法中的一个代替可能更好，这样得到的代码通常会更短、更清晰，也更符合习惯用法。

例如，考虑下面的代码片段，它打印一个进程的父进程的进程 ID，如果该进程没有父进程，则打印 N/A。代码中使用了 Java 9 引入的 ProcessHandle 类：

```
Optional<ProcessHandle> parentProcess = ph.parent();
System.out.println("Parent PID: " + (parentProcess.isPresent() ?
    String.valueOf(parentProcess.get().pid()) : "N/A"));
```

上面的代码片段可以用下面的代码代替，它使用了 Optional 的 map 函数：

```
System.out.println("Parent PID: " +
  ph.parent().map(h -> String.valueOf(h.pid())).orElse("N/A"));
```

在使用流编程时，经常会遇到这样的情况，我们得到的是一个 Stream<Optional<T>>，但需要处理的是一个 Stream<T>，其中包含非空的 Optional 中的所有元素。如果使用的是 Java 8，可以这样弥补这一差距：

```
streamOfOptionals
    .filter(Optional::isPresent)
    .map(Optional::get)
```

在 Java 9 中，Optional 又加入了一个 stream()方法。这个方法是一个适配器，它将 Optional 转换为一个 Stream：如果 Optional 中存在一个元素，流中就会包含该元素；如果 Optional 为空，则流也为空。结合 Stream 的 flatMap 方法（**条目 45**），可以更简洁地替代上面的代码片段：

```
streamOfOptionals
    .flatMap(Optional::stream)
```

并不是所有的返回类型都适合使用 Optional 来处理。**容器类型（包括集合、映射、流、数组和 Optional 等），不应该包装在 Optional 中。**应该返回一个空的 List<T>（**条目 54**），而不是返回一个空的 Optional<List<T>>。如果返回的是空的容器，客户端就不需要再专门处理 Optional。ProcessHandle 类有一个返回 Optional<String[]>的 arguments 方法，但应该将此方法视为反常案例，不应模仿。

那么，什么时候应该声明一个方法返回 Optional<T>而不是 T 呢？通常情况下，**如果方法可能无法返回一个结果，而且这时客户端不得不执行一些特殊处理，那就应该声明该方法返回 Optional<T>**。即便如此，返回 Optional<T>并不是没有代价的。Optional 实例是一个必须分配和初始化的对象，从这样的实例中读取值也需要一次额外的间接操作。这使得 Optional 在某些性能关键的情况下并不适用（**条目 67**）。至于某个特定的方法是否属于这种情况，则只能通过仔细地测量来确定了。

与返回基本类型的值相比，返回包含基本类型的封装类的 Optional，开销高到无法接受，因为 Optional 多了两层封装。因此，类库的设计者认为有必要提供用于 int、long 和 double 的 Optional 类型，它们是 OptionalInt、OptionalLong 和 OptionalDouble。Optional<T>有的方法，它们大部分都有（但不是全部）。因此，除了“较小的基本类型”的封装类（Boolean、Byte、Character、Short 和 Float）之外，**千万不要返回基本类型的封装类的 Optional**。

到目前为止，我们已经讨论了如何返回 Optional 以及在返回之后如何处理。我们还没有讨论 Optional 的其他可能的用法，因为大多数其他用法都是有问题的。例如，永远不应该将 Optional 实例用作 Map 的值。如果这样做的话，要表达某个键逻辑上不存在于这个 Map 之中，就有了两种方式：要么就是这个键不存在，要么就是这个键存在，但是映射到了一个空的 Optional。这会导致毫无必要的复杂性，极有可能导致混淆和出错。一般来说，Optional 几乎永远都不适合用作集合或数组中的键、值或元素。

还有一个尚未解决的大问题。将 Optional 实例存储在实例字段中是否合适？通常这是一种“坏味道”，或许应该有一个包含该可选字段的子类。但有时包含 Optional 类型的字段可能是合理的。考虑**条目 2** 中的 NutritionFacts 类的情况。NutritionFacts 实例中包含很多并非必需的字段。我们无法为每种可能的字段组合创建一个子类。此外，这些字段是基本类型的，使得直接表示不存在的概念变得很麻烦。NutritionFacts 最适合的 API 就是从每个可选字段的 getter 方法返回一个 Optional 实例，因此将这些 Optional 实例直接存储为对象中的字段是很有意义的。

总而言之，如果发现自己编写的方法未必总能返回一个值，而且我们认为用户在每次调用该方法时都要考虑这种可能性，或许就应该返回一个 Optional 实例。然而，我们应该意识

到返回 `Optional` 实例会对性能造成真正的影响；对于性能关键的方法来说，返回 `null` 或抛出异常可能更好。最后，除了作为返回值之外，几乎不应该在其他情况下使用 `Optional`。

条目 56：为所有导出的 API 元素编写文档注释

要让一个 API 真正可用，必须为其编写文档。传统上，API 文档是手动生成的，而且与代码保持同步是件麻烦事。Java 编程环境通过 Javadoc 工具缓解了这项任务。Javadoc 利用特殊格式的文档注释（即 documentation comment，更常见的写法是 doc comment），可以自动从源代码生成 API 文档。

虽然文档注释惯例不是 Java 语言的正式组成部分，但是每个 Java 程序员都应该知道，它们是 API 事实上不可或缺的一部分。这些惯例在"如何编写文档注释"（*How to Write Doc Comments*）页面[Javadoc-guide]有描述。尽管自 Java 4 发布以来，这个页面再也没有更新过，但它仍然是非常有价值的资源。Java 9 添加了一个重要的文档标签，`{@index}`；Java 8 添加了一个，`{@implSpec}`；Java 5 添加了两个，`{@literal}`和`{@code}`。前面提到的页面没有介绍这些标签，但本条目会加以讨论。

要正确地编写 API 文档，必须在每个导出的类、接口、构造器、方法和字段声明之前加上文档注释。如果类是可序列化的，必须将其序列化形式（**条目 87**）也写在文档中。如果没有提供文档注释，Javadoc 能做的也就是将声明复制一份，作为受影响的 API 元素的唯一文档。使用缺少文档注释的 API 让人郁闷，而且容易出错。公有的类不应该使用默认构造器，因为无法为其提供文档注释。为了编写可维护的代码，还应该为大多数未导出的类、接口、构造器、方法和字段编写文档注释，尽管这些注释不需要像导出的 API 元素那样详细。

方法的文档注释应该简明扼要地描述该方法与其客户端之间的约定。除了为继承而设计的类中的方法之外（**条目 19**），约定应该说的是该方法会做什么（what），而不是怎么做（how）。文档注释应该列出该方法的所有*前置条件*（precondition），即客户端为了调用该方法，所有必须满足的条件；还应该列出所有的*后置条件*（postcondition），即在方法调用完成之后，哪些条件肯定会成立。通常，前置条件是通过说明会抛出非检查型异常的`@throws`标签隐含地描述出来的；每个非检查型异常对应一种违反前置条件的情形。另外，前置条件可以在受影响的参数的`@param`标签中指定。

除了前置条件和后置条件，方法还应该将任何*副作用*（side effect）都写在文档中。副作用指的是可以观察到的系统状态的变化，并且该变化并不是实现后置条件所明显需要的。例如，如果方法会启动一个后台线程，文档就应该注明这一点。

为了完整地描述方法的约定，文档注释应该为每个参数都添加一个`@param` 标签，为返回值添加一个`@return` 标签（除非返回类型为 `void`），并为方法抛出的每个异常添加一个`@throws` 标签，无论是检查型异常还是非检查型异常（**条目 74**）。如果`@return` 标签中的文本与该方法的描述信息相同，也可以考虑省略它，具体取决于所遵循的编码标准。

按照惯例，跟在`@param` 标签或`@return` 标签之后的文本应该是一个名词性短语，用于描述参数或返回值所表示的值。少数情况下，也可以使用算术表达式代替名词性短语；`BigInteger` 就是一个例子，可以参考。跟在`@throws` 标签之后的文本应该包含由单词"if"引导的一个从句，描述在什么样的条件下会抛出该异常。按照惯例，跟在`@param`、`@return`或`@throws` 标签后面的短语或从句不以句号结尾。下面的文档注释演示了所有这些惯例：

```
/**
 * Returns the element at the specified position in this list.
 *
 * <p>This method is <i>not</i> guaranteed to run in constant
 * time. In some implementations it may run in time proportional
 * to the element position.
 *
 * @param index index of element to return; must be
 *        non-negative and less than the size of this list
 * @return the element at the specified position in this list
 * @throws IndexOutOfBoundsException if the index is out of range
 *         ({@code index < 0 || index >= this.size()})
 */
E get(int index);
```

注意，这个文档注释中使用了 HTML 标签（<p>和<i>）。Javadoc 工具会将文档注释翻译为 HTML，文档注释中的任何 HTML 元素都会出现在生成的 HTML 文档中。有时，程序员甚至会在其文档注释中嵌入 HTML 表格，尽管这非常少见。

还要注意，在@throws 从句中的代码片段周围使用了 Javadoc 的{@code}标签。这个标签有两个作用：它会使这个代码片段以代码字体显示出来，它还会限制对包含在代码片段中的 HTML 标签和嵌套的 Javadoc 标签进行处理。后一属性使我们能够在代码片段中使用小于号（<），即使它是一个 HTML 元字符。要在文档注释中包含多行代码示例，可以将 Javadoc 的{@code}标签包在 HTML 的<pre>标签之内。换句话说，就是在代码示例的前面加上<pre>{@code，后面加上}</pre>。这样就保留了代码中的换行符，并且不再需要对其中包含的 HTML 元字符进行转义，但@符号除外，如果示例代码中使用了注解，则必须进行转义。

最后，注意在文档注释中使用的“this list”。按照惯例，当在实例方法的文档注释中使用“this”一词时，它指的是方法调用所在的对象。

正如**条目 15** 所述，当专门为了继承设计类时，必须将其“自身使用”（self-use）模式写在文档中，以便程序员了解重写其方法的语义。这些自身使用模式应该使用 Java 8 加入的@implSpec 标签进行文档化。回忆一下，普通的文档注释描述的是方法与其客户端之间的约定；相比之下，@implSpec 注释描述的则是方法与其子类之间的约定，如果子类继承了这个方法，或通过 super 调用了这个方法，子类可以信任该实现的行为。在实践中看起来是这样的：

```
/**
 * Returns true if this collection is empty.
 *
 * @implSpec
 * This implementation returns {@code this.size() == 0}.
 *
 * @return true if this collection is empty
 */
public boolean isEmpty() { ... }
```

直到 Java 9，Javadoc 工具仍然会忽略@implSpec 标签，除非传入命令行参数-tag "implSpec:a:Implementation Requirements:"。希望后续版本能解决这个问题。

不要忘记，要生成包含 HTML 元字符的文档，如小于号（<）、大于号（>）和&符号，必须采取特殊的措施。要让这些字符直接显示在文档之中，最好的方式是用{@literal}标签将它们括起来，这个标签会限制对其中的 HTML 标签和嵌套的 Javadoc 标签进行处理。它和

`{@code}`标签类似，只是不会以代码字体将文本显示出来。以下面的 Javadoc 片段为例：

```
* A geometric series converges if {@literal |r| < 1}.
```

它生成的文档是："A geometric series converges if |r| < 1." `{@literal}`标签可以仅包围小于号，而不是包围整个不等式，生成的文档是一样的，但源代码中的文档注释的可读性会差一些。这说明了一个通用原则，即**应该尽量让文档注释在源代码和生成的文档中都有不错的可读性**。如果二者不可兼得，应该优先保证生成的文档的可读性。

每个文档注释的第一句话（定义见下文）成为该注释所涉及的元素的概述（summary description）。以前文中的文档注释为例，其概述是"Returns the element at the specified position in this list."（返回该列表中指定位置的元素）。概述必须能够独立地描述所涉及元素的功能。为了避免混淆，**一个类或接口中的两个成员或构造器不应该有相同的概述**。要特别注意方法重载，对于重载的方法而言，往往会非常自然地使用同样的第一句话，但在文档注释中是不可接受的。

如果打算编写的概述中包含一个句点（.），则要小心，因为句点会让这个概述提前结束。例如，如果一个文档注释的开头是这样一句话，"A college degree, such as B.S., M.S. or Ph.D."，那么在生成的文档中，概述将成为"A college degree, such as B.S., M.S."。问题在于，概述会在后跟空格、制表符或行终结符（或第一个块标签）的第一个句点处结束[Javadoc-ref]。这里，缩写"M.S."中的第二个句点后面跟着一个空格。最好的解决方案是使用`{@literal}`标签将存在问题的句点和任何相关文本包围起来，这样在源代码中句点的后面就不是一个空格了：

```
/**
 * A college degree, such as B.S., {@literal M.S.} or Ph.D.
 */
public class Degree { ... }
```

说概述是文档注释中的第一"句"话有点误导。按照惯例，它绝大部分情况下并不是一个完整的句子。对于方法和构造器，概述应该是一个动词性短语（包括任何对象），描述该方法执行的操作，示例如下。

- `ArrayList(int initialCapacity)`——Constructs an empty list with the specified initial capacity.（使用指定的初始容量构造一个空列表。）
- `Collection.size()`——Returns the number of elements in this collection.（返回该集合中元素的数量。）

如这些示例所示，应该使用第三人称陈述语态（"returns the number"）而不是第二人称祈使语态（"return the number"）。

对于类、接口和字段，概述应该是一个名词性短语，描述由类或接口的实例或字段本身表示的事物，示例如下。

- `Instant`——An instantaneous point on the time-line.（时间线上的一个瞬时点。）
- `Math.PI`——The double value that is closer than any other to pi, the ratio of the circumference of a circle to its diameter.（最接近圆周率 π 的 `double` 值。）

Java 9 在 Javadoc 生成的 HTML 中加入了供用户使用的索引功能。该索引是以文档页面右上角的搜索框的形式提供的，使得在大型 API 集合中进行导航更为简单。当我们在搜索框中输入内容时，会出现一个下拉菜单，显示出匹配的页面。诸如类、方法和字段等 API 元素都会被自动索引。有时我们可能希望索引其他对 API 而言比较重要的项。Java 为此加入了`{@index}`标签。要为出现在文档注释中的某个项建立索引，只需要将其包在这个标签中，如下面的代码片段所示：

```
* This method complies with the {@index IEEE 754} standard.
```

泛型、枚举和注解在文档注释中需要特别注意。**在为泛型类型或泛型方法编写文档时，一定要将所有的类型参数都写在文档中：**

```
/**
 * An object that maps keys to values. A map cannot contain
 * duplicate keys; each key can map to at most one value.
 *
 * (其余信息略去)
 *
 * @param <K> the type of keys maintained by this map
 * @param <V> the type of mapped values
 */
public interface Map<K, V> { ... }
```

在为枚举类型编写文档时，除了类型本身和任何公有的方法之外，一定要将所有的常量都写在文档中。注意，如果一条文档注释整体比较简短，可以将其放在一行中：

```
/**
 * An instrument section of a symphony orchestra.
 */
public enum OrchestraSection {
    /** Woodwinds, such as flute, clarinet, and oboe. */
    WOODWIND,

    /** Brass instruments, such as french horn and trumpet. */
    BRASS,

    /** Percussion instruments, such as timpani and cymbals. */
    PERCUSSION,

    /** Stringed instruments, such as violin and cello. */
    STRING;
}
```

在为注解类型编写文档时，除了类型本身，一定要将它的任何成员都写在文档中。对于成员，要使用名词性短语，就像它们是字段一样。对于该类型的概述，要使用动词性短语，说明当一个程序元素具有这种类型的注解时，它意味着什么：

```
/**
 * Indicates that the annotated method is a test method that
 * must throw the designated exception to pass.
 */
@Retention(RetentionPolicy.RUNTIME)
@Target(ElementType.METHOD)
public @interface ExceptionTest {
    /**
     * The exception that the annotated test method must throw
     * in order to pass. (The test is permitted to throw any
     * subtype of the type described by this class object.)
     */
    Class<? extends Throwable> value();
}
```

包级文档注释应该放在一个命名为 `package-info.java` 的文件中。除了这些注释之外，`package-info.java` 中还必须包含包声明，还可以包含这个声明上的注解。类似地，如果选择使用模块系统（**条目 15**），模块级别的注释应该放在 `module-info.java` 文件中。

API 有两个方面在文档中经常会被忽略：线程安全和可序列化能力。**无论类或静态方法是否是线程安全的，都应该将其线程安全级别写在文档中**，如**条目 82** 所述。如果类是可序列化的，应该将其序列化形式写在文档中，如**条目 87** 所述。

Javadoc 还有“继承”方法注释的能力。如果一个 API 元素没有文档注释，Javadoc 会搜索最具体的、适用的文档注释，它会优先考虑接口而不是超类。搜索算法的细节可以在 *The Javadoc Reference Guide*[Javadoc-ref]中找到。也可以使用`{@inheritDoc}`标签从超类型那里继承部分文档注释。这意味着，除了前面介绍的各种写法，类还可以复用它们实现的接口的文档注释，而不是复制这些注释。这项机制有可能降低维护多组几乎相同的文档注释的负担，但使用起来很麻烦，而且有一些局限性。这些细节已经超出了本书的讨论范围。

关于文档注释，还有一点需要注意。虽然为所有导出的 API 元素提供文档注释是必要的，但有时这样还不够。对于由多个相互关联的类组成的复杂 API，通常还需要提供一个描述该 API 的整体架构的外部文档，作为文档注释的补充。如果存在这样的文档，相关的类或包的文档注释应该包含一个指向它的链接。

Javadoc 会自动检查是否遵循了本条目中的很多建议。在 Java 7 中，需要使用命令行参数`-Xdoclint`来启用这种检查。在 Java 8 和 Java 9 中，该检查是默认启用的。诸如 checkstyle 这样的 IDE 插件可以进一步检查是否遵守了这些建议[Burn01]。我们也可以通过某款 HTML 有效性检查工具（HTML validity checker）来检查 Javadoc 生成的 HTML 文件，以降低文档注释中出现错误的可能性。这样可以检测出许多对 HTML 标签的不正确用法。有几款这样的检查工具可供下载，我们也可以使用 W3C 标签验证服务（Markup Validation Service）[W3C-validator]在网上验证 HTML。在验证生成的 HTML 时，请记住，从 Java 9 开始，Javadoc 能够生成 HTML5 和 HTML 4.01，尽管它默认生成的仍然是 HTML 4.01。如果想让 Javadoc 生成 HTML5，请使用`-html5` 命令行参数。

本条目所描述的惯例涵盖了编写文档注释的基本知识。尽管在撰写本书的时候，“如何编写文档注释”[Javadoc-guide]这份文档已经有 15 年的历史了，但它仍然是编写文档注释的权威指南。

如果遵循了本条目介绍的准则，生成的文档应该能够清晰地描述 API。但要确定是不是做到了这一点，唯一的方式还是**阅读 Javadoc 工具生成的网页**。对于所有将被他人使用的 API，这样做都是值得的。就像测试一个程序几乎不可避免地会导致对代码进行一些修改一样，阅读其文档通常会导致对文档注释进行一些细微的修改。

总而言之，文档注释是为 API 编写文档的最好、最有效的方式。对于所有导出的 API 元素，必须使用文档注释。应该采用遵循惯例的一致的风格。记住，在文档注释中可以使用任何 HTML，但是所使用的 HTML 中的元字符必须进行转义。

第 9 章　通用编程

本章主要讨论 Java 语言的一些基本要点，包括局部变量、控制结构、类库、数据类型，以及核心语言之外的两种机制——反射和本地方法。最后还讨论了优化和命名惯例。

条目 57：最小化局部变量的作用域

本条目和**条目 15** 本质上是类似的。将局部变量的作用域最小化，可以提高代码的可读性和可维护性，并降低出错的可能性。

像 C 语言等比较老的编程语言，要求局部变量必须在代码块的开头声明，有些程序员出于习惯继续这样做。这个习惯应该改掉。提醒一下，在 Java 中，任何可以使用语句的地方，都可以声明变量（从 C99 开始，C 语言也是这样了）。

要最小化局部变量的作用域，最好的办法是在第一次使用它的地方进行声明。如果一个变量在使用之前声明了，只会造成混乱，对于试图弄懂程序作用的人而言，又多了一个会分散其注意力的因素。到了变量被使用的地方，阅读代码的人可能已经记不清这个变量的类型或初始值了。

过早地声明局部变量，会导致其作用域开始得太早，结束得太晚。局部变量的作用域从它被声明的点延伸到所在封闭块的末尾。如果变量是在使用它的块之外被声明的，那么在程序退出这个块之后，这个变量仍然是可见的。如果变量在我们期望的使用范围之前或之后被意外使用了，后果可能是灾难性的。

几乎每个局部变量声明都应该包含一个初始化器。如果还没有足够的信息来合理地初始化这个变量，则应该推迟其声明，直到具备了相关信息。该规则有个例外，与 `try-catch` 语句有关。如果变量是被一个有可能抛出检查型异常的表达式初始化的，那么该变量必须在 `try` 块内被初始化（除非这个块所在的方法可以将该异常传播出去）。如果该值必须在 `try` 块之外使用，那么它必须在 `try` 块之前被声明，此时它尚未被“合理地初始化”。有关示例，请参见**条目 65**。

循环为我们将变量的作用域最小化提供了一个特殊的机会。无论是传统的 `for` 循环还是 for-each 形式的 `for` 循环，都支持声明*循环变量*，而且其作用域被限制在正好需要的区域之内。（该区域包括循环体以及 `for` 关键字和循环体之间的括号中的代码。）因此，如果循环变量的内容在循环终止后不再需要，**应该优先选择 `for` 循环而不是 `while` 循环。**

例如，下面是对集合进行迭代时首选的习惯用法（**条目 58**）：

```
// 对集合或数组进行迭代时首选的习惯用法
for (Element e : c) {
    ... // 用e来做某件事
}
```

如果需要访问迭代器，比如要调用其 `remove` 方法，首选的习惯用法应该是用传统的

for 循环代替 for-each 循环：

```
// 当需要迭代器时的习惯用法
for (Iterator<Element> i = c.iterator(); i.hasNext(); ) {
    Element e = i.next();
    ... // 用e和i来做某件事
}
```

为了理解这些 for 循环为什么比 while 循环更好，考虑以下代码片段，其中包含两个 while 循环，代码中还有一个故障：

```
Iterator<Element> i = c.iterator();
while (i.hasNext()) {
    doSomething(i.next());
}
...
Iterator<Element> i2 = c2.iterator();
while (i.hasNext()) {   // 故障
    doSomethingElse(i2.next());
}
```

第二个循环包含一个复制粘贴错误：它初始化了一个新的循环变量 i2，但使用了旧的变量 i，而不幸的是 i 仍然在其作用域内。这样得到的代码可以通过编译，运行也不会抛出异常，所做的事情却是错误的。第二个循环没有对 c2 进行迭代，而是立即终止了，给人一种 c2 为空的错误印象。由于程序的错误是悄然发生的，这个错误可能会存在很长时间而没有被检测到。

如果在传统的 for 循环或 for-each 形式的循环中出现类似的复制粘贴错误，得到的代码甚至无法通过编译。第一个循环中的元素变量（或迭代器变量）不会出现在第二个循环的作用域内。下面是传统 for 循环的示例：

```
for (Iterator<Element> i = c.iterator(); i.hasNext(); ) {
    Element e = i.next();
    ... // 用e和i来做某件事
}
...
// 编译时错误——找不到符号 i
for (Iterator<Element> i2 = c2.iterator(); i.hasNext(); ) {
    Element e2 = i2.next();
    ... // 用e2和i2来做某件事
}
```

此外，如果使用 for 循环，更不可能犯复制粘贴错误，因为没有必要在两个循环中使用不同的变量名。两个循环是完全独立的，因此重复使用元素变量名（或迭代器变量名）没有任何问题。事实上，这通常是比较流行的做法。

与 while 循环相比，for 循环还有一个优点：它更简短，从而提高了可读性。

下面是另一种将局部变量的作用域最小化的循环习惯用法：

```
for (int i = 0, n = expensiveComputation(); i < n; i++) {
    ... // 用i来做某件事
}
```

关于这个习惯用法，有个比较重要的地方需要注意：它有两个循环变量 i 和 n，其作用域都恰到好处。第二个变量 n 用来存储第一个变量的上限，从而避免了在每次迭代中进行重复计算的开销。通常情况下，如果循环测试涉及方法调用，并且该调用保证每次迭代都会返回相同的结果，就应该使用这个习惯用法。

最后一种将局部变量的作用域最小化的技术是**使方法保持小且聚焦**。如果把两个操作放在了同一个方法中，那么与其中一个操作相关的局部变量可能会出现在执行另一个操作的代码的作用域内。为了防止这种情况发生，只需将这个方法分成两个：每个操作对应一个方法。

条目58：与传统的 for 循环相比，首选 for-each 循环

正如**条目45**所讨论的，有些任务最好用流来完成，有些则最好用迭代。下面是对集合进行迭代的传统的 `for` 循环：

```
// 并非在集合上迭代的最佳方式
for (Iterator<Element> i = c.iterator(); i.hasNext(); ) {
    Element e = i.next();
    ... // 用e来做某件事
}
```

下面是对数组进行迭代的传统的 `for` 循环：

```
// 并非在数组上迭代的最佳方式
for (int i = 0; i < a.length; i++) {
    ... // 用a[i]来做某事
}
```

这些习惯用法都比 `while` 循环更好（**条目57**），但并不完美。迭代器和索引变量都有些多余， 我们需要的只是元素而已。此外，它们存在出错的可能。迭代器在每次循环中出现了3次，索引变量则出现了4次，这增加了用错变量的机会。如果用错了，不能保证编译器会捕捉到这个问题。最后，这两个循环非常不同，前者会让人们不必要地注意到容器的类型，并为修改其类型带来了一点（小）麻烦。

for-each 循环（正式叫法是“增强 `for` 语句”）解决了所有这些问题。它通过将迭代器或索引变量隐藏起来，去掉了多余的信息，也避免了出错的可能。使用 for-each 循环的习惯用法同样适用于集合和数组，它使得从一种容器实现类型转换到另一种更加容易了：

```
// 对集合和数组进行迭代的首选的习惯用法
for (Element e : elements) {
    ... // 用e来做某事
}
```

当看到冒号（:）时，可以将其读作“在……中”。因此，上面的循环可以读作“对于在 `elements` 中的每个元素 `e`”。使用 for-each 循环没有性能上的损失，即使对数组来说也是如此：它们生成的代码与手写的代码基本相同。

当涉及嵌套的迭代时，for-each 循环比传统的 `for` 循环的优势甚至更大。下面是人们在实现嵌套的迭代时常犯的一个错误：

```
// 能发现代码中的故障吗
enum Suit { CLUB, DIAMOND, HEART, SPADE }
enum Rank { ACE, DEUCE, THREE, FOUR, FIVE, SIX, SEVEN, EIGHT,
            NINE, TEN, JACK, QUEEN, KING }
...
static Collection<Suit> suits = Arrays.asList(Suit.values());
static Collection<Rank> ranks = Arrays.asList(Rank.values());
```

```
List<Card> deck = new ArrayList<>();
for (Iterator<Suit> i = suits.iterator(); i.hasNext(); )
    for (Iterator<Rank> j = ranks.iterator(); j.hasNext(); )
        deck.add(new Card(i.next(), j.next()));
```

如果未能看出其中的故障，也不要灰心，许多专家级程序员都曾经犯过这种错误。问题在于，外部集合（suits）的迭代器上的 next 方法被调用了太多次。它本应该在外部循环中调用，以便每个花色调用一次，但这里是在内部循环中调用的，所以每张牌都会调用一次。当用完所有花色之后，循环会抛出 NoSuchElementException。

如果运气不好，外部集合的大小恰好是内部集合大小的倍数（或许它们就是同一个集合），循环将正常终止，但不会完成我们想要的工作。例如，看看下面这个考虑不周的尝试，打印一对骰子的所有可能的点数：

```
// 同样的故障，不同的表现
enum Face { ONE, TWO, THREE, FOUR, FIVE, SIX }
...
Collection<Face> faces = EnumSet.allOf(Face.class);

for (Iterator<Face> i = faces.iterator(); i.hasNext(); )
    for (Iterator<Face> j = faces.iterator(); j.hasNext(); )
        System.out.println(i.next() + " " + j.next());
```

这个程序没有抛出异常，但只打印了 6 对点数（从“ONE ONE”到“SIX SIX”），而不是我们期望的 36 种组合。

要修复这些示例中的故障，必须在外部循环的作用域内添加一个变量来保存外部元素：

```
// 修复，但并不美观——我们可以做得更好
for (Iterator<Suit> i = suits.iterator(); i.hasNext(); ) {
    Suit suit = i.next();
    for (Iterator<Rank> j = ranks.iterator(); j.hasNext(); )
        deck.add(new Card(suit, j.next()));
}
```

如果使用嵌套的 for-each 循环来代替，就不存在这个问题了。得到的代码简洁明了，正如我们所期望的：

```
// 对集合和数组进行嵌套迭代时首选的习惯用法
for (Suit suit : suits)
    for (Rank rank : ranks)
        deck.add(new Card(suit, rank));
```

遗憾的是，有 3 种常见的情况，我们不能使用 for-each 循环。

- **破坏性过滤**——如果需要遍历集合并删除选定的元素，则需要使用一个显式的迭代器，以便调用其 remove 方法。通常可以使用 Collection 的 removeIf 方法（该方法是在 Java 8 中加入的）来避免显式的遍历。
- **转换**——如果需要遍历列表或数组并替换其部分或全部元素的值，则需要列表迭代器或数组索引，以便替换某个元素的值。
- **并行迭代**——如果需要并行遍历多个集合，则需要显式地控制迭代器或索引变量，以便所有的迭代器或索引变量可以同步推进（就像上面的无意中引入了故障的扑克牌和骰子示例所演示的那样）。

如果发现自己处于上述的任何一种情况，应该使用普通的 for 循环，并注意本条目提

到的陷阱。

for-each 循环不仅可以遍历集合和数组，还可以遍历实现了 Iterable 接口的任何对象，该接口由一个方法组成：

```
public interface Iterable<E> {
    // 返回这个可迭代对象中的元素上的迭代器
    Iterator<E> iterator();
}
```

如果必须从头开始编写自己的 Iterator 实现，那么实现 Iterable 是有点麻烦的，但如果正在编写的类型表示的是一组元素，那么哪怕选择不让它实现 Collection，也应该重点考虑让它实现 Iterable。这样用户就可以使用 for-each 循环对其进行迭代了，他们会永远心怀感激的。

总而言之，与传统的 for 循环相比，for-each 循环在清晰、灵活性和预防故障方面提供了强大的优势，而且没有性能损失。应该尽可能使用 for-each 循环。

条目 59：了解并使用类库

假设要生成介于零和某个上限之间的随机整数。面对这个常见的任务，许多程序员会编写一个类似于下面这样的小方法：

```
// 很常见，但存在严重的缺陷
static Random rnd = new Random();

static int random(int n) {
    return Math.abs(rnd.nextInt()) % n;
}
```

这个方法看起来不错，但存在 3 个缺陷。第一个是，如果 n 是 2 的整数次幂，而且指数不大，那么生成的随机数序列很快就会出现重复。第二个缺陷是，如果 n 不是 2 的整数次幂，平均而言，返回某些数字的频率会高于其他数字。如果 n 很大，影响会非常显著。下面的程序可以强有力地证明这一点，在精心选择的区间内，程序生成了 100 万个随机数，然后打印出有多少个数字落在了区间的前半部分：

```
public static void main(String[] args) {
    int n = 2 * (Integer.MAX_VALUE / 3);
    int low = 0;
    for (int i = 0; i < 1000000; i++)
        if (random(n) < n/2)
            low++;
    System.out.println(low);
}
```

如果 random 方法工作正常，程序打印的数字应该接近 100 万的一半，也就是 50 万，但运行这个程序，我们发现打印的是一个接近 666 666 的数字。这个 random 方法生成的数字有 2/3 都落在了区间的前半部分！

random 方法的第三个缺陷是，在极少数情况下，它可能会出现严重的问题——返回一个指定区间之外的数字。这是因为该方法试图通过调用 Math.abs 将 rnd.nextInt() 返回的值映射为一个非负的 int。如果 nextInt() 返回的是 Integer.MIN_VALUE，那么 Math.abs 也将返回 Integer.MIN_VALUE，如果 n 不是 2 的整数次幂，取余运算符

（ % ）将返回一个负数。几乎可以肯定，这会导致程序失败，而且这种失败可能很难复现。

要编写一个能够解决这些缺陷的 random 方法，必须对伪随机数生成器、数论和二进制补码运算有相当多的了解。幸运的是，我们不需要这样做，因为已经有人为我们做了。它就是 Random.nextInt(int)。我们不需要关心其实现细节（如果好奇的话，可以研究其文档或源代码）。一位具有算法背景的资深工程师花费了大量时间设计、实现和测试这个方法，然后还将其展示给该领域的几位专家，以确保它是正确的。然后，这个类库经过 beta 测试，正式发布，并被数百万程序员广泛使用了近二十年。该方法目前尚未发现任何缺陷，但如果发现了缺陷，也会在下一个版本中修复。**通过使用标准类库，我们可以利用这些编写标准类库的专家的知识，还有我们之前的使用者的经验。**

从 Java 7 开始，不应该再使用 Random。对于大多数使用场景而言，**现在首选的随机数生成器是 ThreadLocalRandom。**它可以生成质量更高的随机数，而且速度非常快。在我的机器上，它比 Random 快 3.6 倍。对于 fork-join 池和并行流，应该使用 SplittableRandom。

使用标准类库的第二个优点是，如果要解决的问题与我们要做的工作只有一点点关系，没必要浪费时间为其编写临时的解决方案。和大多数程序员一样，你应该把时间花在自己的应用程序上，而不是花在底层的编程工作上。

使用标准类库的第三个优点是，它们的性能往往会随着时间的推移而不断提高，而我们不必为此付出任何努力。因为很多人在使用它们，也因为它们会被用于一些工业标准的基准测试中，所以提供这些类库的组织有强烈的动机提升其性能。许多 Java 平台类库已经被重写过，有时是反复重写，大幅提升了性能。

使用标准类库的第四个优点是，它们往往会随着时间的推移而增加功能。如果一个类库缺少某些功能，开发者社区就会把这些问题公示出来，进而缺失的功能可能会被添加到后续的版本中。

使用标准类库的最后一个优点是，这样将会把我们的代码置于主流之中。代码更容易被众多开发人员阅读、维护和复用。

考虑到所有这些优点，使用标准类库设施而不是使用临时实现，看来是理所当然的选择，然而许多程序员没有这样做。为什么不呢？也许他们并不知道这些类库设施的存在。**Java 的每个重要版本都会向类库中添加许多特性，了解这些新特性是值得的。**每当 Java 平台的重要版本发布时，都会有一个描述其新特性的网页。这些页面非常值得阅读[Java8-feat，Java9-feat]。为了让大家理解更为深刻，我们再举个例子：假设要编写一个程序，打印通过命令行指定的 URL 对应页面的内容（大致就是 Linux 的 curl 命令所做的事情）。在 Java 9 之前，实现代码有点冗长，但是在 Java 9 中，InputStream 加入了 transferTo 方法。下面是使用这个新方法执行该任务的完整程序：

```
// 使用 Java 9 加入的 transferTo 方法打印 URL 的内容
public static void main(String[] args) throws IOException {
    try (InputStream in = new URL(args[0]).openStream()) {
        in.transferTo(System.out);
    }
}
```

Java 的类库太庞大了，研究所有的文档[Java9-api]并不现实，但是**每个程序员都应该熟悉 java.lang、java.util 和 java.io 以及它们的子包的基本内容。**其他类库的知识可以根据需要逐步掌握。总结类库中的所有设施超出了本条目的讨论范围，而且这些年来，它们发展得越发庞大了。

有几个类库值得特别提一下。集合类框架和流库（**条目 45～48**），以及 `java.util.concurrent` 中的部分并发机制，也是每个程序员都应该掌握的。`java.util.concurrent` 包中既包含用于简化多线程编程的高级并发工具，又包含为专家编写自己的高级并发抽象而提供的低级原语。**条目 80** 和**条目 81** 讨论了 `java.util.concurrent` 中的高级设施。

偶尔，某个类库工具可能无法满足需求。而且需求越是专业化，这种情况就越有可能发生。虽然我们的第一反应应该是使用标准类库，但如果在查看了类库中某个领域所提供的功能之后，发现它们无法满足需求，那么请使用其他实现。毕竟，任何有限的一组类库在功能上都很难做到面面俱到。如果在 Java 平台类库中找不到所需要的内容，下一个选择应该是寻找高质量的第三方类库，如 Google 开源的非常优秀的 Guava 类库 [Guava]。如果在任何相应的类库中都找不到所需要的功能，那可能就别无选择了，只能自己实现。

总而言之，不要重复发明轮子。如果需要执行某些看起来应该很常见的操作，可能已经有某个类库提供了这样的功能。如果有，就使用它；如果我们不知道，那就去查。一般说来，类库代码很可能比你自己编写的代码更好，并且会随着时间的推移而不断改进。这并不是怀疑你作为程序员的能力。规模经济决定了类库代码会得到极大的关注，这是开发同样功能的大部分开发者所不具备的。

条目 60：如果需要精确的答案，避免使用 float 和 double

`float` 和 `double` 类型主要是为科学和工程计算而设计的。它们会执行二进制浮点运算，而这种运算又是为了快速地在一个非常大的数量级范围内提供准确的近似值而精心设计的。然而，它们并不提供精确的结果，因此不应该用在需要精确结果的地方。**`float` 和 `double` 类型特别不适合货币计算**，因为无法精确地用一个 `float` 或 `double` 值来表示 0.1（或 10 的任何其他负整数次幂）。

例如，假设口袋里有 1.03 美元，花了 42 美分。那还剩多少钱呢？下面的简单程序片段试图回答这个问题：

```
System.out.println(1.03 - 0.42);
```

非常遗憾，打印出来的是 0.6100000000000001。这并非孤例。假设口袋里有 1 美元，买了 9 个单价为 10 美分的垫圈。会找回多少零钱呢？

```
System.out.println(1.00 - 9 * 0.10);
```

根据这个程序片段，找零 0.09999999999999998 美元。

你可能认为，只需要在打印前将结果四舍五入，问题就可以解决，但很遗憾，这样未必总能奏效。例如，还是假设口袋里有 1 美元，货架上有一排单价分别为 10 美分、20 美分、30 美分……，直到 1 美元的美味糖果。我们从价格为 10 美分的糖果开始，每种都买一颗，直到剩下的钱不够支付下一颗为止。最终能买多少颗糖果呢，会找零多少钱？下面是试图解决这个问题的一个简单程序：

```
// 存在问题——将浮点数用于货币计算
public static void main(String[] args) {
    double funds = 1.00;
    int itemsBought = 0;
```

```
    for (double price = 0.10; funds >= price; price += 0.10) {
        funds -= price;
        itemsBought++;
    }
    System.out.println(itemsBought + " items bought.");
    System.out.println("Change: $" + funds);
}
```

运行这个程序，会发现能买 3 颗糖果，找零是$0.3999999999999999。这是错误的答案！解决这个问题的正确方式是使用 BigDecimal、int 或 long 进行货币计算。

下面是对前面程序的直接改造，用 BigDecimal 类型代替了 double。请注意，我们使用了 BigDecimal 的参数为 String 的构造器，而不是参数为 double 的版本，以免将不准确的值引入计算中[Bloch05, Puzzle 2]：

```
public static void main(String[] args) {
    final BigDecimal TEN_CENTS = new BigDecimal(".10");

    int itemsBought = 0;
    BigDecimal funds = new BigDecimal("1.00");
    for (BigDecimal price = TEN_CENTS;
            funds.compareTo(price) >= 0;
            price = price.add(TEN_CENTS)) {
        funds = funds.subtract(price);
        itemsBought++;
    }
    System.out.println(itemsBought + " items bought.");
    System.out.println("Money left over: $" + funds);
}
```

运行修改后的程序，会发现能买 4 颗糖果，没有找零。这是正确的答案。

然而，使用 BigDecimal 有两个缺点：它比使用基本的算术类型不方便得多，速度也慢得多。如果要解决的是比较小的问题，后一个缺点倒是无关紧要，但是前一个缺点可能会让我们感到烦恼。

还可以使用 int 或 long 来代替 BigDecimal，并自行记录小数点的位置，具体使用哪种整型类型取决于所涉及的金额。在这个例子中，显然应该使用美分而不是美元来执行所有计算。下面采用这种方式对上面的代码进行简单改造：

```
public static void main(String[] args) {
    int itemsBought = 0;
    int funds = 100;
    for (int price = 10; funds >= price; price += 10) {
        funds -= price;
        itemsBought++;
    }
    System.out.println(itemsBought + " items bought.");
    System.out.println("Cash left over: " + funds + " cents");
}
```

总而言之，对于任何需要精确答案的计算，都不要使用 float 或 double。如果想让系统记录小数点的位置，并且不介意不使用基本类型所带来的不便和开销，可以使用 BigDecimal。使用 BigDecimal 有个额外的好处，就是我们可以完全控制舍入模式，每当执行需要舍入的操作时，我们可以从 8 个舍入模式中作出选择。如果正在执行具有法定舍入行为的业务计算，这会非常方便。如果性能至关重要，而且不介意自己记录小数点的位置，并且所涉及的数值不是太大，则可以使用 int 或 long。如果数值范围不超过9位十进制数字，可以使用 int；如果数值范围不超过18位十进制数字，可以使用 long。如果数值范围可能超过18位十进制数字，则应该使用 BigDecimal。

条目 61：首选基本类型，而不是其封装类

Java 的类型系统可以分为两部分，分别是基本类型（如 int、double 和 boolean）和引用类型（如 String 和 List）。每种基本类型都有一个对应的引用类型，称为基本类型的封装类（boxed primitive）。对应于 int、double 和 boolean 的封装类分别是 Integer、Double 和 Boolean。

如**条目 6** 所提到的，自动装箱和自动拆箱模糊了基本类型与其封装类之间的区别，但又没有完全抹去这种区别。二者之间存在真正的差异，重要的是，我们必须意识到自己正在使用的是哪一种，并谨慎做出选择。

基本类型与其封装类之间有3个主要区别。首先，基本类型仅有值，而其封装类还有不同于值的身份信息（identity）。换句话说，两个封装类实例可以有相同的值，但有不同的身份信息。其次，基本类型只有全功能的值，而其封装类除了与基本类型值对应的所有全功能的值之外，还有一个非功能性的值，即 null。最后，基本类型与其封装类相比，在时间和空间方面的效率更高。如果不小心，这3个差异都有可能带来真正的麻烦。

考虑下面这个比较器，它被设计为表示 Integer 值的升序数字顺序。（回想一下，比较器的 compare 方法会根据其第一个参数是小于、等于还是大于其第二个参数，而返回一个负数、零或正数。）因为它实现的是对 Integer 值的自然排序，所以在现实中并不需要编写这样的比较器，但作为示例还不错：

```
// 存在问题的比较器——你能发现缺陷吗
Comparator<Integer> naturalOrder =
    (i, j) -> (i < j) ? -1 : (i == j ? 0 : 1);
```

这个比较器看起来应该可以工作，而且可以通过很多项测试。例如，它可以和 Collections.sort 一起使用，对包含一百万个元素的列表正确地进行排序，无论列表中是否包含重复元素。但是这个比较器存在非常严重的缺陷。要证明也不难，只需要打印 naturalOrder.compare(new Integer(42), new Integer(42)) 的值。两个 Integer 实例表示的是相同的值（42），所以这个表达式的值应该是0，但它是1，这个结果表示第一个 Integer 值比第二个大！

那么问题出在哪里呢？naturalOrder 中的第一个测试（也就是 i < j）可以很好地工作。对表达式 i<j 进行求值计算，会导致 i 和 j 引用的 Integer 实例被自动拆箱，也就是提取其基本类型值；然后检查这样得到的第一个 int 值是否小于第二个。现在我们假设它不小于。下一个测试是对表达式 i==j 进行求值计算，它会对两个对象引用执行同一性比较（identity comparison）。如果 i 和 j 引用的是表示相同 int 值的不同 Integer 实例，则这个比较将返回 false，进而比较器将错误地返回1，这就表示第一个 Integer 值大于第二个。将==运算符应用于基本类型的封装类几乎总是错误的。

在实践中，如果需要一个比较器来描述某个类型的自然顺序，只需要调用 Comparator.

naturalOrder()，如果自己编写，则应该使用比较器构造方法或基本类型的静态比较方法（**条目 14**）。即便如此，我们也可以添加两个局部变量来存储封装类参数对应的基本类型 int 值，然后使用这两个变量来执行所有的比较，从而修复存在问题的比较器。这样可以避免错误的同一性比较：

```
Comparator<Integer> naturalOrder = (iBoxed, jBoxed) -> {
    int i = iBoxed, j = jBoxed; // 自动拆箱
    return i < j ? -1 : (i == j ? 0 : 1);
};
```

接下来，考虑这个有趣的小程序：

```
public class Unbelievable {
    static Integer i;

    public static void main(String[] args) {
        if (i == 42)
            System.out.println("Unbelievable");
    }
}
```

它没有打印 Unbelievable——但它所做的事情几乎同样让人感到奇怪。当对表达式 i == 42 进行求值计算时，它抛出了 NullPointerException。问题在于，i 是一个 Integer，而不是 int，像所有非常量对象引用字段一样，它的初始值为 null。当程序对表达式 i == 42 进行求值计算时，它正在比较一个 Integer 和一个 int。**几乎在所有混合使用基本类型与其封装类的操作中，封装类都会被自动拆箱**。如果一个为 null 的对象引用被自动拆箱，则会抛出 NullPointerException。正如该程序所演示的，这几乎可能发生在任何地方。这个问题不难解决，只需要将 i 声明为 int 而不是 Integer。

最后，考虑来自**条目 6** 的这个程序：

```
// 出奇地慢！能注意到对象创建吗
public static void main(String[] args) {
    Long sum = 0L;
    for (long i = 0; i < Integer.MAX_VALUE; i++) {
        sum += i;
    }
    System.out.println(sum);
}
```

这个程序的运行本不该那么慢，只是因为不小心将一个应该声明为 long 类型的局部变量（sum）声明为其封装类 Long 类型了。程序可以通过编译，没有错误和警告，而变量会被反复装箱和拆箱，导致明显的性能降低。

本条目所讨论的 3 个程序，问题是一样的：程序员忽略了基本类型与其封装类之间的区别，并承担了后果。在前两个程序中，其后果是彻底的失败；在第三个程序中，其后果是严重的性能问题。

那么什么情况下应该使用基本类型的封装类呢？有几个合理的使用场景。第一个是作为集合中的元素、键和值。我们无法将基本类型放入集合中，因此必须使用其封装类。更一般的情况是，在参数化的类型和方法中，必须使用基本类型的封装类作为类型参数（**第 5 章**），因为 Java 不允许使用基本类型。例如，我们无法声明一个 ThreadLocal<int> 类型的变量，而必须使用 ThreadLocal<Integer>。最后，在以反射方式进行方法调用

时，必须使用基本类型的封装类（**条目 65**）。

总而言之，应该尽可能使用基本类型而不是其封装类。基本类型更简单，速度更快。如果必须使用其封装类，务必小心！**自动装箱减少了使用封装类的烦琐，但并没有减少风险**。当程序使用==运算符比较两个封装类的实例时，执行的是同一性比较，几乎可以肯定，这并不是我们想要的。当程序执行涉及基本类型与其封装类的混合类型计算时，它会自动拆箱；而**在执行拆箱时，有可能抛出 `NullPointerException`**。最后，当程序对基本类型值进行装箱时，有可能导致开销较大而且并不必要的对象创建。

条目 62：如果其他类型更适合，就不要使用字符串

字符串是为表示文本而设计的，而且做得很好。因为字符串非常常见，并且得到了 Java 语言的良好支持，所以人们会自然而然地倾向于将字符串用于其设计用途以外的场景。本条目会讨论一些不应该使用字符串的情形。

字符串不适合用于替代其他值类型。当数据从文件、网络或键盘输入进入程序中时，通常会表现为字符串形式。所以人们自然倾向于让它保持这种形式，但只有数据在本质上确实是文本内容时，这种倾向才是合理的。如果它是数字，就应该被转换为相应的数值类型，如 `int`、`float` 或 `BigInteger`。如果它是一个“是或不是”类型的问题的答案，就应该被转换为相应的枚举类型或 `boolean`。更一般地说，如果存在一个适合的值类型，无论是基本类型还是对象引用，就应该使用它；如果没有，则应该编写一个。虽然这个建议看起来可能是显而易见的，但人们经常违反。

字符串不适合替代枚举类型。正如**条目 34** 所讨论的，作为可枚举类型的常量，枚举类型要比字符串好得多。

字符串不适合替代聚合类型。如果一个实体有多个组件，通常不适合用单个字符串来表示。例如，下面这行代码来自于一个真实的系统（为避免纠纷，标识符名称有所修改）：

```
// 不恰当地使用字符串表示聚合类型
String compoundKey = className + "#" + i.next();
```

这种方式有很多缺点。如果用于分隔字段的字符（比如上面代码中的“#”）出现在其中的一个字段中，可能会导致混乱。要访问单个字段，必须先解析字符串，而解析操作会很慢，也非常麻烦，而且容易出错。我们无法为其提供 `equals`、`toString` 或 `compareTo` 方法，而是只能接受 `String` 类提供的行为。更好的方式是编写一个表示聚合的类，通常使用私有的静态成员类（**条目 24**）。

字符串不适合替代能力表（capabilities）。偶尔，人们会使用字符串来授予对某些功能的使用权限。例如，考虑设计一个线程局部变量（thread-local variable）机制。这样的机制提供了一些变量，每个线程都可以有自己的值。Java 类库自 1.2 版本开始就有了线程局部变量机制，但在此之前，程序员必须自己实现。在许多年前，面对这样的设计任务，几个人独立地提出了相同的设计：以客户端提供的字符串作为键，来识别每个线程局部变量。

```
// 存在问题——不恰当地使用字符串表示能力表
public class ThreadLocal {
    private ThreadLocal() { } // 不可实例化

    // 设定当前线程中的与具名变量关联的值
```

```
    public static void set(String key, Object value);

    // 返回当前线程中的与具名变量关联的值
    public static Object get(String key);
}
```

这种实现方式的问题在于，字符串代表的是用于线程局部变量的一个共享的全局命名空间。为使其发挥作用，客户端提供的字符串必须是唯一的：如果两个客户各自选择的线程局部变量的名字恰好相同，他们就在无意中共享了同一个变量，这通常会导致二者的失败。此外，安全性也很差。恶意客户端可以故意使用与另一个客户端相同的字符串键，从而非法方式访问另一个客户端的数据。

这个 API 可以这样修复：使用不可伪造的键（有时被称为 capability）来代替字符串。

```
public class ThreadLocal {
    private ThreadLocal() { }  // 不可实例化

    public static class Key {  // (Capability)
        Key() { }
    }

    // 生成一个唯一的、不可伪造的键
    public static Key getKey() {
        return new Key();
    }

    public static void set(Key key, Object value);
    public static Object get(Key key);
}
```

虽然这样可以解决基于字符串的 API 中的两个问题，但还可以做得更好。实际上不再需要这些静态方法。它们可以成为键的实例方法，而此时这个键已经不是用于线程局部变量的键：它本身*就是*一个线程局部变量。此时，顶层类已经没有任何实质性工作了，所以最好将其删除，并将被嵌套的类重命名为 `ThreadLocal`。

```
public final class ThreadLocal {
    public ThreadLocal();
    public void set(Object value);
    public Object get();
}
```

这个 API 不是类型安全的，因为当我们从一个线程局部变量中检索值时，必须将得到的值从 `Object` 类型强制转换为其实际类型。要使原来基于字符串的 API 做到类型安全，这是不可能的；要使基于 `Key` 的 API 做到类型安全，也有点困难；但是对上面的 API 而言，则是轻而易举的，只需要将 `ThreadLocal` 变成一个参数化的类（**条目 29**）：

```
public final class ThreadLocal<T> {
    public ThreadLocal();
    public void set(T value);
    public T get();
}
```

`java.lang.ThreadLocal` 提供的 API 大致就是这样了。除了解决了基于字符串的 API 的问题外，它比任何一种基于键的 API 都更快、更优雅。

总而言之，当存在更好的数据类型或可以编写更好的数据类型时，要避免将对象表示为字符串的自然倾向。如果使用不当，字符串会比其他类型更加麻烦、更不灵活、速度更慢，也更容易出错。经常被错误地用字符串来代替的类型包括基本类型、枚举类型和聚合类型等。

条目 63：注意字符串拼接操作的性能

字符串拼接运算符（+）可以很方便地将几个字符串组合成一个。对于单行输出，或者构建一个小型的、大小固定的对象的字符串表示，它都非常适合，但是对于规模更大的场景，它就不适合了。**重复使用字符串拼接运算符来拼接 *n* 个字符串，需要的时间是 *n* 的平方级的**。这是由“字符串是不可变的”（**条目 17**）这一事实所导致的后果。当两个字符串被拼接在一起时，它们的内容都会被复制。

例如，考虑下面这个方法，它通过重复拼接每件商品的字符串信息，来构建账单的字符串表示：

```
// 不适合使用字符串拼接——性能很差
public String statement() {
    String result = "";
    for (int i = 0; i < numItems(); i++)
        result += lineForItem(i);  // 字符串拼接
    return result;
}
```

如果商品的数量很大，这个方法的表现会非常糟糕。**为了达到可以接受的性能，应该使用 `StringBuilder` 代替 `String` 来存储构建过程中的语句**：

```
public String statement() {
    StringBuilder b = new StringBuilder(numItems() * LINE_WIDTH);
    for (int i = 0; i < numItems(); i++)
        b.append(lineForItem(i));
    return b.toString();
}
```

自从 Java 6 以来，Java 开发团队投入了大量的工作，以提升字符串拼接操作的速度，但是上面两个方法的性能差异仍然非常明显：如果 `numItems` 返回 100，且 `lineForItem` 返回了一个长 80 个字符的字符串，在我的机器上，第二个方法的运行速度比第一个快 6.5 倍。由于第一个方法的速度是商品数量的平方级的，而第二个方法是线性级的，随着商品数量的增加，性能差异会更大。注意，第二个方法提前分配了一个足以容纳整个结果的 `StringBuilder`，使得不再需要自动增长。即使将其调整为使用默认大小的 `StringBuilder`，仍然比第一个方法快 5.5 倍。

结论很简单：除非性能不重要，否则**不要使用字符串拼接运算符来组合多个字符串**。应该使用 `StringBuilder` 的 `append` 方法来代替。或者使用字符数组，或者逐个处理每个字符串，而不是将其组合在一起。

条目 64：通过接口来引用对象

条目 51 建议应该使用接口而不是类作为参数类型。更一般地说，应该首选使用接口而不是类来引用对象。**如果存在适合的接口类型，那么参数、返回值、变量和字段都应该使

用接口类型来声明。唯一真正需要用到对象的类的时候，是使用构造器创建这个对象时。为了更具体地说明这一点，考虑 LinkedHashSet 的情况，它是 **Set** 接口的一个实现。应该养成这种习惯：

```
// 好习惯——使用接口作为类型
Set<Son> sonSet = new LinkedHashSet<>();
```

而不是像下面这样：

```
// 坏习惯——使用类作为类型
LinkedHashSet<Son> sonSet = new LinkedHashSet<>();
```

如果养成了使用接口作为类型的习惯，程序将变得更加灵活。如果决定更换实现，所要做的就是改变构造器中的类名（或使用不同的静态工厂）。例如，第一个声明可以改为：

```
Set<Son> sonSet = new HashSet<>();
```

周围的所有代码都将继续工作。周围的代码并不知道原来的实现类型，所以它将对这种变化视而不见。

有一点需要注意：如果原来的实现提供了接口的通用约定之外的某个特殊功能，并且代码依赖于这一功能，那么新实现也要提供同样的功能，这一点至关重要。例如，如果第一个声明周围的代码依赖于 LinkedHashSet 的排序策略，则在声明中用 HashSet 替代 LinkedHashSet 是不正确的，因为 HashSet 对迭代顺序没有提供任何保证。

那么，为什么要改变实现类型呢？可能是因为与原来的实现相比，第二个实现可以提供更好的性能，也可能是因为它可以提供原来的实现所缺乏的理想功能。例如，假设有个字段包含一个 HashMap 实例。将其更改为 EnumMap，可以提供更好的性能，以及与键的自然顺序一致的迭代顺序，但是只能在键的类型为枚举类型时使用 EnumMap。将 HashMap 更改为 LinkedHashMap，将提供可预测的迭代顺序，而且性能与 HashMap 相当，同时对键的类型没有任何特殊要求。

你可能会认为，使用其实现类型来声明变量是可以的，因为可以同时改变声明类型和实现类型，但这样修改未必能保证程序仍能通过编译。如果客户端代码使用了原来的实现类型上有，但用于替换的类型上没有的方法，或者客户端代码将该实例传递给了一个要求原来的实现类型的方法，那么在修改之后，代码将无法通过编译。使用接口类型来声明变量可以让我们保持前后一致。

如果没有适合的接口类型，使用类而不是接口来引用对象也是完全可以的。例如，考虑值类，如 String 和 BigInteger。值类很少会提供多个实现。它们通常是 final 的，并且大部分情况下没有相应的接口。使用这样的值类作为参数、变量、字段或返回类型是完全合适的。

第二种没有适合的接口类型的情况是，对象属于这样一个框架——其基本类型是类而不是接口。如果一个对象属于这种基于类的框架，那么最好使用相关的基类（通常是抽象类）来引用它，而不是使用其实现类。许多 java.io 类，如 OutputStream 就属于这一类。

最后一种没有适合的接口类型的情况是，类实现了一个接口，但还提供了接口中没有的方法——例如，PriorityQueue 有一个 comparator 方法，而这个方法在 Queue 接口中是不存在的。只有当程序依赖于额外的方法时，才应该用这样的类来引用其实例，而这样的情况并不多见。

这 3 种情况并不全面，仅仅是介绍了一些适合使用类来引用对象的情况。在实践中，给定的对象是否存在适合的接口应该是非常明显的。如果有的话，当使用接口来引用这个对象时，程序将更加灵活，而且符合主流的编程风格。**如果没有适合的接口，就用类层次结构中最不具体的类来提供所需的功能**。

条目65：与反射相比，首选接口

Java 的核心反射机制（即 `java.lang.reflect` 包）提供了以可编程方式使用任意类的能力。给定一个 `Class` 对象，我们可以获得其 `Constructor`、`Method` 和 `Field` 实例，它们分别代表这个 `Class` 对象所代表的类的构造器、方法和字段。这些对象支持以可编程的方式访问类的成员名称、字段类型和方法签名等信息。

此外，`Constructor`、`Method` 和 `Field` 实例支持以反射方式操作它们底层对应的实体：可以通过调用 `Constructor`、`Method` 和 `Field` 实例上的方法，来构造底层类的实例、调用底层类的方法以及访问底层类的字段。例如，`Method.invoke` 允许我们调用任何类的任何对象上的任何方法（遵从常规的安全约束）。反射允许一个类使用另一个类，即使在编译前一个类时后一个类尚不存在。然而，这种能力要付出如下代价。

- **我们将失去编译时类型检查的所有好处**，包括异常检查。如果程序试图以反射方式调用一个不存在的或不可访问的方法，除非采取了特殊的预防措施，否则它将在运行时失败。
- **执行反射所需要的代码既笨拙又烦琐**。写起来麻烦，读起来困难。
- **影响性能**。以反射方式调用方法要比正常调用慢得多。具体慢多少很难说，因为有很多影响因素。在我的机器上，正常调用比以反射方式调用一个没有输入参数、返回 `int` 的方法快了 11 倍。

有一些复杂的应用程序需要使用反射。例如代码分析工具和依赖注入框架。然而，随着反射的缺点变得越来越明显，即使是这些工具，最近也逐渐抛弃了反射。如果对自己的应用程序是否需要反射存在任何疑问，那么很可能是不需要的。

可以仅以非常有限的形式使用反射，既获得反射的许多好处，又限制其开销。有很多程序是这样的，它们必须使用某个类，但这个类在编译时无法获得，不过在编译时存在适合的接口或超类可以用来引用这个类的实例（**条目 64**）。如果是这种情况，可以**通过反射方式创建实例，并通过其接口或超类正常使用它们**。

例如，下面的程序要创建一个 `Set<String>`实例，但它的类是由第一个命令行参数指定的。创建完实例后，程序会将剩余的命令行参数插入到这个实例中，并打印它。无论第一个参数是什么，程序都会在消除重复项后打印出剩余的参数。然而，这些参数的打印顺序取决于第一个参数中指定的类。如果指定的是 `java.util.HashSet`，它们将以看上去随机的顺序打印；如果指定的是 `java.util.TreeSet`，它们将按字母表顺序打印，因为 `TreeSet` 中的元素是有序的：

```
// 以反射方式实例化，通过接口使用
public static void main(String[] args) {
    // 将类名转换为 Class 对象
    Class<? extends Set<String>> cl = null;
    try {
        cl = (Class<? extends Set<String>>)  // 未经检查的转换
                Class.forName(args[0]);
```

```
        } catch (ClassNotFoundException e) {
            fatalError("Class not found.");
        }
        // 获得构造器
        Constructor<? extends Set<String>> cons = null;
        try {
            cons = cl.getDeclaredConstructor();
        } catch (NoSuchMethodException e) {
            fatalError("No parameterless constructor");
        }
        // 实例化这个 Set
        Set<String> s = null;
        try {
            s = cons.newInstance();
        } catch (IllegalAccessException e) {
            fatalError("Constructor not accessible");
        } catch (InstantiationException e) {
            fatalError("Class not instantiable.");
        } catch (InvocationTargetException e) {
            fatalError("Constructor threw " + e.getCause());
        } catch (ClassCastException e) {
            fatalError("Class doesn't implement Set");
        }
        // 使用这个 Set
        s.addAll(Arrays.asList(args).subList(1, args.length));
        System.out.println(s);
    }
    private static void fatalError(String msg) {
        System.err.println(msg);
        System.exit(1);
    }
```

虽然这个程序只是个试验程序，但所展示的技术相当强大。这个试验程序可以轻松地变成一个通用的 Set 测试工具：通过以多种方式充分地操作一个或多个实例，并检查它们是否遵循了 Set 的约定，来验证指定的 Set 实现。类似地，它还可以变成一个通用的 Set 性能分析工具。事实上，这种方法足够强大，可以实现一个完整的服务提供者框架（**条目 1**）。通常情况下，关于反射，这种方法就是我们需要的全部了。

从这个示例可以看出反射的两个缺点。首先，示例在运行时可能会生成 6 个不同的异常，如果不使用反射进行实例化，这些异常都将是编译时错误。（为了增加乐趣，读者可以通过传递适当的命令行参数让程序分别生成这 6 个异常。）第二个缺点是，从类名到创建实例，用了 25 行代码，非常冗长，而直接调用构造器只需要一行。Java 7 为反射相关的各种异常引入了一个超类 ReflectiveOperationException，可以通过捕获该异常减少代码长度。不过这两个缺点仅存在于程序中实例化对象的部分。一旦实例化完成，这个 Set 实例就与其他任何 Set 实例别无二致了。在实际的程序中，以这种有限的方式使用反射，大部分代码不会受到影响。

编译这个程序，会得到一条未经检查的类型转换警告。这个警告是合理的，因为即使在命令行参数中提供的类名不是一个 Set 实现，向 Class<? extends Set<String>> 的强制转换也将成功，但是在这种情况下，程序会在对这个类进行实例化时抛出

ClassCastException。要了解如何抑制警告，请阅读**条目27**。

反射还有一个合理的用法，不过很少用到：管理一个类对在运行时可能不存在的其他类、方法或字段的依赖。如果我们正在编写的包要支持其他包的多个版本，这可能很有用。利用这种技术，我们可以针对所需要支持的最低环境（通常是最老的版本）编译自己的包，并以反射方式使用较新的类和方法。为了使其正常工作，如果尝试使用的较新的类或方法在运行时不存在，则必须采取适当的动作，可能包括使用其他方式来完成相同的目标，或者通过简化的功能来处理。

总而言之，反射是一种强大的机制，对于某些复杂的系统编程任务是必要的，但它也有很多缺点。如果正在编写的程序必须用到一些在编译时未知的类，可能的话，应该仅使用反射来实例化对象，并使用在编译时已知的某个接口或超类来访问这些对象。

条目66：谨慎使用本地方法

Java本地接口（Java Native Interface，JNI）允许Java程序调用*本地方法*（native method），也就是使用C或C++等*本地编程语言*编写的方法。一般来说，本地方法主要有3个用途。它们提供了对平台特定功能的访问，比如Windows的注册表。它们还提供了对现有的本地代码库的访问，包括用于访问遗留数据的遗留库。最后，本地方法还可以用于以本地语言编写应用程序的性能关键部分，以提高性能。

使用本地方法访问平台特定功能是合理的，但很多时候并不必要：随着Java平台的成熟，很多以前在宿主平台上才有的特性，Java可以直接使用了。例如，Java 9加入的进程API支持使用操作系统的进程。当Java中没有可用的等效类库时，利用本地方法来使用本地库也是合理的。

通常不建议使用本地方法来提高性能。在早期版本（Java 3之前）中，这往往是必要的，但从那时开始，JVM的速度已经提高了许多。对于大多数任务，现在用Java已经有可能获得与之相当的性能。例如，当java.math刚被加入Java 1.1中时，BigInteger依赖于一个当时使用C语言编写的快速多精度算术库。在Java 3中，BigInteger用Java重新实现了，而且经过仔细地性能调优，其运行速度已经超过了原来的本地实现。

但这个故事的结局令人悲伤，从那时开始，BigInteger就几乎没有变过，除了Java 8中的大数快速乘法。在这段时间里，本地库的工作仍在继续，特别是GNU多精度算术库（GNU Multiple Precision，GMP）。需要真正高性能多精度算术的Java程序员，现在有理由通过本地方法使用GMP。

使用本地方法有*严重的弊端*。因为本地语言不是*安全的*（**条目50**），使用本地方法的程序不再能够免受内存损坏错误的影响。而且与Java相比，本地语言更依赖平台，所以使用本地方法的程序的可移植性会差一些。它们调试起来也更难。如果不小心，本地方法可能会*降低*性能，因为垃圾收集器无法自动化甚至无法跟踪本地内存的使用（**条目8**），而且进入和退出本地代码也有开销。最后，本地方法需要一些“胶水代码”，而这种代码很难阅读，编写起来也很烦琐。

总而言之，在使用本地方法之前请三思。我们很少需要使用它们来提高性能。如果必须使用本地方法来访问底层资源或本地库，应该尽可能少地使用本地代码，并对其进行彻底的测试。本地代码中的一个错误，可能会破坏整个应用程序。

条目 67：谨慎进行优化

关于优化，有 3 条箴言是每个人都应该知道的：

以追求效率的名义犯下的计算错误比其他任何一种原因（包括盲目的愚蠢）都要多，而且还未必真提升了效率。——威廉 · A.沃尔夫（William A. Wulf）[Wulf72]

我们应该忘记小的效率问题，比如说 97%的情况下：过早的优化是万恶之源。——高纳德（Donald E. Knuth）[Knuth74]

在优化问题上，我们遵循两条规则：

规则 1：不要优化。

规则 2（仅适用于专家）先不要优化，也就是说，在有一个完全清晰且未经优化的解决方案之前，不要去优化。——迈克尔 · A. 杰克逊（M. A. Jackson）[Jackson75]

所有这些箴言出现的时间比 Java 编程语言问世还早 20 多年。它们揭示了关于优化的一个深刻真理：优化很容易得不偿失，特别是当过早地进行了优化时。在这个过程中，我们可能会开发出既不快速也不正确的软件，而且还不容易修复。

不要为了性能而牺牲合理的架构原则。**要努力编写好的程序，而不是快的程序。**如果好的程序不够快，它的架构会支持优化。好的程序体现了信息隐藏的原则：只要有可能，它们就会将设计决策限制在各个组件内部，以便个别决策的修改不会影响系统的其他部分（**条目 15**）。

这**并不**意味着在程序完成之前可以忽略性能问题。实现上的问题可以通过后续的优化来解决，但如果是无处不在的架构问题限制了性能，不重写这个系统是不可能解决的。在事后对设计的某个方面进行根本性的改变，可能会导致系统结构不佳，从而难以维护和演进。因此，在设计过程中必须考虑性能问题。

要努力避免会限制性能的设计决策。在系统完成之后，设计中最难改变的组件是那些用来指定组件和外部世界的交互关系的。在这些设计组件中，最重要的又是 API、线路层协议和持久化数据格式。这些设计组件不仅在事后难以更改，甚至不可能更改，而且它们都有可能严重限制系统本可以达到的性能。

要考虑 API 设计决策的性能后果。设计一个可变的公有类型，可能需要大量不必要的保护性复制（**条目 50**）。同样，如果在适合使用组合的公有类中使用了继承，这个类就被永远地和它的超类绑在了一起，有可能人为地限制了子类的性能（**条目 18**）。最后一个例子是，在 API 中使用实现类型而不是接口，会将我们与某个特定的实现绑在一起，即使将来可能会出现更快的实现（**条目 64**），我们也无法改变了。

API 设计对性能的影响是真实存在的。以 `java.awt.Component` 类中的 `getSize` 方法为例。这个性能关键的方法的设计决策是返回一个 `Dimension` 实例，而 `Dimension` 实例被设计为可变的，在二者的综合影响之下，该方法的任何实现在每次被调用时都要分配一个新的 `Dimension` 实例。尽管在现代虚拟机上分配小型对象的开销很低，但不必要地分配数百万个对象仍然会对性能造成实质性的伤害。

有几种可以替代的 API 设计方案。理想情况下，`Dimension` 应该被设计为不可变的（**条目 17**）；或者，`getSize` 可以用两个方法代替，分别返回 `Dimension` 对象的两个基本类型组件中的一个。事实上，出于性能方面的考虑，Java 2 向 `Component` 中加入了两个这样的方法。然而，先前存在的客户端代码仍在使用 `getSize` 方法，并且仍然承受着原来的 API 设计决策所带来的性能后果。

幸运的是，通常情况下，良好的 API 设计与良好的性能是一致的。**为了实现良好的性能而改变 API 是非常糟糕的主意**。导致我们改变 API 的那些性能问题，在未来的 Java 版本或其他底层软件版本中可能就不存在了，但修改后的 API 和随之而来的支持问题会永远伴随着我们。

一旦我们仔细设计了程序，并编写了清晰、简洁、结构良好的实现，就是时候考虑优化了，前提是我们对程序的性能还不满意。

回想一下杰克逊的两条优化规则，“不要优化”和“(仅适用于专家)先不要优化”。他还可以再加一条：**在每次尝试优化之前和之后，都要对性能进行测量**。你可能会对结果感到惊讶。通常情况下，测量不到所尝试的优化对性能有何影响；有时，这些“优化”还会使性能变差。主要原因是很难猜测程序把时间花在了哪里。你认为慢的那部分程序可能并非问题所在，在这种情况下，尝试对其进行优化就是浪费时间。常识告诉我们，程序把 90%的时间花在了 10%的代码上。

剖析工具可以帮助我们决定将优化工作集中在哪些地方。这些工具会提供运行时的信息，比如每个方法大致消耗了多少时间，被调用了多少次。除了帮我们聚焦调优工作的重点，这类工具还可以提醒我们注意需要修改算法的地方。如果程序中隐藏着一个平方级(或更糟糕)的算法，那么再多的调优也无济于事。必须用更高效的算法来替代它。系统中的代码越多，使用剖析器就越重要。这就像在干草堆里找针：干草堆越大，金属探测器就越有用。另一个特别值得一提的工具是 jmh，它不是剖析器，而是微基准测试框架——它提供了 Java 代码的详细性能信息[JMH]，它在这方面的能力是无与伦比的。

与 C 和 C++等更传统的语言相比，对于尝试进行的优化，在 Java 中更需要测量其效果，因为 Java 的性能模型较弱：各种基本操作的相对开销定义不够明确。程序员写的代码和 CPU 执行的代码之间的“抽象差距”更大，这使得更难可靠地预测优化对性能的影响。有很多广为流传的性能神话，结果证明只是半真半假，甚至是彻头彻尾的谎言。

Java 的性能模型不仅定义不清，而且在不同的实现、不同的版本以及不同的处理器之间也有差异。如果程序将要在多个实现或多个硬件平台上运行，就应该在每个实现或硬件平台上测量优化的效果，这非常重要。有时，可能不得不在不同的实现或硬件平台之间做出权衡。

从本条目的第一个版本写出来，到现在已经接近 20 年了，Java 软件栈的每个组件——从处理器到虚拟机再到类库——都变得越来越复杂，可以运行 Java 的硬件种类也大大增加。所有这些因素加在一起，使得 Java 程序的性能比 2001 年时更难预测了，而这又增加了测量的必要性。

总而言之，不要努力编写快的程序，而要努力编写好的程序；程序编写得好，速度会随之而来。但在设计系统时，尤其是在设计 API、线路层协议和持久化数据格式时，一定要考虑到性能。在完成了系统的构建之后，要测量其性能。如果速度足够快，那就完成了。如果不够快，应该借助剖析器定位到问题的源头，并着手优化系统的相关部分。首先要检查所选择的算法：算法选择不当，再多的底层优化都无济于事。必要时重复这个过程，每次修改后都要测量性能，直到满意为止。

条目 68：遵循普遍接受的命名惯例

Java 平台有一套完善的命名惯例（naming convention），其中许多都包含在《Java 语言规范：基于 Java SE 8》[JLS,6.1]中。粗略地讲，命名惯例可以分为两类，分别是排版（typographical）惯例和语法（grammatical）[1]惯例。

排版上的命名惯例只有少数几种，涵盖了包、类、接口、方法、字段和类型变量。除非有非常好的理由，否则绝对不要违反。如果 API 违反了这些惯例，可能很难使用。如果实现违反了这些惯例，可能很难维护。在这两种情况下，如果违反了惯例，有可能使其他使用这些代码的程序员感到困惑和苦恼，并可能导致错误的假设，进而导致程序出错。本条目对这些惯例进行了总结。

包和模块的名称应该是层次式的，各组件之间用句点分隔。组件应该由小写字母组成，极少数情况下可以使用数字。对于任何会在其开发者所在的组织外部使用的包，其名称应该以该组织的互联网域名开头，而且域名中各个部分的顺序要反过来，例如 `edu.cmu`、`com.google`、`org.eff`。标准类库和可选包除外，它们的名字以 `java` 和 `javax` 开头。用户不得创建名字以 `java` 或 `javax` 开头的包或模块。将互联网域名转换为包名前缀的详细规则可以在《Java 语言规范：基于 Java SE 8》[JLS, 6.1] 中找到。

包名的其余部分应该由一个或多个描述该包的组件组成。组件应该比较简短，通常不超过 8 个字符。鼓励使用有意义的缩写，例如，使用 `util` 而不是 `utilities`。也可以接受首字母缩写词，例如 `awt`。组件通常应该由一个单词或缩写组成。

除了互联网域名之外，很多包名只有一个组件。有些较为大型的类库，其规模要求它们被分解成一个非正式的层次结构，此时就适合使用额外的组件。例如，`javax.util` 包具有丰富的层次结构，比如其中有一个名为 `java.util.concurrent.atomic` 的包。这样的包被称为子包，不过 Java 语言对包层次结构几乎没有提供语言级的支持。

类和接口的名称，包括枚举类型和注解类型的名称，应该由一个或多个单词组成，每个单词的首字母大写，例如 `List` 或 `FutureTask`。应该避免使用缩写，除非是一些首字母缩写词和某些常见的缩写，如 `max` 和 `min`。至于首字母缩写词应该全部大写还是仅首字母大写，意见并不统一。虽然有些程序员仍然使用全部大写的形式，但也有强有力的论据支持仅首字母大写：即使连续出现多个首字母缩写词，仍然可以分辨出一个词的结束和下一个词的开始。你更愿意看到哪个类名呢，`HTTPURL` 还是 `HttpUrl`？

方法和字段的名称遵循与类和接口的名称相同的排版惯例，只是其首字母应该小写，例如，`remove` 或 `sureCapacity`。如果方法和字段的名称的第一个词是首字母缩写词，则应该全部小写。

对于上一条规则，唯一的例外是“常量字段”，其名称应该由一个或多个大写的单词组成，单词之间以下画线分隔，例如 `VALUES` 或 `NEGATIVE_INFINITY`。常量字段是这样的静态 `final` 字段——它的值是不可变的。如果一个静态 `final` 字段的类型是基本类型，或不可变的引用类型（**条目 17**），那么它就是常量字段。例如，枚举常量是常量字段。如果一个静态 `final` 字段的类型是可变的引用类型，如果所引用的对象是不可变的，它仍然

[1] 注意，这里的语法指的是英语语法，比如使用什么词性的单词，而不是 Java 语言的语法。——译者注

可以是常量字段。请注意，只有常量字段才推荐使用下画线。

局部变量的名称和成员名称具有类似的排版命名惯例，只是它们允许使用缩写，比如意义取决于局部变量所在上下文的单个字符和较短的字符序列，例如，i、denom 和 houseNum。输入参数是一种特殊的局部变量。它们的命名应该比局部变量更为谨慎，因为参数名称是其方法文档的一个组成部分。

类型参数的名称通常使用单个字母。最常见的是以下 5 种：T 表示任意类型，E 表示集合的元素类型，K 和 V 表示 Map 的键和值的类型，X 表示异常。函数的返回类型通常使用 R 表示。要同时表示一系列的某个类型，可以使用 T、U、V 或 T1、T2、T3。

为便于参考，表 9-1 列出了排版惯例的示例：

表 9-1 标识符类型及其示例

标识符类型	示 例
包或模块	org.junit.jupiter.api, com.google.common.collect
类或接口	Stream, FutureTask, LinkedHashMap, HttpClient
方法或字段	remove, groupingBy, getCrc
常量字段	MIN_VALUE, NEGATIVE_INFINITY
局部变量	i, denom, houseNum
类型参数	T, E, K, V, X, R, U, V, T1, T2

语法命名惯例比排版命名惯例更为灵活，也更有争议性。对于包而言，没有语法命名惯例。可实例化的类，包括枚举类型，通常用单数名词或名词性短语来命名，如 Thread、PriorityQueue 或 ChessPiece。不可实例化的工具类（**条目 4**）通常用复数名词来命名，如 Collectors 或 Collections。接口的命名与类相似，例如 Collection 或 Comparator，或者使用以 able 或 ible 结尾的形容词，例如 Runnable、Iterable 或 Accessible。因为注解类型的使用场景非常多，所以没有哪种词性占主导地位。名词、动词、介词和形容词都很常见，例如 BindingAnnotation、Inject、ImplementedBy 或 Singleton。

执行某个动作的方法通常用动词或动词性短语（包括动作所作用的对象）来命名，例如 append 或 drawImage。返回 boolean 值的方法的名字通常以 is 开头，或不太常用的 has 开头，后面跟名词、名词性短语或任何用作形容词的单词或短语，例如，isDigit、isProbablePrime、isEmpty、isEnabled 或 hasSiblings。

返回被调用对象的非 boolean 类型的函数或属性的方法，通常用名词、名词性短语或以动词 get 开头的动词性短语来命名，例如 size、hashCode 或 getTime。有一部分人坚持认为只有第三种形式（以 get 开头）才可以接受，但这种说法没有什么根据。使用前两种形式的代码，可读性通常会更好，例如：

```
if (car.speed() > 2 * SPEED_LIMIT)
    generateAudibleAlert("Watch out for cops!");
```

以 get 开头的形式起源于基本上已经过时的 *Java Beans* 规范，这个规范构成了早期可复用组件架构的基础。有一些现代工具继续依赖 Beans 命名惯例，如果要配合这些工具使用，选择这样的风格是可以的。还有一个遵循这种命名惯例的重要先例，就是当类中包含用于同一属性的 setter 和 getter 方法时。在这种情况下，这两个方法通常被命名为 get*Attribute* 和 set*Attribute*。

有些方法的命名值得特别提一下。用于转换对象的类型并返回一个不同类型的独立对象的实例方法，通常被命名为 to*Type*，例如，toString 或 toArray。用于返回其类型与被调用对象不同的视图（**条目 6**）的方法，通常被命名为 as*Type*，例如，asList。用于返回与被调用对象的值相同的基本类型值的方法，通常被命名为 *type*Value，例如，intValue。静态工厂方法的常见名称包括 from、of、valueOf、instance、getInstance、newInstance、get*Type* 和 new*Type*（**条目 1**）。

与类、接口和方法的名称相比，字段的名称并没有那么多相沿成习的语法惯例，而且也没那么重要，这是因为，设计良好的 API 极少会将字段暴露出去。boolean 类型的字段，通常会以和 boolean 类型的访问器方法类似的方式来命名，只不过会省略 is 前缀，例如，initialized、composite。其他类型的字段通常用名词或名词性短语来命名，例如，height、digits 或 bodyStyle。局部变量的语法惯例与字段类似，甚至更弱一些。

总而言之，我们应该将标准的命名惯例内化在自己心里，并学着将其当作第二天性来使用。排版惯例简单明了，而且基本上没有歧义；语法惯例则更为复杂，而且比较松散。在此我们引用《Java 语言规范：基于 Java SE 8》 [JLS, 6.1]中的一句话：“如果某个长期公认的用法和这些惯例不同，那就不要盲目遵循这些惯例。”应该使用长期公认的用法。

第10章 异常

如果使用得当，异常可以提高程序的可读性、可靠性和可维护性。使用不当则会适得其反。本章提供了一些关于有效使用异常的准则。

条目 69：异常机制应该仅用于异常的情况

如果运气不好，某一天可能会碰到类似下面这样的代码：

```
// 可怕的滥用异常的情况——不要这样做
try {
    int i = 0;
    while(true)
        range[i++].climb();
} catch (ArrayIndexOutOfBoundsException e) {
}
```

这段代码是干什么的呢？很难看得出来它的作用，光是这一点就足以说明，不该使用这样的代码（**条目 67**）。这其实是一种用于遍历数组元素的“习惯用法”，不少人这么用，但考虑欠妥。在程序第一次访问到数组边界之外的元素时，会抛出 ArrayIndexOutOfBoundsException，这段代码就是用抛出、捕获并忽略该异常的方式来终止无限循环的。它从功能上与遍历数组的标准习惯用法是等价的，但是对于任何 Java 程序员来说，下面的标准方式一眼就能看懂：

```
for (Mountain m : range)
    m.climb();
```

既然已经有了经过验证的习惯用法，为什么还会有人使用基于异常的循环呢？这是基于错误的推理得出的一种错误的性能改进尝试，其推理逻辑是这样的：因为虚拟机会检查所有数组访问操作是否越界，那么被编译器隐藏在 for-each 循环之下的正常的循环终止测试就是多余的了，所以应该避免。这种推理有以下 3 个问题。

- 因为异常机制是为异常的情况而设计的，所以 JVM 实现者没什么动力将其优化得像显式的条件测试一样快。
- 将代码放在 try-catch 块内，会抑制 JVM 实现某些可能的优化。
- 遍历数组的标准习惯用法未必会导致多余的检查，许多 JVM 实现会将其优化掉。

实际上，基于异常的习惯用法比标准的用法要慢得多。在我的机器上，对于包含 100 个元素的数组，标准的用法比基于异常的习惯用法要快两倍。

基于异常的循环不仅使代码的目的变得难以理解，还降低了性能，更严重的问题是，这种方式未必能正常工作。如果循环中存在故障，将异常用于流控制可能会掩盖这个错误，极大地增加了调试过程的复杂性。假设循环体中的计算过程调用了一个方法，而这个方法在某个不相关的数组上执行了越界访问。如果使用的是标准习惯用法，这个错误会生成一个未被捕获的异常，并导致线程立即终止，同时生成完整的栈轨迹信息。而如果使用的是错误的基于异常的循环，与这个故障相关的异常将被捕获，但程序员会误以为这是正常的循环终止。

这个例子的意义很简单：**异常（exception），顾名思义，应该仅用于异常的（exceptional）情况；不应该用于普通的控制流**。更一般地说，应该优先使用标准的、容易理解的习惯用法，而不是那些声称能够提供更好的性能的、过于聪明的技术。即使性能优势确实存在，但在不断改进的平台实现面前，这种优势未必能够保持下去。然而，过于聪明的技术所带来的微妙错误和维护困扰，肯定会一直存在。

这个原则对 API 设计也有启示。**一个设计良好的 API 绝对不应该迫使其客户端将异常用于普通的控制流**。有些类中有这样的方法——存在“状态依赖”，只能在某些不可预测的条件下调用，这样的类中通常应该有一个单独的“状态测试”方法，用来指示是否适合调用这个“状态依赖”方法。例如，`Iterator` 接口有“状态依赖”方法 `next` 和相应的“状态测试”方法 `hasNext`。这样就有了使用传统的 `for` 循环（以及 for-each 循环，会在内部使用 `hasNext` 方法）来遍历集合的标准习惯用法：

```
for (Iterator<Foo> i = collection.iterator(); i.hasNext(); ) {
    Foo foo = i.next();
    ...
}
```

如果 `Iterator` 没有 `hasNext` 方法，客户端将不得不这样做：

```
// 不要使用这种丑陋的代码来遍历集合
try {
    Iterator<Foo> i = collection.iterator();
    while(true) {
        Foo foo = i.next();
        ...
    }
} catch (NoSuchElementException e) {
}
```

了解了本条目开头的遍历数组的示例之后，对这样的代码应该不感到陌生了。除了代码冗长和存在误导性之外，基于异常的循环的性能可能也不好，并且有可能掩盖系统中不相关部分中存在的故障。

除了提供一个单独的状态测试方法之外，还有一种选择：让“状态依赖”方法返回一个空的 `Optional`（**条目 55**），或者在无法执行所需的计算时返回一个特殊值，比如 `null`。

下面是一些准则，帮助我们在“状态测试”方法和返回 `Optional` 或特殊值之间做出选择。如果一个对象会在没有外部同步的情况下被并发访问，或者会受到外部引发的状态转换的影响，则必须选择返回 `Optional` 或特殊值，这是因为，在调用“状态测试”方法和调用“状态依赖”方法的过程中间，对象的状态有可能发生变化。如果一个单独的“状态测试”方法会重复“状态依赖”方法所做的工作，那么出于性能方面的考虑，可能需要选择返回 `Optional` 或特殊值。在所有其他条件都相同的情况下，“状态测试”方法要比特殊返回值略好。一方面其可读性稍微好一些，一方面错误的使用情形更容易被检测出来：如果忘记调用“状态测试”方法，“状态依赖”方法将抛出异常，使故障无所遁形；但如果忘记检查特殊返回值，故障可能就不易察觉了。不过对于 `Optional` 返回值来说，这并不是问题。

总而言之，异常机制是为异常的情况而设计的。不要将其用于普通的控制流，也不要编写强制其他人这么做的API。

条目70：对于可恢复的条件，使用检查型异常；对于编程错误，使用运行时异常

Java提供了3种可抛出的实体：检查型异常（checked exception）、运行时异常（runtime exception）和错误（error）。对于什么时候适合使用哪一种，程序员存在一些困惑。虽然没有一招通关的秘籍，但有一些通用的规则可以提供强有力的指导。

决定使用检查型异常还是非检查型异常的基本规则是：**如果调用者有望从异常的情况中恢复过来，就使用检查型异常**。我们通过抛出检查型异常强制调用者在`catch`子句中处理该异常，或将其传播出去。因此，方法所声明的、它可能会抛出的每个异常，都是对API用户的一个强烈指示：所关联的异常条件是调用该方法的一个可能结果。

让用户面对检查型异常，API的设计者就相当于向他们下达了一项任务：从该条件中恢复过来。用户有可能通过捕获该异常但忽略它，而忽视这个任务，但这通常不是个好主意（**条目77**）。

有两种非检查型的可抛出实体：运行时异常和错误。二者在行为上是相同的：都不需要捕获，而且通常也不应该捕获。如果程序抛出了非检查型异常或错误，通常无法恢复，并且继续执行会弊大于利。如果程序没有捕获这样的可抛出对象，它将导致当前线程显示适当的错误消息并停止。

应该使用运行时异常来指示编程错误。绝大多数运行时异常表明违反了前置条件。一般是API的使用者没有遵守该API的规格说明所确立的约定。例如，对于数组访问，其约定指明数组的索引必须位于0和数组长度减一（包含）这个范围之内。`ArrayIndexOutOfBoundsException`表明这个前置条件被违反了。

这条建议存在一个问题，我们正在处理的到底是可恢复的条件还是编程错误，有时候并不是显而易见的。以资源耗尽情况为例，它可能是由编程错误引起的，如分配了一个大到不合理的数组，也可能确实是由资源不足引起的。如果资源耗尽是由暂时的资源不足或暂时的需求增加引起的，那么这种条件很可能是可以恢复的。对于给定的资源耗尽情况是否有可能允许恢复，就需要API的设计者来判断了。如果认为导致异常的条件有可能允许恢复，就使用检查型异常；否则，就使用运行时异常。如果不确定是否有可能恢复，最好使用非检查型异常，原因将在**条目71**中讨论。

虽然《Java语言规范：基于Java SE 8》中没有要求，但有个很有影响力的惯例，那就是错误是被保留给JVM使用的，用以表示资源不足、不变式被破坏或其他导致执行无法继续的异常条件。鉴于这个惯例几乎已经被普遍接受，最好不要实现任何新的`Error`子类。因此，**我们实现的所有非检查型异常都应该是`RuntimeException`的子类**（直接的或间接的）。不仅不应该定义`Error`的子类，而且除了`AssertionError`之外，也不应该抛出它们。

要定义一个不是`Exception`、`RuntimeException`或`Error`的子类的可抛出实体，这是可以做到的。《Java语言规范：基于Java SE 8》中并没有直接描述这样的可抛出实体，但隐式地提到，其行为和普通的检查型异常（它们是`Exception`的子类，但不是

RuntimeException 的子类）一样。那么，应该在什么时候使用这样的东西呢？一句话，永远不要。与普通的检查型异常相比，它们没有带来什么好处，只会让 API 的使用者感到困惑。

API 的设计者经常会忘记，异常也是全功能的对象，可以在其中定义任意方法。这些方法的主要用途是，提供一些导致抛出该异常的条件的附加信息，供捕获异常的代码使用。在没有这些方法的情况下，程序员会通过解析异常的字符串表示来获取额外的信息。这是非常不好的做法（**条目 12**）。可抛出的类很少会明确规定其字符串表示的详细信息，所以字符串表示在不同的实现和不同的版本之间可能会有所不同。因此，解析异常的字符串表示的代码很可能是不可移植的，而且非常脆弱。

因为检查型异常通常表示可恢复的条件，所以有一点尤为重要，就是异常类应该提供一些为调用者补充信息的方法，帮助它们从异常的情况中恢复过来。例如，假设用户在使用礼品卡购物时，因为余额不足而失败了，程序抛出了一个检查型异常。这个异常应该提供一个访问器方法，以便用户查询所缺的数额。这样调用者就可以把数额信息转达给用户。关于这个主题的更多信息，可以参考**条目 75**。

总而言之，对于可恢复的条件，要抛出检查型异常；对于编程错误，要抛出非检查型异常。如果拿不定主意，则抛出非检查型异常。不要定义任何既不是检查型异常也不是运行时异常的可抛出类。要在检查型异常上提供帮助恢复的方法。

条目 71：避免不必要地使用检查型异常

许多 Java 程序员不喜欢检查型异常，但如果使用得当，它们可以改善 API 和程序。与返回码和非检查型异常不同，它们强制程序员去处理问题，以提高可靠性。尽管如此，过度使用检查型异常可能会使 API 用起来没那么方便。如果方法抛出了检查型异常，调用该方法的代码必须在一个或多个 catch 块中处理这些异常，或声明自己会抛出它们，将其传播出去。但无论哪种方式，都会给 API 的用户带来负担。在 Java 8 中，这种负担还加重了，因为抛出检查型异常的方法不能直接在流中使用（**条目 45～条目 48**）。

这种负担在这样的情况下可能是合理的：异常条件不能通过正确使用 API 来防止，而且一旦出现异常，使用这个 API 的程序员可以采取有用的动作。除非两个条件都满足，否则适合使用非检查型异常。作为一个简单有效的标准，我们可以问问自己，程序员会如何处理这个异常？这是最好的处理方式吗：

```
} catch (TheCheckedException e) {
    throw new AssertionError(); // 不能这样
}
```

还是下面这样的做法：

```
} catch (TheCheckedException e) {
    e.printStackTrace();          // 好吧，我们输了
    System.exit(1);
}
```

如果程序员不能做得更好，那就需要非检查型异常。

如果方法只抛出唯一的检查型异常，这个异常所带来的额外负担会相对较高。如果还有其他异常，那么这个方法肯定已经要出现在一个 try 块中，所以这个异常最多只需要另

一个 catch 块。如果方法只抛出一个检查型异常，这个异常就是该方法必须出现在 try 块中且不能直接在流中使用的唯一原因。在这种情况下，我们需要问问自己：是否有办法去掉这个检查型异常？

要去掉检查型异常，最简单的方式是返回所需结果类型的一个 Optional 实例（**条目 55**）。让方法不再抛出检查型异常，而是直接返回一个空的 Optional。这种方法的缺点是，关于因何未能执行所需的计算，该方法无法返回任何其他细节信息。相比之下，异常具有描述性的类型，并且可以通过导出方法来提供额外的信息（**条目 70**）。

也可以将抛出异常的方法拆分为两个方法，从而将检查型异常变为非检查型异常，其中第一个方法返回一个 boolean 值，指示是否会抛出异常。API 的调用方式就从下面的：

```
// 存在检查型异常时的调用方式
try {
    obj.action(args);
} catch (TheCheckedException e) {
    ... // 处理异常条件
}
```

重构为下面这样：

```
// 存在状态测试方法和非检查型异常时的调用方式
if (obj.actionPermitted(args)) {
    obj.action(args);
} else {
    ... // 处理异常条件
}
```

这种重构有时并不合适，但在合适的情况下，它可以使 API 更容易使用。虽然后一种调用序列并不比前一种更漂亮，但重构后的 API 更加灵活。如果程序员知道调用将会成功，或者可以接受线程在失败时终止，重构版本也允许以下这个简单的调用：

```
obj.action(args);
```

如果我们知道用户可能经常这样调用，这么重构可能就是合适的。这样得到的 API 基本上就是**条目 69** 中的“状态测试”方法，同样的注意事项也适用：如果一个对象会在没有外部同步的情况下被并发访问，或者会受到外部引发的状态转换的影响，这么重构就是不合适的，因为对象的状态可能会在调用 actionPermitted 和调用 action 之间发生变化。如果单独的 actionPermitted 方法会重复 action 方法的工作，那么出于性能考虑，可能就要排除这种重构方式了。

总而言之，适度使用检查型异常可以提高程序的可靠性；过度使用则会使 API 难以使用。如果调用者无法从失败中恢复，就抛出非检查型异常。如果有可能恢复，并且我们想强制调用者处理异常条件，首先应该考虑返回一个 Optional。如果在失败的情况下，返回 Optional 无法提供足够的信息，才应该抛出检查型异常。

条目 72：优先使用标准异常

区分专家级程序员和经验较少的程序员的一个特征是，专家级程序员会努力争取而且通常能够实现高度的代码复用。代码复用是好事，异常也不例外。Java 类库提供了一组异常，可以满足大多数 API 抛出异常的需求。

复用标准异常有几个好处。最主要的是，它使我们的 API 更容易学习和使用，因为它符合程序员已经熟悉的既定惯例。其次是使用我们的 API 的程序也更容易阅读，因为没有混杂不常见的异常。最后（也是最不重要的），异常类越少，意味着内存占用越少，加载类所需要的时间也越少。

复用最多的异常类型是 `IllegalArgumentException`（**条目 49**）。一般来说，当调用者传入了一个不合适的参数值时，这就是要抛出的异常。例如，方法有个参数表示某个动作要重复执行的次数，调用者却传入了一个负数，这时候就应该抛出 `IllegalArgumentException`。

另一个经常复用的异常是 `IllegalStateException`。一般来说，如果因为接收对象的状态导致调用不合法，这就是要抛出的异常。例如，某个对象尚未正确初始化，而这时调用者要使用这个对象，就应该抛出 `IllegalStateException`。

按理说每个错误的方法调用都可以归结为非法的参数或状态，但还有其他用于特定的非法参数和状态的标准异常。如果调用者向某个禁止使用 `null` 的参数传入了 `null`，按照惯例，应该抛出 `NullPointerException`，而不是 `IllegalArgumentException`。类似地，对于表示序列索引的参数，如果调用者传入了一个越界的值，则应该抛出 `IndexOutOfBoundsException`，而不是 `IllegalArgumentException`。

另一个可复用的异常是 `ConcurrentModificationException`。如果对象被设计为供单线程使用，或通过外部同步机制使用，当该对象检测到它正在被并发修改时，就应该抛出这个异常。这个异常充其量只是一个提示，因为并不能可靠地检测到并发修改。

最后一个值得注意的标准异常是 `UnsupportedOperationException`。如果对象不支持所请求的操作，这就是要抛出的异常。这个用得比较少，因为大多数对象都会支持它们的所有方法。这个异常会用于这样的情况，类实现了某个接口，但没有实现该接口定义的一个或多个可选操作（optional operation）。例如，对一个只能追加元素的 `List` 实现而言，如果有人试图从中删除一个元素，该列表就应该抛出这个异常。

不要直接复用 `Exception`、`RuntimeException`、`Throwable` 或 `Error`。将它们当成抽象类就可以了。我们无法可靠地检测这些异常类型，因为它们是方法可能抛出的其他异常的超类。

下表总结了最常见的可复用异常：

异　常	使用场合
`IllegalArgumentException`	不适合的非 `null` 参数值
`IllegalStateException`	对象状态不适合进行该方法调用
`NullPointerException`	在禁止使用 `null` 的情况下，参数值为 `null`
`IndexOutOfBoundsException`	越界的索引参数值
`ConcurrentModificationException`	在禁止并发修改的情况下，检测到并发修改
`UnsupportedOperationException`	对象不支持该方法

虽然这些异常是复用最多的，但必要的情况下也会复用其他异常。例如，如果正在实现诸如复数或有理数之类的算术对象，那就适合复用 `ArithmeticException` 和 `NumberFormatException`。如果某个异常符合我们的需求，不要犹豫，用就是了，但前提是抛出异常的条件必须与该异常的文档描述一致：复用必须基于其文档中的语义，不能只看名称。此外，如果想添加更多细节（**条目 75**），可以随意对标准异常进行子类化，

但请记住异常是可序列化的（**第12章**）。单看这一点，如果没有充分的理由，就不要编写自己的异常类了。

选择复用哪个异常，可能有点棘手，因为上表中的“使用场合”看上去并不是互斥的。考虑一个表示一副扑克牌的对象，假设它有个负责发牌的方法，该方法接收一个参数 handSize，表示要发几张牌。如果调用者传入的值大于牌堆中剩余的张数，这可以被解释为 IllegalArgumentException（handSize 参数值过大），也可以被解释为 IllegalStateException（牌堆中包含的张数太少）。在这种情况下，可以采取这样的规则：**如果任何参数值都不可以，则抛出 IllegalStateException，否则抛出 IllegalArgumentException**。

条目73：抛出适合于当前抽象的异常

如果方法抛出的异常和它所执行的任务没有明显的联系，就会让人感到困惑。当方法将底层抽象抛出的异常传播出来时，往往会发生这样的情况。不仅让人感到困惑，而且使上层的 API 被实现细节污染了。如果上层实现在后续的版本中发生了变化，它所抛出的异常也有可能会发生变化，也就有可能破坏现有的客户端程序。

为了避免这个问题，**上层应该捕获底层的异常，并在捕获的位置上抛出可以用上层抽象来解释的异常**。这种习惯用法称为*异常转译*（exception translation）：

```
// 异常转译
try {
    ... // 使用底层抽象来完成工作
} catch (LowerLevelException e) {
    throw new HigherLevelException(...);
}
```

下面是异常转译的一个示例，摘自 AbstractSequentialList 类，这个类是 List 接口的一个骨架实现（**条目20**）。在这个示例中，异常转译是根据 List<E>接口中 get 方法的规格说明进行的：

```
/**
 * Returns the element at the specified position in this list.
 * @throws IndexOutOfBoundsException if the index is out of range
 *         ({@code index < 0 || index >= size()}).
 */
public E get(int index) {
    ListIterator<E> i = listIterator(index);
    try {
        return i.next();
    } catch (NoSuchElementException e) {
        throw new IndexOutOfBoundsException("Index: " + index);
    }
}
```

有一种特殊形式的异常转译，称为*异常链*（exception chaining），用于这样的情况：底层的异常对于调试导致上层异常的问题有所帮助。这时候底层异常（即 *cause*）被传递给上层异常，而上层异常会提供一个获取这个底层异常的访问器方法（Throwable 的 getCause 方法）：

```
// 异常链
try {
    ... // 使用底层抽象来完成工作
} catch (LowerLevelException cause) {
    throw new HigherLevelException(cause);
}
```

上层异常的构造器将 cause 传递给一个支持异常链的超类构造器，因此它最终会被传递给 Throwable 的某个支持异常链的构造器，比如 Throwable(Throwable)：

```
// 带有支持异常链的构造器的异常
class HigherLevelException extends Exception {
    HigherLevelException(Throwable cause) {
        super(cause);
    }
}
```

大多数标准异常都有支持异常链的构造器。对于没有这种构造器的异常，可以使用 Throwable 的 initCause 方法来设置 cause。异常链不仅支持通过 getCause 方法在程序中访问 cause，还将 cause 的栈轨迹信息整合到了上层异常的栈轨迹信息中。

尽管与盲目地将异常传播到上层相比，异常转译方式更好，但也不能过度使用。在可能的情况下，处理来自底层异常的最佳方式是，确保底层方法执行成功，从而避免这些异常。有时可以这样做，在将上层方法的参数传递给底层方法之前，先检查其有效性。

如果无法阻止来自底层的异常，次优选择就是让上层默默地处理了这些异常，将上层方法的调用者与底层的问题隔离开来。在这种情况下，可以使用某种适当的日志记录工具（如 java.util.logging）将异常记录下来。这样可以帮助程序员调查问题，同时将客户端代码和它的用户隔离开来。

总而言之，如果无法防止或处理来自底层的异常，除非底层方法所抛出的所有异常恰好适合于上层抽象，否则应该使用异常转译。异常链提供了两全其美的方法：它允许抛出一个适合于上层的异常，同时又能获得底层的 cause 进行失败原因分析（**条目 75**）。

条目 74：将每个方法抛出的所有异常都写在文档中

对方法抛出的异常的描述，是正确使用该方法时所需文档的重要组成部分。因此，花些时间仔细地将每个方法抛出的所有异常都写在文档中，是非常重要的（**条目 56**）。

应该总是单独声明检查型异常，并使用@throws 标签将每个异常抛出的条件准确地写在文档中。如果一个方法可能抛出多个异常，不要图省事用这些异常的超类来声明。举个例子，不要用 throws Exception 甚至更糟糕的 throws Throwable 来声明公有方法。这样不但没有就该方法可能抛出的异常给用户提供任何指导，还极大地妨碍了该方法的使用，因为它实际上会掩盖在同一上下文中可能抛出的任何其他异常。这个建议的一个例外是 main 方法，它可以被安全地声明为抛出 Exception，因为它只被 Java 虚拟机调用。

尽管 Java 语言并不要求程序员声明方法可能抛出的非检查型异常，但将它们像检查型异常一样仔细地写在文档中是明智的选择。非检查型异常通常表示编程错误（**条目 70**），让程序员熟悉他们可能会犯的所有错误，有助于避免这些错误。如果将方法可能抛出的非检查型异常都清清楚楚地列在其文档中，实际上就描述了这个方法成功执行的前置条件。

每个公有方法的文档都应该描述其前置条件（**条目 56**），而将其可能抛出的非检查型异常写在文档中，就是满足该需求的最佳方式。

特别重要的是，应该将接口中的方法可能抛出的非检查型异常写在文档中。这个文档是该接口的*通用约定*的一部分，它使得该接口的多个实现之间存在共同的行为。

使用 Javadoc 的`@throws`标签将方法可能抛出的每个异常记录在文档中，但是*不要*将`throws`关键字用于非检查型异常。重要的是，应该让使用 API 的程序员知道哪些是检查型异常，哪些是非检查型异常，因为两种情况下程序员的责任有所不同。如果由 Javadoc 的`@throws`标签生成的文档，在方法声明中没有相应的`throws`子句，这就是给程序员的一个很强的视觉提示了——这样的异常就是非检查型异常。

应该指出的是，将每个方法可能抛出的所有检查型异常都写在文档中是一种理想追求，但在现实中未必总能做到。如果在对类进行修改时，有个导出方法被修改为会抛出额外的非检查型异常，这样并不会破坏源代码或二进制兼容性。假设一个类调用了另一个独立编写的类中的一个方法。前一个类的编写者可能会将每个方法抛出的所有非检查型异常仔细地写在文档中，但是如果后一个类被修改了，会抛出额外的非检查型异常，而这时前一个类未必会进行修改，所以它就有可能抛出没有写在文档中的新的非检查型异常。

如果类中的多个方法会因为同样的原因抛出某个异常，可以将这个异常写在类级文档注释中，而不是在每个方法的文档注释中单独写一次。一个常见的例子是`NullPointerException`。我们可以在类的文档注释中写上“All methods in this class throw a `NullPointerException` if a `null` object reference is passed in any parameter”（这个类中的任何方法都会在其参数被传入`null`对象引用时抛出`NullPointerException`），或类似文字。

总而言之，对于我们编写的每一个方法，应该将它可能抛出的每个异常都写在文档中。对于非检查型异常和检查型异常都是如此，对于抽象方法和具体方法也都是如此。这个文档应该采用文档注释中的`@throws`标签的形式。应该在方法的`throws`子句中单独声明每个检查型异常，但不要声明非检查型异常。如果我们没有将方法可能抛出的异常都写在文档中，那么其他人很难（甚至根本不可能）有效地使用这些类和接口。

条目 75：将故障记录信息包含在详细信息中

当程序由于未被捕获的异常而失败时，系统会自动打印该异常的栈轨迹信息。栈轨迹信息包含该异常的*字符串表示*，即调用其`toString`方法的结果。通常，它由异常的类名后跟其*详细消息*组成。这通常是程序员或网站可靠性工程师（Site Reliability Engineer, SRE）在分析软件故障时所掌握的唯一信息。如果故障不容易重现，可能很难甚至不可能获得更多信息。因此，异常的`toString`方法应该尽可能多地返回有关故障原因的信息，这非常重要。换句话说，异常的详细消息应该*记录故障信息*（capture the failure）以供后续分析。

为了记录故障信息，异常的详细消息应该包含导致该异常的所有参数和字段的值。例如，`IndexOutOfBoundsException`的详细消息应该包含下界、上界以及未能落在二者之间的索引值。这些信息可以告诉我们关于该故障的很多情况。这 3 个值中的任意一个，甚至全部，都有可能是错误的。索引可能小于下界或等于上界（“越界错误”），或者可能是一个不合理的值，太大或太小。下界可能大于上界（严重违反内部约束条件的一种情况）。上面的每一种情况都指向不同的问题，如果我们知道自己要查找的是哪种类型的错误，就会对诊断大有帮助。

有些信息在安全性方面非常敏感，这时要特别注意。因为在诊断和修复软件问题的过程中，栈轨迹信息可能会被很多人看到，因此**不要将密码、密钥以及类似的信息包含在详细信息中**。

尽管在异常的详细消息中包含所有相关数据非常重要，但通常没有必要在其中包含大量的描述信息。栈轨迹就是用于和文档（必要时还有源代码）结合起来进行分析的。它通常包含抛出该异常的具体的文件和行号，以及这个栈上所有其他方法调用所在的文件和行号。对故障的冗长描述信息是多余的，这些信息可以通过阅读文档和源代码来获取。

不要将异常的详细消息与用户级的错误消息弄混了，后者必须能够被最终用户理解，而前者主要是供程序员或网站可靠性工程师在分析故障时使用。因此，信息的内容比可读性更重要。用户级的错误消息通常会被本地化，而异常的详细消息很少会被本地化。

确保异常的详细消息包含足够的故障记录信息的一种方式是，在构造器中要求提供这些具体信息，而不是要求提供字符串形式的详细消息。然后可以自动生成包含这些信息的详细信息。例如，`IndexOutOfBoundsException` 本应有一个类似下面这样的构造器，而不是以 `String` 为参数的构造器：

```
/**
 * Constructs an IndexOutOfBoundsException.
 *
 * @param lowerBound the lowest legal index value
 * @param upperBound the highest legal index value plus one
 * @param index      the actual index value
 */
public IndexOutOfBoundsException(int lowerBound, int upperBound,
                                 int index) {
    // 生成记录了故障信息的详细信息
    super(String.format(
            "Lower bound: %d, Upper bound: %d, Index: %d",
            lowerBound, upperBound, index));

    // 以可编程方式将故障信息保存下来
    this.lowerBound = lowerBound;
    this.upperBound = upperBound;
    this.index = index;
}
```

直到 Java 9，`IndexOutOfBoundsException` 类中终于加入了一个接收 `int` 类型的 `index` 参数的构造器，但遗憾的是它没有 `lowerBound` 和 `upperBound` 参数。总体而言，Java 类库并没有广泛使用这种习惯用法，但强烈推荐使用这种用法。这就使得要抛出异常的程序员更容易记录故障信息了。实际上，有了这样的构造器，程序员想不记录故障信息都难！从效果上讲，这个习惯用法是将负责生成高质量详细信息的代码集中在了异常类中，而不是让这个类的每个使用者单独生成详细信息。

正如**条目 70** 中所建议的，为异常提供故障记录信息（如上面示例中的 `lowerBound`、`upperBound` 和 `index`）的访问器方法可能是合适的。与非检查型异常相比，在检查型异常上提供这些访问器方法更为重要，因为故障记录信息对于从故障中恢复可能会有所帮助。对于非检查型异常，程序员可能很少（虽然不是不可能）希望以编程方式访问其详细信息。

然而，即使对于非检查型异常，基于**条目 12** 中介绍的一般原则，提供这些访问器方法看起来也是明智之举。

条目 76：努力保持故障的原子性

在对象抛出异常之后，通常最理想的情况是，该对象仍处于定义明确且可用的状态，即使故障发生在执行某个操作的过程之中。对于检查型异常，这一点尤为重要，因为我们期待调用者能够从中恢复过来。**一般来说，失败的方法调用应该让对象保持调用前的状态。**我们称有这种属性的方法是具备*故障原子性*（failure-atomic）的。

有几种方式可以实现这个效果。最简单的方式是设计不可变对象（**条目 17**）。如果对象是不可变的，那就自然具备了故障原子性。如果一个操作失败了，它可能会阻止创建新对象，但它永远不会使现有对象处于不一致的状态，因为每个对象的状态从创建出来就是一直不变的，而且之后也无法修改。

对于操作可变对象的方法，实现故障原子性最常见的方式，是在执行操作之前检查参数的有效性（**条目 49**）。这样大多数异常会在开始修改对象之前被抛出。例如，考虑**条目 7** 中的 `Stack.pop` 方法：

```
public Object pop() {
    if (size == 0)
        throw new EmptyStackException();
    Object result = elements[--size];
    elements[size] = null; // 清除过期引用
    return result;
}
```

如果取消对大小（`size`）的检查，当尝试从一个空栈中弹出元素时，该方法仍会抛出异常（`ArrayIndexOutOfBoundsException`）。然而，它会使 `size` 字段处于不一致（负值）的状态，导致这个对象上的任何后续方法调用都会失败。此外，`pop` 方法抛出 `ArrayIndexOutOfBoundsException`，也并不适合于当前抽象（**条目 73**）。

有一种类似的实现故障原子性的方式，就是对计算进行排序，使得任何可能会失败的部分都在任何会修改对象的部分之前发生。这是上面的方式在不执行部分计算就无法对参数进行检查的情况下的一种自然延伸。例如，考虑 `TreeMap` 的情况，其元素会按某种顺序进行排序。为了向 `TreeMap` 添加一个元素，该元素必须是可以使用 `TreeMap` 的排序进行比较的类型。尝试添加错误类型的元素将在查找树中的元素时自然失败，并抛出 `ClassCastException`，这时树还没有以任何方式进行修改。

实现故障原子性的第三种方式，是在对象的临时副本上执行操作，并在操作完成后用临时副本替换该对象的内容。当数据一旦存储在某个临时数据结构中，计算可以更快地执行时，使用这种方式就是自然而然的了。例如，某些排序函数在排序之前会将输入列表复制到一个数组中，以减少在排序的内部循环中访问元素的开销。这么做是为了提高性能，但带来了一个额外的好处——如果排序失败了，它可以确保输入列表保持不变。

最后一种不太常见的实现故障原子性的方式，是编写*恢复代码*，拦截在操作过程中发生的故障，并让对象回滚到操作开始之前的状态。这种方法主要用于持久性的（基于磁盘的）数据结构。

尽管故障原子性是理想的目标，但有时难以实现。例如，如果两个线程在没有适当同步的情况下尝试并发修改同一个对象，该对象可能会处于不一致的状态。因此，在捕获 ConcurrentModificationException 后，假设对象仍然可用就是错误的。Error 是无法恢复的，因此在抛出 AssertionError 时，甚至无须尝试保持故障原子性。

即使可以做到故障原子性，也未必总是可取的。对于某些操作，要保持故障原子性，可能会显著增加开销或复杂性。即便如此，一旦意识到这个问题，通常可以非常容易而且没什么成本地实现故障原子性。

总而言之，对于作为方法规格说明组成部分的异常，在抛出它们时通常应该让对象处于和调用之前相同的状态。如果违反了这一规则，API 文档应该明确指出对象将处于什么状态。遗憾的是，很多现有的 API 文档都没有做到这一点。

条目 77：不要忽略异常

虽然这条建议看起来是显而易见的，但它经常被违反，所以值得再强调一遍。当 API 的设计者声明方法会抛出一个异常时，他们是想告诉你一些重要信息。所以不要忽略它！忽略异常是很容易做到的，只需要用一个 try 语句将方法调用包起来，catch 语句留空就可以：

```
// 用空的 catch 块忽略异常——高度怀疑
try {
    ...
} catch (SomeException e) {
}
```

异常就是强制我们处理异常条件的，**空的 catch 块违背了异常的本意**。忽略异常就好比忽略火警报警器——把报警器关了，这样别人也就没有机会看看是不是真的发生了火灾了。或许能躲过一劫，但也有可能遇到灾难性的后果。每当看到空的 catch 块时，脑海中就应该响起警报了。

有些情况下可以忽略异常。例如，当关闭 FileInputStream 时。我们没有改变文件的状态，所以没有必要执行任何恢复动作，而且我们已经从文件中读取了所需的信息，所以也没有理由中止正在进行的操作。明智的选择可能是将该异常记录在日志中，这样如果这些异常经常发生，我们就可以调查此事。**如果选择忽略一个异常，catch 块应该包含一条注释，解释为什么这样做是合适的，而且异常变量应该被命名为 ignored：**

```
Future<Integer> f = exec.submit(planarMap::chromaticNumber);
int numColors = 4; // 默认值，确保任何地图都有足够颜色
try {
    numColors = f.get(1L, TimeUnit.SECONDS);
} catch (TimeoutException | ExecutionException ignored) {
    // 使用默认值：最少的颜色数量是可以接受的，但不强制要求
}
```

本条目的建议同样适用于检查型异常和非检查型异常。无论异常表示的是一个可预测的异常条件，还是一个编程错误，通过空的 catch 块忽略它，都将导致程序在遇到错误的情况下仍然默默地继续执行。程序可能会在将来的某个时间点，在代码中某个与问题明显无关的地方出现故障。而如果正确地处理了异常的话，则可以完全避免这样的故障。就算只是将异常向外传播，至少可以让程序快速失败，并将有助于调试故障的信息保留下来。

第 11 章 并发

线程允许多个活动同时进行。并发编程比单线程编程更困难，因为可能出错的地方更多，而且故障很难复现。但是我们无法回避并发，它是平台固有的特性，并且在多核处理器无处不在的今天，要获得良好的性能，并发也是必要的手段。本章提供了一些建议，可以帮助你编写出清晰、正确以及文档完备的并发程序。

条目 78：同步对共享可变数据的访问

synchronized 关键字确保在同一时间只有一个线程可以执行某个方法或代码块。许多程序员将同步仅视为一种*互斥*（mutual exclusion）的手段，以防止对象在被一个线程修改时被另一个线程看到它处于不一致的状态。按照这种观点，对象在创建时处于一致的状态（**条目 17**），并且由访问它的方法进行锁定。这些方法会观察对象的状态并且有选择地引起*状态转换*（state transition），将对象从一个一致的状态转换为另一个一致的状态。正确使用同步可以保证任何方法都不会观察到对象处于不一致的状态。

这种观点是正确的，但并不完整。如果没有同步，一个线程的修改其他线程可能是看不见的。同步不仅可以防止线程观察到对象处于不一致的状态，还可以确保每个进入同步方法或代码块的每个线程，都能看到由同一个锁保护的前面所有修改的效果。

除非变量是 long 或 double 类型的，否则 Java 语言规范保证对变量的读取和写入都是*原子的*（atomic）[JLS, 17.4, 17.7]。换句话说，读取除 long 或 double 类型之外的变量，可以保证返回由某个线程存储到该变量中的值，即使有多个线程在没有同步的情况下并发地修改该变量，也是如此。

你可能听过这样的说法，为了提高性能，在读取或写入原子数据时，应该放弃使用同步。这个建议是错误的，而且非常危险。虽然语言规范保证线程在读取字段时不会看到一个随机值，但它并不保证一个线程可以看到另一个线程写入的值。**可靠的线程间通信和互斥都需要同步**。这是由《Java 语言规范》的*内存模型*（memory model）部分决定的，该模型规定了一个线程对共享数据所做的更改，何时以及如何对其他线程可见[JLS,17.4;Goetz06,16]。

如果没有同步对共享可变数据的访问，即使这个数据的读写操作都是原子的，也可能产生可怕的后果。考虑这样一项任务：从一个线程中停止另一个线程。Java 类库提供了 Thread.stop，但这个方法很久以前就被弃用了，因为它本质上是*不安全的*，使用它可能会导致数据损坏。**不要使用 Thread.stop**。推荐的方式是这样的：让第一个线程轮询一个初始值为 false 的 boolean 字段，而第二个线程可以将其设置为 true，以指示第一个线程停止自身。因为 boolean 字段的读取和写入都是原子的，有些程序员在访问这个字段时就没有使用同步：

```java
// 存在问题——你认为这个程序能运行多久
public class StopThread {
    private static boolean stopRequested;

    public static void main(String[] args)
            throws InterruptedException {
        Thread backgroundThread = new Thread(() -> {
            int i = 0;
            while (!stopRequested)
                i++;
        });
        backgroundThread.start();

        TimeUnit.SECONDS.sleep(1);
        stopRequested = true;
    }
}
```

你可能认为，这个程序会运行大约一秒，之后主线程将 stopRequested 设置为 true，导致后台线程的循环终止。然而，在我的机器上，这个程序*永远不会终止*：后台线程会一直循环下去！

问题在于，在没有同步的情况下，后台线程能不能看到主线程对 stopRequested 值的修改，如果能看到，那在什么时候可以看到，都是无法保证的。在没有同步的情况下，虚拟机完全可以将下面的代码：

```java
while (!stopRequested)
    i++;
```

转换为：

```java
if (!stopRequested)
    while (true)
        i++;
```

这种优化叫作*提升*（hoisting），OpenJDK Server VM 正是这么做的。结果是*活性失败*：程序无法再继续处理。解决这个问题的一种方式，是同步对 stopRequested 字段的访问。下面的程序会在大约一秒钟内终止，正如我们所预期的那样：

```java
// 通过同步让合作线程正确终止
public class StopThread {
    private static boolean stopRequested;

    private static synchronized void requestStop() {
        stopRequested = true;
    }

    private static synchronized boolean stopRequested() {
        return stopRequested;
    }

    public static void main(String[] args)
            throws InterruptedException {
        Thread backgroundThread = new Thread(() -> {
            int i = 0;
            while (!stopRequested())
```

```
                i++;
        });
        backgroundThread.start();

        TimeUnit.SECONDS.sleep(1);
        requestStop();
    }
}
```

请注意，这里对写方法（requestStop）和读方法（stopRequested）都进行了同步。仅仅对写方法进行同步是不够的！**除非读写操作都被同步，否则无法保证同步的有效性**。有时，仅对写（或读）进行同步的程序可能在某些机器上看起来可以工作，不要被表象所蒙蔽。

就 StopThread 中的两个被同步的方法而言，即使没有同步，它们执行的动作也是原子的。换句话说，这些方法上的同步仅起到通信的作用，而不是互斥。虽然在循环的每次迭代中进行同步的开销并不大，但还有一种更简洁而且性能可能更好的正确替代方案：如果用 volatile 来声明 stopRequested，那么第二个版本的 StopThread 中的锁定操作可以省略。尽管 volatile 修饰符不执行互斥，但它保证任何读取该字段的线程都将看到最近写入的值：

```
// 通过volatile字段让合作线程正确终止
public class StopThread {
    private static volatile boolean stopRequested;

    public static void main(String[] args)
            throws InterruptedException {
        Thread backgroundThread = new Thread(() -> {
            int i = 0;
            while (!stopRequested)
                i++;
        });
        backgroundThread.start();

        TimeUnit.SECONDS.sleep(1);
        stopRequested = true;
    }
}
```

在使用 volatile 时，必须多加小心。考虑下面这个用于生成序列号的方法：

```
// 存在问题——需要同步
private static volatile int nextSerialNumber = 0;

public static int generateSerialNumber() {
    return nextSerialNumber++;
}
```

这个方法的目的是确保每次调用都返回一个唯一的值（只要不超过 2^{32} 次调用）。这个方法的状态由一个可原子访问的字段 nextSerialNumber 组成，该字段的所有可能值都是合法的。因此，不需要使用同步来保护其不变式。然而，如果没有同步，这个方法就不能正常工作。

问题在于，自增运算符（++）不是原子的。它会在 nextSerialNumber 字段上执行两个操作：首先读取该字段的值，然后将旧值加 1 作为新值写回该字段。如果在一个线程读取旧值和写回新值的过程中间，第二个线程读取了这个字段，那么它看到的就是和第一个线程相同的值，于是就返回了同样的序列号。这就是*安全性失败*：程序计算出了错误的结果。

修复 generateSerialNumber 的一种方式，是在其声明中加上 synchronized 修饰符。这样可以确保多个调用不会交错进行，并且该方法的每次调用都将看到之前所有调用的效果。在加上 synchronized 修饰符之后，可以去掉 nextSerialNumber 前的 volatile 修饰符。为了使方法更为健壮，可以使用 long 来代替 int，或在 nextSerialNumber 即将溢出时抛出异常。

更好的方式，是遵循**条目 59** 的建议，使用 java.util.concurrent.atomic 包中的 AtomicLong 类。该包提供了用于在单个变量上进行无锁、线程安全编程的原语。volatile 仅提供同步的通信效果，与之对比，该包还提供了原子性。这正是 generateSerialNumber 所需要的，而且它可能比使用 synchronized 的版本性能更好：

```
// 使用 java.util.concurrent.atomic 实现无锁的同步
private static final AtomicLong nextSerialNum = new AtomicLong();

public static long generateSerialNumber() {
    return nextSerialNum.getAndIncrement();
}
```

要避免本条目所讨论的问题，最好的方式是不共享可变数据。要么共享不可变数据（**条目 17**），要么根本就不共享。换句话说，**将可变数据限制在单个线程之内**。如果采用这种策略，一定要将其写在文档中，这非常重要，以便该策略不会随着程序的演进而变化。还有一点也非常重要，要了解正在使用的框架和类库，因为它们可能会引入我们不知道的线程。

一个线程在一段时间内修改某个数据对象，然后将其分享给其他线程，只同步分享该对象引用的操作是可以接受的。其他线程可以在没有进一步同步的情况下读取该对象，只要它不再被修改。我们就称这样的对象为*事实不可变的*（effectively immutable）[Goetz06, 3.5.4]。将这样的对象引用从一个线程传递给其他线程称为*安全发布*（safe publication）[Goetz06, 3.5.3]。有许多可以安全地发布对象引用的方法：可以将其存储在一个静态字段中，作为类初始化的一部分；可以将其存储在一个 volatile 字段、final 字段或通过正常加锁来访问的字段中；还可以将其放入并发集合中（**条目 81**）。

总而言之，**当多个线程共享可变数据时，每个读取或写入这些数据的线程都必须执行同步**。如果没有同步，就无法保证一个线程的更改对另一个线程可见。其后果就是活性失败和安全性失败。这些问题是最难调试的。它们可能会间歇性发作，也可能与时序有关，而且程序行为可能会因虚拟机的不同而大相径庭。如果只需要线程间通信而不需要互斥，volatile 修饰符是一种可接受的同步形式，但要正确使用它会有一定的难度。

条目 79：避免过度同步

条目 78 警告的是同步不足的危险。本条目关注的则是相反的问题：根据情况的不同，过度的同步可能导致性能下降、死锁，甚至不确定的行为。

为了避免活性失败和安全性失败，在同步的方法或代码块内，绝对不要将控制权交给客户端。换句话说，在同步区域内，不要调用可以被重写的方法，也不要调用客户端以函数对象（**条目24**）形式提供的方法。从包含这个同步区域的类的角度来看，这样的方法是外来的。这个类不知道这样的方法会做什么，也无法控制它。根据外来方法的具体操作，从同步区域内调用它可能会引发异常、死锁或数据损坏。

为了更具体地说明这一点，考虑下面这个类，它实现了一个“可观察”的集合包装器。它支持客户端订阅消息，当集合中有元素加入时予以通知。这就是观察者（Observer）模式[Gamma95]。为了简洁起见，该类没有提供元素删除时的通知机制，但要提供也非常简单。该类是基于**条目18**中的可复用的`ForwardingSet`实现的：

```
// 存在问题——在同步块内调用了外来方法
public class ObservableSet<E> extends ForwardingSet<E> {
    public ObservableSet(Set<E> set) { super(set); }

    private final List<SetObserver<E>> observers
            = new ArrayList<>();

    public void addObserver(SetObserver<E> observer) {
        synchronized(observers) {
            observers.add(observer);
        }
    }

    public boolean removeObserver(SetObserver<E> observer) {
        synchronized(observers) {
            return observers.remove(observer);
        }
    }

    private void notifyElementAdded(E element) {
        synchronized(observers) {
            for (SetObserver<E> observer : observers)
                observer.added(this, element);
        }
    }

    @Override public boolean add(E element) {
        boolean added = super.add(element);
        if (added)
            notifyElementAdded(element);
        return added;
    }

    @Override public boolean addAll(Collection<? extends E> c) {
        boolean result = false;
        for (E element : c)
            result|=add(element); // 调用 notifyElementAdded
        return result;
    }
}
```

观察者通过调用 addObserver 方法来订阅通知，并通过调用 removeObserver 方法来取消订阅。两种情况下，都会将下面这个回调接口的实例传递给方法。

```
@FunctionalInterface public interface SetObserver<E> {
    // 这个方法会在被观察的集合中添加了元素时调用
    void added(ObservableSet<E> set, E element);
}
```

这个接口在结构上与 BiConsumer<ObservableSet<E>,E>完全相同。我们选择了自定义的函数式接口，因为接口和方法的名称会让代码的可读性更好，而且这个接口还可以随着未来的发展加入多个回调方法。即便如此，使用 BiConsumer 也是有合理的理由的（**条目 44**）。

乍看上去，ObservableSet 似乎可以正常工作。例如，下面的程序将打印 0～99 的数字：

```
public static void main(String[] args) {
    ObservableSet<Integer> set =
            new ObservableSet<>(new HashSet<>());

    set.addObserver((s, e) -> System.out.println(e));
    for (int i = 0; i < 100; i++)
        set.add(i);
}
```

现在让我们尝试点更复杂的。假设我们将 addObserver 调用替换成传入一个观察者，它会打印添加到集合中的 Integer 值，并在值为 23 时将自身删除。

```
set.addObserver(new SetObserver<>() {
    public void added(ObservableSet<Integer> s, Integer e) {
        System.out.println(e);
        if (e == 23)
            s.removeObserver(this);
    }
});
```

注意，这个调用使用的是匿名类实例，而没有像前面的调用那样使用 Lambda 表达式。这是因为，函数对象需要将自身传递给 s.removeObserver，而 Lambda 表达式无法访问其自身（**条目 42**）。

你可能认为，程序会打印 0～23 的数字，然后这个观察者会取消订阅，程序默默终止。但实际上，它打印了这些数字，然后抛出了 ConcurrentModificationException。问题在于，当调用观察者的 added 方法时，notifyElementAdded 正在对观察者列表进行迭代。added 方法会调用被观察集合的 removeObserver 方法，而 removeObserver 方法又会调用 observers.remove 方法。现在遇到麻烦了：我们试图在迭代列表的过程中从中删除一个元素，这是不合法的。notifyElementAdded 方法中的迭代是在同步块中进行的，以防止并发修改，但它无法阻止迭代线程本身调用回被观察集合中并修改其观察者列表。

我们再来尝试点奇怪的东西：编写一个试图取消订阅的观察者，但它没有直接调用 removeObserver，而是通过另一个线程来完成这个任务。这个观察者使用了一个执行器服务（*ExecutorService*）（**条目 80**）：

```
// 使用了不必要的后台线程的观察者
set.addObserver(new SetObserver<>() {
    public void added(ObservableSet<Integer> s, Integer e) {
```

```
            System.out.println(e);
            if (e == 23) {
                ExecutorService exec =
                        Executors.newSingleThreadExecutor();
                try {
                    exec.submit(() -> s.removeObserver(this)).get();
                } catch (ExecutionException | InterruptedException ex) {
                    throw new AssertionError(ex);
                } finally {
                    exec.shutdown();
                }
            }
        }
    });
```

顺便说一下，注意这个程序在一个 catch 子句中捕获了两种不同的异常类型。这种机制是在 Java 7 中加入的，它被非正式地称为多重捕获（multi-catch）。如果对多个异常类型的处理方式是一样的，这样可以极大提高程序的清晰度并减少代码量。

运行这个程序时，没有出现异常，但出现了死锁。后台线程调用了 s.removeObserver，它试图锁定 observers，但它无法获得这个锁，因为锁已经被主线程持有了。与此同时，主线程正在等待后台线程完成删除观察者的操作，死锁就是这么来的。

这个示例是刻意设计的，因为观察者没有理由使用后台线程来取消订阅自己，但这类问题是真实存在的。在同步区域内调用外来方法，导致了许多真实系统中的死锁，比如 GUI 工具包。

在前面的两个示例（异常和死锁）中，我们还算幸运。在调用外来方法（added）时，由同步区域（observers）保护的资源处于一致的状态。假设我们要在同步区域内调用外来方法时，该同步区域所保护的不变式恰好处于暂时的无效状态。因为 Java 语言中的锁是可重入（reentrant）的，这样的调用不会导致死锁。和最终出现异常的第一个示例一样，调用线程已经持有了锁，所以当该线程尝试重新获取这个锁时，即使在这个锁所保护的数据上还在进行着另一个概念上无关的操作，它也会成功获取。这样的故障后果可能是灾难性的。从本质上讲，锁没有尽到其职责。可重入锁简化了多线程的面向对象程序的构建，但它们可能会将活性失败变为安全性失败。

幸运的是，通过将对外来方法的调用移出同步块，通常不难解决这类问题。对于 notifyElementAdded 方法，就是建立观察者列表的一个“快照”，用于在无锁的情况下安全地遍历。这样修改之后，前面的两个示例就不会出现异常或死锁了：

```
// 将外来方法移到同步块之外——开放调用
private void notifyElementAdded(E element) {
    List<SetObserver<E>> snapshot = null;
    synchronized(observers) {
        snapshot = new ArrayList<>(observers);
    }
    for (SetObserver<E> observer : snapshot)
        observer.added(this, element);
}
```

实际上还有一种更好的方式。Java 类库提供了一个叫作 CopyOnWriteArrayList 的并发集合（**条目 81**），就是为这个目的量身定做的。这个 List 实现是 ArrayList 的一个变体，其中所有的修改操作都是通过创建整个底层数组的一个新副本来实现的。因为内部数组永远不会被修改，所以迭代不需要锁定，而且非常快。对于大多数场合，CopyOnWriteArrayList 的性能可能非常差，但它非常适合观察者列表，因为这些列表主要用于遍历，很少被修改。

如果将列表修改为使用 CopyOnWriteArrayList，ObservableSet 的 add 和 addAll 方法无须更改。下面就是这个类的其余代码。注意，这里没有任何显式的同步操作：

```
// 使用 CopyOnWriteArrayList 实现线程安全的可观察集合
private final List<SetObserver<E>> observers =
        new CopyOnWriteArrayList<>();
public void addObserver(SetObserver<E> observer) {
    observers.add(observer);
}

public boolean removeObserver(SetObserver<E> observer) {
    return observers.remove(observer);
}

private void notifyElementAdded(E element) {
    for (SetObserver<E> observer : observers)
        observer.added(this, element);
}
```

在同步区域之外调用的外来方法称为*开放调用*（open call）[Goetz06,10.1.4]。除了防止故障外，开放调用还可以极大地增加并发性。外来方法的运行时间有可能非常长，如果在同步区域内调用了这样的外来方法，其他线程会被长时间拒绝访问被保护的资源，而这是不必要的。

通常，在同步区域内做的工作应该尽可能少。获取锁，检查共享数据，必要时对其进行转换，然后释放该锁。如果必须执行某个非常耗时的活动，在不违反**条目 78** 中的准则的情况下，应该想办法将其移出同步区域。

本条目的第一部分是关于正确性的，现在让我们简单地讨论一下性能。尽管从 Java 诞生初期到现在，同步的开销已经大幅降低，但不要过度同步这一点比以往任何时候都重要。在多核时代，过度同步的真正开销并不是获取锁所消耗的 CPU 时间，而是*争用*（contention）：失去的并行机会，以及为了确保每个核心对内存具有一致的视图而引入的延迟。过度同步的另一个潜在开销在于，它可能会限制虚拟机优化代码执行的能力。

如果正在编写一个可变类，我们有两个选择：省略所有的同步操作，如果需要并发使用，客户端可以在外部进行同步；或在内部进行同步，使这个类成为*线程安全的*（**条目 82**）。如果与让客户端在外部锁住整个对象相比，通过内部同步可以获得高得多的性能，只有在这样的情况下，才应该选择后者。java.util 中的集合（除了已经过时的 Vector 和 Hashtable）采用了前者，而 java.util.concurrent 中的集合采用了后者（**条目 81**）。

在早期的 Java 中，许多类违反了这些准则。例如，StringBuffer 实例几乎总是被一个线程使用，但它们会执行内部同步。正因为这个原因，StringBuffer 被 StringBuilder 取代了，StringBuilder 就是一个非同步的 StringBuffer。同样，java.util.Random 中的线程安全的伪随机数生成器被 java.util.concurrent.ThreadLocalRandom 中的非同步实现所取代，主要也是这方面的原因。如果拿不定主意，那就不要对自己的类进行同步，但要在文档中写清楚，它不是线程安全的。

如果一定要在类内部进行同步，可以使用各种技术来实现高并发，比如锁分割、锁分离以及非阻塞的并发控制。这些技术超出了本书的讨论范围，但在其他文献中有相关讨论[Goetz06, Herlihy12]。

如果方法修改了一个静态字段，并且这个方法有可能被多个线程调用，那么必须在内部同步对这个字段的访问（除非该类可以容忍不确定的行为）。对于这样的方法，多线程的客户端无法对其进行外部同步，因为其他无关的客户端仍然可以在没有同步的情况下调用该方法。即使这个静态字段是私有的，但因为彼此无关的客户端可以读取和修改它，所以它本质上是一个全局变量。**条目78**中的`generateSerialNumber`方法所使用的`nextSerialNumber`字段，就是这样的一个例子。

总而言之，为了避免死锁和数据损坏，永远不要在同步区域内调用外来方法。更一般地说，应该尽量减少在同步区域内执行的工作量。在设计一个可变类时，要考虑它是否应该实现自己的同步。在多核时代，不要过度同步这一点比以往任何时候都重要。只有在理由充分的情况下才应该在类的内部进行同步，同时还要将自己的决定清清楚楚地写在文档中（**条目82**）。

条目80：与线程相比，首选执行器、任务和流

本书的第1版包含了一个简单的工作队列（work queue）的代码[Bloch01, Item 49]。这个类允许客户端将工作加入队列，由一个后台线程异步处理。当不再需要这个工作队列时，客户端可以调用一个方法，让后台线程在完成队列上现有的所有工作后优雅地终止自己。这个实现不过是个玩具，但即便如此，它也需要一整页微妙、精致的代码，稍有不慎还容易出现安全性失败和活性失败。幸运的是，现在已经没有理由写这样的代码了。

到本书的第2版问世时，Java中已经加入了`java.util.concurrent`。这个包中包含了一个执行器框架（Executor Framework），这是一个灵活的基于接口的任务执行工具。创建一个在各方面都比本书第1版中的工作队列更好的工作队列，只需要一行代码：

```
ExecutorService exec = Executors.newSingleThreadExecutor();
```

下面的代码演示了如何提交一个可运行对象以供执行：

```
exec.execute(runnable);
```

下面是让这个执行器优雅地终止的代码（如果没有这样做，虚拟机很可能不会退出）：

```
exec.shutdown();
```

我们可以使用执行器服务做很多事情。例如，可以等待某个特定的任务完成（使用`get`方法，如**条目79**中的代码所示），可以等待任务集合中的任何一个任务或所有任务完成（使用`invokeAny`或`invokeAll`方法），可以等待执行器服务终止（使用`awaitTermination`方法）、可以在任务完成后逐一检索其结果（使用`ExecutorCompletionService`），还可以调度任务，使其在特定时间运行或定期运行（使用`ScheduledThreadPoolExecutor`），等等。

如果想让多个线程处理队列中的请求，只需调用不同的静态工厂，创建一个叫作线程池的执行器服务。可以使用固定的或可变的线程数来创建线程池。`java.util.concurrent.Executors`类中包含的静态工厂，可以提供我们所需要的大多数执行器。然而，如果需要一些特殊的功能，那么可以直接使用`ThreadPoolExecutor`类。利用这个类，可以配

置线程池操作的几乎每个方面。

为特定的应用程序选择执行器服务可能会有些棘手。对于小型程序或负载较轻的服务器，Executors.newCachedThreadPool（缓存线程池）通常是不错的选择，因为它不需要配置，而且一般会“做正确的事情”。但是对于负载较重的生产服务器来说，缓存线程池并不是好的选择！在缓存线程池中，被提交的任务不会排队，而是立即交给一个线程执行。如果没有线程可用，就创建一个新线程。如果服务器的负载非常重，以至于所有的 CPU 都处于忙碌之中，但是随着更多任务到达，缓存线程池会创建更多线程，只会使情况变得更糟。因此，在负载较重的生产服务器上，最好使用 Executors.newFixedThreadPool，它会返回一个线程数固定的线程池，或直接使用 ThreadPoolExecutor 类，以获得最大程度的控制权。

我们不仅应该避免编写自己的工作队列，而且通常应该避免直接使用线程。在直接使用线程时，Thread 既是工作单元，又是执行机制。而在执行器框架中，工作单元和执行机制是分开的。关键抽象是工作单元，即任务（task）。任务有两种类型：Runnable 和它的近亲 Callable（和 Runnable 类似，但它会返回一个值，而且有可能抛出任意异常）。执行任务的一般机制是执行器服务。如果以任务的方式思考，并让执行器服务来执行这些任务，就可以灵活选择适合自己需求的执行策略，并在需求改变时更改策略。实质上，执行器框架之于执行，就像集合类框架之于聚合。

在 Java 7 中，执行器框架得到了扩展，以支持 fork-join 任务，这些任务由一个叫作 ForkJoinPool 的特殊执行器服务来运行。fork-join 任务由 ForkJoinTask 实例表示，可以被分解为更小的子任务，而组成 ForkJoinPool 的线程不仅会处理这些任务，还会互相“窃取”任务，以确保所有线程保持忙碌，从而提高 CPU 利用率、吞吐量并降低延迟。编写和调优 fork-join 任务非常棘手。并行流（**条目 48**）是在 ForkJoinPool 之上构建的，并且允许我们轻松利用其性能优势，前提是它们适合我们手头的任务。

对执行器框架的完整讨论超出了本书的范围，感兴趣的读者可以参考《Java 并发编程实战》一书[Goetz06]。

条目 81：与 wait 和 notify 相比，首选高级并发工具

本书的第 1 版中有一个条目专门介绍了如何正确使用 wait 和 notify[Bloch01, Item 50]。其建议仍然有效，本条目的最后也对其进行了总结，但是相关建议的重要性已经大不如前了。这是因为，现在使用 wait 和 notify 的理由已经少多了。自 Java 5 以来，平台已经提供了更高级的并发工具，以前必须基于 wait 和 notify 手工编码的一些工作，现在可以用这些工具来完成了。**鉴于正确使用 wait 和 notify 的困难，我们应该使用更高级的并发工具。**

java.util.concurrent 中的高级工具可以分为 3 类：执行器框架（我们在**条目 80** 中已经简要介绍过）、并发集合以及同步器。本条目将简要介绍并发集合和同步器。

并发集合是标准集合接口（如 List、Queue 和 Map）的高性能并发实现。为了提供高并发性，这些实现会在内部管理自己的同步（**条目 79**）。因此，**不可能将并发活动排除在并发集合之外；对这样的集合进行锁定只会降低程序的运行速度。**

因为无法将并发活动排除在并发集合之外，所以也无法对它们之上的方法调用进行原

子化的组合。因此，并发集合接口配备了状态依赖的修改操作（state-dependent modify operation），可以将几个原语组合成一个原子操作。事实证明，这些操作在并发集合上非常有用，以至于它们在 Java 8 中作为默认方法（**条目 21**）被添加到了相应的集合接口中。

以 `Map` 的 `putIfAbsent(key, value)` 方法为例，当参数中的 `key` 在这个 `Map` 中不存在时，就插入这个键值对；再看其返回值，当参数中的 `key` 在这个 `Map` 中存在时，就返回与其关联的前一个值，否则返回 `null`。这使得实现线程安全的典型映射（canonicalizing map）变得非常容易。下面的方法模拟了 `String.intern` 的行为：

```
// 基于ConcurrentMap实现的并发典型映射——不是最优的
private static final ConcurrentMap<String, String> map =
        new ConcurrentHashMap<>();

public static String intern(String s) {
    String previousValue = map.putIfAbsent(s, s);
    return previousValue == null ? s : previousValue;
}
```

事实上还可以做得更好。`ConcurrentHashMap` 针对检索操作（如 `get`）进行了优化。因此，这么做是值得的：先调用 `get`，只有在 `get` 表明有必要时才调用 `putIfAbsent`：

```
// 基于ConcurrentMap实现的并发典型映射——更快
public static String intern(String s) {
    String result = map.get(s);
    if (result == null) {
        result = map.putIfAbsent(s, s);
        if (result == null)
            result = s;
    }
    return result;
}
```

除了提供了出色的并发性之外，`ConcurrentHashMap` 的速度也非常快。在我的机器上，上面的 `intern` 方法比 `String.intern` 快了 6 倍以上（但请记住，对于长时间运行的应用程序，`String.intern` 必须采用一些策略来避免内存泄漏）。并发集合使得同步集合几乎被淘汰了。例如，**应该优先使用 `ConcurrentHashMap`，而不是 `Collections.synchronizedMap`**。仅仅将同步映射替换为并发映射，就可以极大提高并发应用程序的性能。

有些集合接口还进行了扩展，以支持阻塞操作（blocking operation），这样的操作会一直等待（或阻塞），直到操作成功执行。例如，`BlockingQueue` 扩展了 `Queue` 接口，并添加了几个方法，包括 `take` 方法，它会从队列中删除并返回头元素，如果队列为空则会等待。这使得阻塞队列可以用作工作队列（也叫生产者-消费者队列），其中一个或多个生产者线程可以将工作项放入队列中，一个或多个消费者线程可以从队列中获取并处理可用的项。不出所料，大多数 `ExecutorService` 实现，包括 `ThreadPoolExecutor`，都使用了一个 `BlockingQueue`（**条目 80**）。

同步器（Synchronizer）是使线程能够等待另一个线程的对象，从而使它们能够协调彼此的活动。最常用的同步器是 `CountDownLatch` 和 `Semaphore`。不常用的有 `CyclicBarrier` 和 `Exchanger`。最强大的同步器是 `Phaser`。

`CountDownLatch` 是一次性的屏障，允许一个或多个线程等待另外的一个或多个线程来完成某个操作。CountDownLatch 的唯一构造器接收一个 int 参数，表示在允许所有等待的线程继续执行之前，必须调用 countDown 方法的次数。

在这个简单的原语上构建有用的东西极为容易。例如，假设要构建一个简单的框架，对并发执行的动作进行计时。该框架仅包含一个方法，它接收 3 个参数：一个是负责执行该动作的执行器，一个是表示该动作要并发执行的次数的并发级别，还有一个是表示该动作的 Runnable。在计时器线程启动计时之前，所有工作线程都要做好运行该操作的准备。当最后一个工作线程准备好运行该操作时，计时器线程开始计时，让工作线程执行该操作。最后一个工作线程一执行完，计时器线程就停止计时。如果直接在 wait 和 notify 之上实现这个逻辑，毫不夸张地说，会是一团糟，但是在 CountDownLatch 之上实现这个逻辑就非常简单了：

```
// 用于对并发执行进行计时的简单框架
public static long time(Executor executor, int concurrency,
            Runnable action) throws InterruptedException {
    CountDownLatch ready = new CountDownLatch(concurrency);
    CountDownLatch start = new CountDownLatch(1);
    CountDownLatch done  = new CountDownLatch(concurrency);

    for (int i = 0; i < concurrency; i++) {
        executor.execute(() -> {
            ready.countDown(); // 告诉计时器，准备就绪
            try {
                start.await(); // 等待其他选手准备就绪
                action.run();
            } catch (InterruptedException e) {
                Thread.currentThread().interrupt();
            } finally {
                done.countDown();  // 告诉计时器，执行完毕
            }
        });
    }

    ready.await(); // 等待所有工作线程准备就绪
    long startNanos = System.nanoTime();
    start.countDown(); // 开始计时
    done.await(); // 等待所有工作线程结束
    return System.nanoTime() - startNanos;
}
```

注意，这个方法使用了 3 个 CountDownLatch。第一个 CountDownLatch（也就是 ready），用于让工作线程告诉计时器线程，它们已经准备就绪。然后工作线程会在第二个 CountDownLatch（也就是 start）上等待。当最后一个工作线程调用了 ready.countDown 时，计时器线程记录开始时间并调用 start.countDown，允许所有工作线程继续执行。然后计时器线程在第三个 CountDownLatch（也就是 done）上等待，直到最后一个工作线程完成操作并调用 done.countDown。一旦发生这种情况，计时器线程会被唤醒，并记录结束时间。

还有一些细节需要注意。传递给 time 方法的执行器必须允许创建至少与给定的并发级别一样多的线程，否则测试将永远无法完成。这被称为线程饥饿死锁（thread starvation deadlock）[Goetz06, 8.1.1]。如果工作线程捕获到 InterruptedException，它会使用

Thread.currentThread().interrupt()这个习惯用法来重置中断状态，并从其 run 方法返回。这使得执行器可以根据需要处理中断。还请注意，这里使用了 System.nanoTime 来对活动进行计时。**对于需要计算时间间隔的场合，应该总是使用 System.nanoTime，而不是 System.currentTimeMillis**。System.nanoTime 更准确、更精确，而且不受系统实时时钟调整的影响。最后，还要注意的是，除非 action 执行了相当多的工作（比如一秒或更长时间），否则这个示例中的代码所提供的计时不会非常准确。准确的微基准测试非常困难，最好借助于专门的框架，如 jmh [JMH]。

使用并发工具可以做的事情非常多，本条目仅仅触及了一些皮毛。例如，前面示例中的 3 个 CountDownLatch，可以用一个 CyclicBarrier 或 Phaser 实例来代替。这样得到的代码可能更简洁，但也许更难理解。

尽管与 wait 和 notify 相比，应该总是优先使用高级并发工具，但我们可能不得不维护使用了 wait 和 notify 的遗留代码。wait 方法用于让线程等待某个条件。它必须在锁住了该方法所在对象的同步区域内调用。下面是使用 wait 方法的标准习惯用法：

```
// 使用 wait 方法的标准习惯用法
synchronized (obj) {
    while (<condition does not hold>)
        obj.wait(); // 释放锁，并在被唤醒时重新获取
    ... // 执行与该条件相关的动作
}
```

应该总是使用 wait 循环习惯用法来调用 wait 方法；永远不要在循环外部调用它。 这个循环用于测试等待前后的条件。

在等待之前对条件进行测试，并且如果条件成立的话就跳过等待，这对于确保活性是必要的。如果在线程开始等待之前，条件已经成立，而且 notify（或 notifyAll）方法也被调用了，这是不能保证线程会从等待中醒来的。

在等待之后对条件进行测试，并且如果条件不成立的话就继续等待，这对于确保安全性是必要的。如果线程在条件不成立时继续执行相关动作，可能会破坏由这个锁保护的不变式。线程可能会在条件不成立时被唤醒的原因有以下几个。

- 在一个线程调用 notify 和等待的线程被唤醒之间，另一个线程可能获得了这个锁并改变了被保护的状态。
- 另一个线程可能在条件不成立时意外或恶意地调用了 notify。如果是在可以公开访问的对象上等待，类有可能将自己暴露给这种恶意行为。在这样的对象的同步方法中的任何 wait 调用，都容易受到这个问题的影响。
- 通知线程在唤醒等待的线程时，可能过于"慷慨"了。例如，通知线程可能会调用 notifyAll，即使只有部分等待的线程的条件得到了满足。
- 等待的线程可能会在没有收到通知的情况下被唤醒，不过这样的情况非常少见。这被称为虚假唤醒（spurious wakeup）[POSIX, 11.4.3.6.1; Java9-api]。

一个相关的问题是，是使用 notify 还是 notifyAll 来唤醒等待的线程。（回想一下，notify 会唤醒一个等待的线程，假设这样的线程存在，而 notifyAll 会唤醒所有等待的线程。）有时候人们说应该总是使用 notifyAll。这是合理而且保守的建议。它总能产生正确的结果，因为它保证会唤醒需要被唤醒的线程。当然可能也会唤醒其他一些线程，但不会影响程序的正确性。这些线程会检查它们等待的条件，如果发现条件不成立，就会继续等待。

作为一种优化，如果处于等待集合中的所有线程都在等待同一个条件，并且如果条件成立，每次都只有一个线程可以被唤醒，这时可以选择调用 `notify` 而不是 `notifyAll`。

即使这些前提条件都满足，也可能有理由使用 `notifyAll` 而不是 `notify`。就像我们将 `wait` 调用放在循环中来防止可以公开访问的对象上的意外或恶意的通知一样，使用 `notifyAll` 而不是 `notify`，可以防止无关线程上的意外或恶意的等待。这样的等待可能会"吞掉"某个关键的通知，而使目标接收对象处于无限期的等待之中。

总而言之，与使用 `java.util.concurrent` 提供的高级语言相比，直接使用 `wait` 和 `notify` 就像使用"并发汇编语言"进行编程。**在新代码中很少或根本没有理由使用 `wait` 和 `notify`。**如果维护的代码中使用了 `wait` 和 `notify`，请确保总是在一个 `while` 循环中使用标准的习惯用法来调用 `wait`。通常应该优先使用 `notifyAll` 方法而不是 `notify` 方法。如果使用 `notify` 方法，必须非常小心地确保程序的活性。

条目 82：将线程安全性写在文档中

当类的方法被并发使用时，其行为方式是它与使用它的客户端之间的约定的重要组成部分。如果我们没有将类在这方面的行为写到文档中，其使用者就只能做出一些假设。如果假设错了，编写的程序有可能缺少同步（**条目 78**），也有可能过度同步（**条目 79**）。无论哪种情况，都可能导致严重的错误。

有人会说，通过查看文档中有没有 `synchronized` 修饰符，可以判断一个方法是否是线程安全的。这种说法有几个问题。正常情况下，Javadoc 工具不会将 `synchronized` 修饰符包含在其输出中，这是有原因的。**方法声明中的 `synchronized` 修饰符属于实现细节，而不是其 API 的一部分。**利用有没有 `synchronized` 修饰符来判断方法是否是线程安全的，并不可靠。

此外，上面的说法还隐含着一种误解：线程安全要么全有，要么全没有。实际上，有几个级别的线程安全性。**为了实现安全的并发使用，一个类必须在文档中清楚地说明它支持哪个级别的线程安全性。**下面总结了线程安全性的几个级别，它并不是详尽无遗的，但涵盖了常见的情况。

- **不可变的（immutable）**——该类的实例表现为不变的，不需要在外部使用同步操作。这样的例子包括 `String`、`Long` 和 `BigInteger`（**条目 17**）。
- **无条件的线程安全（unconditionally thread-safe）**——该类的实例是可变的，但是类提供了足够的内部同步，使得其实例可以在不需要任何外部同步的情况下并发使用。这样的例子包括 `AtomicLong` 和 `ConcurrentHashMap`。
- **有条件的线程安全（conditionally thread-safe）**——与无条件的线程安全类似，但是有些方法需要外部同步才能安全地并发使用。这样的例子包括由 `Collections.synchronized` 包装器返回的集合，其迭代器需要外部同步。
- **非线程安全（not thread-safe）**——该类的实例是可变的。要并发使用，客户端必须使用自己选择的外部同步来包围每个方法调用（或调用序列）。这样的例子包括通用的集合实现，如 `ArrayList` 和 `HashMap`。
- **线程不利的（thread-hostile）**——即使每个方法调用都被外部同步所包围，该类也不能安全地并发使用。这种情况通常是在没有同步的情况下修改静态数据导致的。没有人会有意编写线程不利的类；通常是因为没有考虑到并发性。如果发现一个类或方法是线程不利的，最好修复它或废弃它。以**条目 78** 中讨论的 generateSerialNumber 为例，如果没有内部同步，这个方法就是线程不利的。

除了最后一种，这些类别大致对应于《Java 并发编程实战》一书中的线程安全注解，它们是 Immutable、ThreadSafe 和 NotThreadSafe[Goetz06, Appendix A]。上述分类中无条件的线程安全和有条件的线程安全都涵盖在 ThreadSafe 注解中。

对于有条件的线程安全类，编写文档时需要小心。必须指明哪些调用序列需要外部同步，以及必须获取哪个锁（或在极少数情况下是哪些锁）来执行这些序列。通常会使用实例本身的锁，但也有例外。例如，Collections.synchronizedMap 的文档中有以下说明。

It is imperative that the user manually synchronize on the returned map when iterating over any of its collection views:

（对于所返回的 Map，在对它的任何集合视图进行迭代时，用户必须手动在这个 Map 上进行同步：）

```
Map<K, V> m = Collections.synchronizedMap(new HashMap<>());
Set<K> s = m.keySet();  // Needn't be in synchronized block
    ...
synchronized(m) {  // Synchronizing on m, not s!
    for (K key : s)
        key.f();
}
```

不遵循这个建议，可能会导致非确定性行为。

对类的线程安全性的描述，通常应该放在该类的文档注释中，但具有特殊线程安全属性的方法应该在自己的文档注释中描述这些属性。没有必要在文档中描述枚举类型的不可变性。除非从返回类型中就能明显看出，否则静态工厂必须将所返回对象的线程安全性写在文档中，如上面的 Collections.synchronizedMap 所演示的那样。

当类承诺使用一个公开可访问的锁时，它使得客户端能够以原子方式执行一个方法调用序列，但这种灵活性是有代价的。它与高性能的内部并发控制并不兼容，比如 ConcurrentHashMap 等并发集合所使用的控制方式。此外，通过长期持有这个公开可访问的锁，客户端可以发起拒绝服务（denial-of-service）攻击。这可能是意外之举，也可能是有意为之。

为了防止这种拒绝服务攻击，可以使用*私有锁对象*（private lock object）来代替同步方法（这暗示着有一个公开可访问的锁）：

```
// 私有锁对象习惯用法——防止拒绝服务攻击
private final Object lock = new Object();

public void foo() {
    synchronized(lock) {
        ...
    }
}
```

因为私有锁对象在类外是不可访问的，所以客户端也就不可能干扰这个对象的同步。实际上，我们正在应用**条目 15** 的建议，将这个锁对象封装在它所同步的对象中。

注意，lock 字段被声明为 final 的。这样可以防止因为不小心修改了其内容而造成灾难性的非同步访问（**条目 78**）。我们正在应用**条目 17** 的建议，最小化 lock 字段的可变性。**锁字段应该始终被声明为 final 的。**无论使用的是像前面这样的普通的监视器（monitor）

锁，还是来自 java.util.concurrent.locks 包中的锁，都是如此。

私有锁对象习惯用法只能用在*无条件*的线程安全的类上。有条件的线程安全的类不能使用这种习惯用法，因为它们必须在文档中写清楚，客户端程序在执行特定的方法调用序列时需要获取哪个锁。

私有锁对象习惯用法特别适合设计用于继承的类（**条目 19**）。如果这样的类使用自己的实例来加锁，子类很容易在无意中干扰了基类的操作，反之亦然。将同一个锁用于不同的目的，子类和基类可能会互相掣肘。这并不只是理论上的问题，在 Thread 类上就出现过[Bloch05, Puzzle 77]。

总而言之，每个类都应该使用措辞严谨的描述或线程安全注解，在文档中将其线程安全性表达清楚。synchronized 修饰符在文档中不起作用。对于有条件的线程安全的类，必须在文档中写清楚，什么样的方法调用序列需要外部同步，以及在执行这些序列时需要获取哪个锁。如果我们要编写的是无条件的线程安全的类，应该考虑使用私有锁对象来代替同步方法。这可以使我们免受客户端程序和子类对同步的干扰，并为在以后的版本中采用更高级的并发控制方式提供更大的灵活性。

条目 83：谨慎使用延迟初始化

延迟初始化（lazy initialization）是指将字段的初始化推迟到需要它的值时进行。如果永远不需要这个值，这个字段就永远不会被初始化。这种技术对于静态字段和实例字段都适合。虽然延迟初始化主要是一种优化手段，但它也可以用来打破类和实例初始化中的不良循环 [Bloch05, Puzzle 51]。

和大多数优化一样，关于延迟初始化，最好的建议是“除非需要，否则不要使用”（**条目 67**）。延迟初始化是把双刃剑。它降低了初始化类或创建实例的开销，但增加了访问这样的字段的开销。根据这些字段中最终需要进行初始化的比例、初始化它们的开销以及初始化后每个字段被访问的频率，延迟初始化甚至有可能（像许多“优化”一样）损害性能。

即便如此，延迟初始化也有其用武之地。对于类中的一个字段，如果只会在这个类的一部分实例上被访问，*而且*初始化的开销很大，那么延迟初始化可能是值得的。决定使用与否的唯一方式，是测量这个类在使用延迟初始化前后的性能。

在存在多个线程的情况下，延迟初始化非常棘手。如果有两个或多个线程共享一个延迟初始化字段，必须使用某种形式的同步，这非常重要，否则可能会导致严重的错误（**条目 78**）。本条目讨论的所有初始化技术都是线程安全的。

在大多数情况下，应该首选正常的初始化，而不是延迟初始化。下面是一个典型的声明，对实例字段进行了正常的初始化。注意，这里使用了 final 修饰符（**条目 17**）：

```
// 正常初始化了一个实例字段
private final FieldType field = computeFieldValue();
```

如果使用延迟初始化来打破初始化循环依赖，应该使用同步访问器方法，因为这是最简单、最清晰的选择：

```
// 实例字段的延迟初始化——使用了同步访问器方法
private FieldType field;

private synchronized FieldType getField() {
```

```
    if (field == null)
        field = computeFieldValue();
    return field;
}
```

在将这两种习惯用法（*正常初始化和使用了同步访问器方法的延迟初始化*）应用于静态字段时，只需在字段和访问器方法的声明中加上 static 修饰符，不需要别的修改。

如果出于性能原因需要在静态字段上使用延迟初始化，应该使用*延迟初始化* **Holder 类（lazy initialization holder class）习惯用法。**这个习惯用法利用了类在用到的时候才会被初始化这一保证[JLS,12.4.1]，如下所示：

```
// 用于静态字段的延迟初始化 Holder 类习惯用法
private static class FieldHolder {
    static final FieldType field = computeFieldValue();
}

private static FieldType getField() { return FieldHolder.field; }
```

当 getField 第一次被调用时，它第一次读取 FieldHolder.field，使得 FieldHolder 类被初始化。这个习惯用法的好处是，getField 方法没有被同步，而且只执行了一个字段访问操作，所以延迟初始化实际上没有增加任何访问开销。为了初始化这个类，典型的虚拟机会同步这个仅有的字段访问操作。一旦类被初始化，虚拟机就会对代码进行修补，这样后续对该字段的访问就不会涉及任何的测试或同步了。

如果出于性能原因需要在实例字段上使用延迟初始化，应该使用*双重检查*（**double-check**）**习惯用法。**如果在初始化之后访问字段，这个习惯用法可以避免锁定的开销（**条目 79**）。其思路是，对字段的值进行两次检查（因此被称为*双重检查*）：第一次检查不锁定，如果字段看起来还没有被初始化，第二次检查会锁定。只有在第二次检查表明字段还没有被初始化时，这个调用才会初始化该字段。因为字段一旦被初始化了就不会再锁定，所以字段必须用 volatile 来声明（**条目 78**），如下所示：

```
// 用于延迟初始化实例字段的双重检查习惯用法
private volatile FieldType field;

private FieldType getField() {
    FieldType result = field;
    if (result != null)    // 第一次检查（不锁定）
        return result;
    synchronized(this) {
        if (field == null) // 第二次检查（锁定）
            field = computeFieldValue();
        return field;
    }
}
```

这段代码可能看起来有些费解。特别是，看不懂为什么需要局部变量 result。大部分情况下，field 是已经被初始化的，这个变量的作用就是确保该字段只被读取一次。虽然并非严格需要，但这样可以提高性能，而且按照适用于底层并发编程的标准，这样更优雅。在我的机器上，与不使用局部变量的比较直观的版本相比，上述方法的执行速度快了大约 1.4 倍。

虽然也可以将双重检查习惯用法应用于静态字段，但没有理由这样做：延迟初始化 Holder 类习惯用法是更好的选择。

还有两个值得注意的双重检查习惯用法的变体。有时可能需要延迟初始化这样的实例字段——它可以容忍重复初始化。如果发现自己处于这种情况，使用双重检查习惯用法的一个变体，可以省掉第二次检查。毫不奇怪，它被称为*单次检查*（single-check）*习惯用法*。其代码如下。注意，field 仍然是用 volatile 来声明的：

```
// 单次检查习惯用法——可能会引发重复初始化
private volatile FieldType field;

private FieldType getField() {
    FieldType result = field;
    if (result == null)
        field = result = computeFieldValue();
    return result;
}
```

本条目所讨论的所有初始化技术，既适用于基本类型字段，又适用于对象引用字段。当将双重检查或单次检查习惯用法应用于数值型的基本类型字段时，field 的值应该与 0（数值类型变量的默认值）进行比较，而不是 null。

在单次检查习惯用法中，如果不关心每个线程是否会重新计算字段的值，并且这个字段的类型是除了 long 或 double 以外的其他基本类型，则可以选择从字段声明中删除 volatile 修饰符。这一变体被称为*激进的单次检查习惯用法*（racy single-check idiom）。它在某些架构上可以加快字段访问速度，但增加了额外的初始化（可能每个访问该字段的线程都会初始化一次）。这当然是一种特殊的技术，不适合日常使用。

总而言之，大多数字段应该使用正常初始化，而不是延迟初始化。如果为了实现性能目标，或为了打破不良的初始化循环依赖，而必须使用延迟初始化，那么应该使用适当的延迟初始化技术。对于实例字段，使用双重检查习惯用法；对于静态字段，使用延迟初始化 Holder 类习惯用法。对于可以容忍重复初始化的实例字段，还可以考虑单次检查习惯用法。

条目 84：不要依赖线程调度器

当有多个可运行的线程时，由线程调度器决定哪些线程可以运行，以及运行多长时间。任何一个合理的操作系统都会尽量公平地做出决策，但策略可能会有所不同。因此，编写良好的程序不应该依赖这种策略的细节。**任何依赖线程调度器来保证正确性或性能的程序都很可能是不可移植的。**

要编写出健壮、响应迅速、可移植的程序，最好的办法是确保可运行线程的平均数量不明显大于处理器的数量。这样，线程调度器的选择余地就很小：它只需运行这些可运行的线程，直到它们不再是可运行的。即使在完全不同的线程调度策略下，程序的行为也不会有太大变化。注意，可运行线程的数量与线程的总数并不相同，后者可能要高得多。处于等待状态的线程不是可运行的。

要将可运行线程的数量保持在较低水平，主要技术是让每个线程都执行一些有用的工作，然后等待更多工作。**如果线程没有执行有用的工作，就不应该运行。**就执行器框架（**条目 80**）而言，这意味着适当设置线程池的大小[Goetz06,8.2]，并让任务短一些，但也不要太短，否则调度开销将影响性能。

线程不应该*忙等*（busy-wait）。所谓忙等，就是反复检查一个共享对象，等待其状态发生改变。除了使程序容易受到不可捉摸的线程调度器的影响之外，忙等还会大大增加处理器的负载，而这些处理器时间本可以供其他线程完成有用的工作。举一个极端的反面示例，考虑下面的代码，它重新实现了 CountDownLatch，但选择了一种反常的方式：

```
// 糟糕的 CountDownLatch 实现——不停地忙等
public class SlowCountDownLatch {
    private int count;

    public SlowCountDownLatch(int count) {
        if (count < 0)
            throw new IllegalArgumentException(count + " < 0");
        this.count = count;
    }

    public void await() {
        while (true) {
            synchronized(this) {
                if (count == 0)
                    return;
            }
        }
    }

    public synchronized void countDown() {
        if (count != 0)
            count--;
    }
}
```

在我的机器上，当 1000 个线程在一个锁存器（latch）上等待时，Java 的 CountDownLatch 比 SlowCountDownLatch 大约快了 10 倍。虽然这个示例看起来有点牵强，但存在一个或多个不必要的可运行线程的系统并不少见。其性能和可移植性都有可能受到影响。

有的多线程程序存在这样的问题：有些线程相对于其他线程无法获得足够的 CPU 时间，从而导致这个程序几乎无法正常工作。当面对这样的程序时，**不要试图通过调用 Thread.yield 来“修复”它**。这样有可能勉强让程序正常工作，但这种方案是不可移植的。在一个 JVM 实现上可以提高性能的同样的 yield 调用，在第二个实现上可能会使性能变差，而在第三个实现上可能没有任何效果。**Thread.yield 没有可测试的语义**。更好的做法是重新组织这个应用程序，减少可以并发运行的线程的数量。

还有一个相关的方法，就是调整线程的优先级，类似的注意事项也适用。**线程优先级是 Java 中可移植性最差的特性之一**。通过调整一些线程的优先级来优化应用程序的响应速度，也不是没有道理，但大部分情况下是没有必要的，而且这么做也是不可移植的。通过调整线程的优先级来解决严重的活性问题，这是不合理的。在找到并修复根本原因之前，这个问题很可能会再次出现。

总而言之，不要依赖线程调度器来保证程序的正确性。否则，得到的程序既不健壮，也不可移植。不难推出，也不要依赖 Thread.yield 或线程优先级。这些机制只是用于提示调度器。线程优先级可以适度使用，来提高一个已经在运行的程序的服务质量，但绝不能用于“修复”一个几乎无法正常工作的程序。

第12章 序列化

本章讨论的是对象序列化（object serialization），它是 Java 中用于将对象编码为字节流（序列化）以及从其编码中重新构造出对象（反序列化）的框架。一旦对象被序列化，其编码就可以从一个虚拟机发送到另一个虚拟机，或存储在磁盘上，以便以后进行反序列化。本章重点介绍了序列化可能存在的风险，以及如何将这些风险降到最低。

条目 85：优先选择其他序列化替代方案

当序列化机制于 1997 年被加入 Java 中时，人们就知道它存在一定的风险。这种机制此前曾在一门研究性语言（Modula-3）中尝试过，但从未见于生产语言。不需要程序员付出多少努力，就可以实现分布式对象，尽管这种承诺很有吸引力，但代价是看不见的构造器以及 API 和实现之间的模糊界限，有可能导致正确性、性能、安全性和维护等方面的问题。支持者相信好处大于风险，但从历史上看，情况并非如此。

本书前两版所描述的安全问题，已经被证明和一些人担心的一样严重。21 世纪初所讨论的一些漏洞，在接下来的十年中，被黑客利用，造成了严重的安全问题，著名的包括 2016 年 11 月对美国旧金山交通局市政铁路（SFMTA Muni）的勒索攻击，使整个票务系统关闭了两天[Gallagher16]。

序列化的一个根本问题是，*攻击面*过于庞大而无法保护，而且攻击面还在不断增长：对象图（object graph）是通过调用 `ObjectInputStream` 上的 `readObject` 方法进行反序列化的。这个方法本质上就是一个魔法般的构造器，可以用来实例化类路径上的几乎任何类型的对象，只要这个类型实现了 `Serializable` 接口。在反序列化字节流的过程中，该方法可以执行来自这些类型的任何代码，因此，所有这些类型的代码都属于攻击面。

攻击面包括 Java 平台类库中的类，如 Apache Commons Collections 等第三方类库中的类，以及应用程序自己的类。即使遵循了所有相关的最佳实践，并成功编写出不易受到攻击的可序列化类，应用程序仍然可能存在漏洞。用 CERT（计算机安全应急响应组）协调中心技术经理罗伯特·西科德（Robert Seacord）的话来说：

> Java 反序列化是一个明显存在的危险，因为很多应用或是直接使用了这种机制，或是通过 RMI（远程方法调用）、JMX（Java 管理扩展）和 JMS（Java 消息系统）等 Java 子系统间接使用了这种机制。对不可信的流进行反序列化，可能导致远程代码执行（Remote Code Execution，RCE）、拒绝服务（Denial-of-Service，DoS）和其他一系列攻击。即使应用程序没有犯任何错误，也可能会受到这些攻击的威胁。[Seacord17]

攻击者和安全研究人员会研究 Java 类库和常用第三方类库中的可序列化类型，寻找在反序列化过程中调用的、有可能执行危险活动的方法。这样的方法被称为 gadget。多个

gadget可以配合使用，形成一个gadget链。他们不时就会发现一个足够强大的gadget链，攻击者只要有机会提交精心设计的用于反序列化的字节流，就能在底层硬件上执行任意的本地代码。上面提到的SFMTA Muni攻击就是这样发生的。并不是只有这种攻击，还有其他的攻击，而且未来还会有更多。

即使不使用任何gadget，也可以轻松发起一次拒绝服务攻击：反序列化一个需要很长的操作时间的短流。这样的流被称为*反序列化炸弹*（deserialization bomb）[Svoboda16]。下面是沃特尔·库克尔茨（Wouter Coekaerts）编写的一个示例，只使用了一系列HashSet和一个字符串：

```
// 反序列化炸弹——反序列化操作会持续运行下去
static byte[] bomb() {
    Set<Object> root = new HashSet<>();
    Set<Object> s1 = root;
    Set<Object> s2 = new HashSet<>();
    for (int i = 0; i < 100; i++) {
        Set<Object> t1 = new HashSet<>();
        Set<Object> t2 = new HashSet<>();
        t1.add("foo"); // 让t1和t2不相等
        s1.add(t1);  s1.add(t2);
        s2.add(t1);  s2.add(t2);
        s1 = t1;
        s2 = t2;
    }
    return serialize(root); // 为了简洁起见，省去了方法
}
```

这个对象图由201个HashSet实例组成，每个HashSet会包含3个或3个以内的对象引用。整个流的长度为5744个字节，但就算太阳都燃烧殆尽了，这个反序列化可能还没有完成。问题在于，反序列化HashSet实例需要计算其元素的哈希码。作为root的HashSet中的2个元素，本身又是包含2个HashSet元素的HashSet，其中的每个HashSet元素又包含2个HashSet元素，依此类推，深度达到100层。因此，反序列化这个Set会导致hashCode方法被调用的次数超过2^{100}。除了反序列化会永远执行下去，没有任何迹象表明有什么不妥。它几乎不会反序列化出任何对象，而且栈的深度是有限制的。

那么，应该如何预防这些问题呢？每当反序列化一个我们不信任的字节流时，我们就暴露于攻击之中了。**要避免利用序列化的漏洞进行的攻击，最好的办法就是永远不使用反序列化。**用1983年上映的美国电影《战争游戏》中一台名为Joshua的计算机的话来说："获胜的唯一方式就是不去玩它。"**在我们编写的任何新系统中，都没有理由使用Java序列化。**有其他机制可以实现对象和字节序列之间的转换，而且这些机制能够避免Java序列化的许多危险，同时提供了许多优势，诸如跨平台支持、高性能、庞大的工具生态系统和广大的专业技术社区。本书会将这些机制称为*跨平台结构化数据表示*（cross-platform structured-data representation）。虽然有人称之为序列化系统，但为了避免与Java序列化混淆，本书不会采用这样的表达。

这些表示有一个共同的特点，它们比Java序列化要*简单得多*。它们不支持对任意对象图自动进行序列化和反序列化。相反，它们支持的是简单、结构化的数据对象，这些数据对象由一些"属性-值"对组成。它们只支持一些基本类型和数组数据类型。事实证明，这种简单的抽象足以构建极其强大的分布式系统，并且简单到足以避免自Java序列化诞生以

来一直困扰着它的一些严重问题。

主要的跨平台结构化数据表示包括 JSON [JSON]和 Protocol Buffers（也叫 protobuf）[Protobuf]。JSON 是由道格拉斯·克罗克福德（Douglas Crockford）设计的，用于浏览器-服务器之间的通信，而 Protocol Buffers 是由 Google 设计的，用于在服务器之间存储和交换结构化数据。尽管这些表示有时被称为*语言中立*（language-neutral）的，但 JSON 最初是为 JavaScript 开发的，protobuf 是为 C++开发的；它们都保留了这些语言的痕迹。

JSON 和 protobuf 之间最明显的区别在于，JSON 是基于文本的，人可以读懂，而 protobuf 是二进制的，效率更高；此外，JSON 仅仅是一种数据表示，而 protobuf 支持编写模式（类型），从而强制保证正确使用。尽管 protobuf 比 JSON 更高效，但对于基于文本的表示而言，JSON 是非常高效的。而且，虽然 protobuf 是一种二进制表示，但它还提供了一种备选的文本表示形式（pbtxt），用于需要人读懂的场景。

如果无法完全避免 Java 序列化，比如正面对一个用到了序列化机制的遗留系统，次佳的选择是**永远不要反序列化不可信数据**。特别是，永远不应该接受来源不可信的 RMI 通信。Java 的官方安全编码准则指出："反序列化不可信数据天生就非常危险，应该避免。"这句话被设置为大号、粗体、斜体并标红，而且在整个文档中只有这句话有这种待遇 [Java-secure]。

如果无法避免序列化，并且对于所要反序列化的数据的安全性，并没有十足的把握，那么可以使用在 Java 9 中加入的对象反序列化过滤机制（`java.io.ObjectInputFilter`），这个功能已经移植到更早的 Java 版本中。该功能允许我们指定一个过滤器，在反序列化之前，在数据流上应用这个过滤器。它以类为粒度进行操作，允许我们接受或拒绝特定的类。如果列出的是存在风险的类，除此之外，其他类默认都可以接受，这叫*黑名单*（blacklisting）；如果列出的是安全的类，除此之外，其他类默认都会拒绝，这叫*白名单*（whitelisting）。**应该优先选择白名单，而不是黑名单**，因为黑名单只能预防已知的威胁。可以使用一款名为 Serial Whitelist Application Trainer (SWAT)的工具，它可以自动为我们的应用程序准备一个白名单 [Schneider16]。过滤功能还可以帮助我们预防过度使用内存、过深的对象图等问题，但无法预防像上面演示的反序列化炸弹之类问题。

遗憾的是，序列化在 Java 生态系统中仍然广泛存在。如果正在维护的是一个基于 Java 序列化的系统，应该认真考虑将其迁移到跨平台结构化数据表示，即使要付出大量的时间精力。现实中，我们可能仍然需要编写或维护可序列化的类。要编写出一个正确、安全且高效的可序列化类，需要非常小心。关于何时以及如何编写可序列化类，本章其余部分会提供一些建议。

总而言之，序列化非常危险，应该尽量避免。如果正在重新设计一个系统，应该使用跨平台结构化数据表示，例如 JSON 或 protobuf。不要反序列化不可信数据。如果不得不这样做，则应该使用对象反序列化过滤器，但要知道，它不能阻挡所有攻击。应该避免编写可序列化的类。如果不得不编写，一定要非常谨慎。

条目 86：在实现 Serializable 接口时要特别谨慎

要支持一个类的实例可序列化，只需要在其声明中加上 `implements Serializable`。正因为太容易了，所以普遍存在一种误解，认为序列化不需要程序员做多少工作。实际情况要复杂得多。虽然让一个类可序列化的直接成本可以忽略不计，但为此付出的长期成本往往是巨大的。

实现 Serializable 接口所带来的一个主要成本是，它降低了在类发布之后修改其实现的灵活性。当一个类实现了 Serializable 接口时，它的字节流编码（或者说序列化形式）就成为其导出 API 的一部分。如果这个类被广泛应用的话，通常需要永远支持其序列化形式，就像需要支持其导出 API 的所有其他部分一样。如果不花费精力设计一个自定义的序列化形式，而只是接受默认的形式，那么这个序列化形式将永远与类的原始内部表示绑定在一起。换句话说，如果接受默认的序列化形式，这个类的私有的和包私有的实例字段都将成为其导出 API 的一部分，而最小化字段的可访问性的做法（**条目 15**），为信息隐藏所做的努力也就付诸东流了。

如果接受了默认的序列化形式，但后来又修改了类的内部表示，这会导致其序列化形式不再兼容。如果客户端程序在序列化时使用的是类的旧版本，但在反序列化时又使用了这个类的新版本，程序就会执行失败，反之亦然。使用 ObjectOutputStream.putFields 和 ObjectInputStream.readFields，也可以做到在保持原始的序列化形式不变的同时修改类的内部表示，但实现起来可能比较困难，而且会在源代码中会留下明显的瑕疵。如果选择让类成为可序列化的，就应该仔细设计一个自己愿意长期面对的、高质量的序列化形式（**条目 87**，**条目 90**）。这样做会增加开发的初始成本，但这种付出是值得的。即使是设计良好的序列化形式，也会限制类的演进，而设计不良的序列化形式，更是有可能造成严重的后果。

谈到序列化对类演进的约束，有个简单的例子，就是*流唯一标识符*（stream unique identifier），更常见的叫法是*序列化版本号*（serial version UID）。每个可序列化的类都有一个与之关联的唯一标识号。如果我们没有通过声明一个名为 serialVersionUID 的静态的、final 的 long 类型字段来指定这个数字，系统会在运行时自动生成一个，它是通过对这个类的结构应用一个加密哈希函数（SHA-1）来生成的。类的名称、所实现的接口以及其中的大部分成员（包括编译器生成的合成成员），都会影响这个值。如果改变了其中任何一个，比如添加了一个便于使用的方法，生成的序列化版本号都将改变。如果没有声明序列化版本号，将导致兼容性问题，会在运行时出现 InvalidClassException 异常。

实现 Serializable 接口所带来的第二个成本是，增加了出现故障和安全漏洞的可能性（条目 85）。正常情况下，对象是通过构造器创建的；序列化是 Java *核心语言之外的*一种创建对象的机制。无论是接受默认的行为，还是重写它，反序列化都是一个“隐藏的构造器”，其他构造器有的问题它都有。由于没有与反序列化关联的显式构造器，所以很容易忘记这一点——必须确保它满足构造器建立的所有不变式，并且对于正在构建的对象，不允许攻击者获得对其内部的访问权。单纯依赖默认的反序列化机制，很容易导致对象的不变式被破坏以及不合法的访问（**条目 88**）。

实现 Serializable 接口所带来的第三个成本是，增加了发布这个类的新版本时的测试负担。在对可序列化的类进行修订时，重要的是检查这样一点：在将新版本的类的实例序列化之后，能否用老版本的类进行反序列化；反之亦然。所需的测试工作量与可序列化类的数量和发布版本的数量的乘积成正比，这个量可能很大。我们必须确保序列化-反序列化的过程是成功的，并且最终得到的对象确实是原始对象的副本。如果在最初编写类的时候就精心设计了自定义的序列化形式（**条目 87**，**条目 90**），则可以减少对测试的需求。

实现 Serializable 接口不是一个可以轻易做出的决定。如果类要参与到一个依靠

Java 序列化来实现对象传输或持久化的框架中，实现 Serializable 就是必要的。此外，如果类要用作另一个必须实现 Serializable 接口的类的组件，实现 Serializable 也很有好处。然而，实现 Serializable 有很高的成本。每当设计一个类时，都要权衡成本和收益。从历史上看，诸如 BigInteger 和 Instant 等值类实现了 Serializable，集合类也是如此。表示活动实体的类，如线程池，基本不应该实现 Serializable。

设计用于继承的类（条目 19）基本不应该实现 Serializable，接口也基本不应该扩展它。如果违反了这一规则，可能会给扩展该类或实现该接口的人带来巨大的负担。当然，有些情况下也可以违反。例如，如果一个类或接口之所以存在，主要就是为了参与到一个框架中，而这个框架要求所有的类实现 Serializable 接口，那么对这个类或接口而言，实现或扩展 Serializable 就是有意义的。

设计用于继承，但又实现了 Serializable 的类，包括 Throwable 和 Component。Throwable 实现了 Serializable，这样 RMI 就可以将异常从服务器发送到客户端。Component 实现了 Serializable，这样图形组件就可以被发送、保存和恢复，不过即使在 Swing 和 AWT 的全盛时期，这个功能也很少用到。

如果我们实现了一个包含实例字段的类，它既可以序列化，又可以扩展，那么有几个风险需要注意一下。如果实例字段的值要满足任何不变式，一定要防止子类重写 finalize 方法，这一点很关键。可以这样实现：让这个类重写 finalize 方法，并将其声明为 final 的。否则，这个类很容易受到*终结方法攻击*（**条目 8**）。最后，如果实例字段被初始化为其默认值（对整型而言就是 0，对 boolean 而言就是 false，对对象引用类型而言就是 null）会违反这个类的某些不变式，则必须在类中加入 readObjectNoData 方法：

```
// readObjectNoData 用于有状态、可扩展、可序列化的类
private void readObjectNoData() throws InvalidObjectException {
    throw new InvalidObjectException("Stream data required");
}
```

这个方法是在 Java 4 中加入的，用于处理向已有的可序列化类添加可序列化的超类这样的特殊情况[Serialization, 3.5]。

如果决定不实现 Serializable，有一点需要注意。如果一个设计用于继承的类没有实现 Serializable，当我们需要编写它的一个可序列化的子类时，可能需要付出更多努力。正常情况下，对这样的类进行反序列化，需要超类有一个可访问的无参构造器[Serialization, 1.10]。如果没有，子类将不得不使用序列化代理模式（**条目 90**）。

内部类（条目 24）不应该实现 Serializable。它们使用编译器生成的*合成字段*来存储指向*包围实例*的引用，以及存储来自包围作用域的局部变量的值。这些字段与这个类定义的对应关系并没有明确的规定，匿名类和局部类的命名也是如此。因此，内部类的默认序列化形式是不明确的。然而，*静态成员类*可以实现 Serializable。

总而言之，实现 Serializable 说起来容易，其实不然。除非一个类只会在受保护的环境中使用——版本之间不需要进行互操作，服务器也不会暴露给不可信的数据——否则实现 Serializable 是一个非常严肃的承诺，需要谨慎对待。如果类允许继承，更需要格外小心。

条目 87：考虑使用自定义的序列化形式

如果在编写类的时候，时间非常紧迫，通常应该将精力集中在设计最佳的 API 上。有

时，这就意味着要发布一个“一次性”的实现——我们知道会在将来的版本中替换掉它。正常情况下这不是问题，但如果这个类实现了 `Serializable` 接口，并且使用了默认的序列化形式，那就永远都无法完全摆脱这个“一次性”的实现了。它永远地决定了序列化形式。这不仅仅是理论上的问题，Java 类库中的一些类都出现过，包括 `BigInteger`。

在认真考虑了是否适合接受默认的序列化形式之前，不要盲目接受它。如果要接受，应该是从灵活性、性能和正确性的角度来看，这样编码是合理的，然后慎重做出的决策。一般来说，只有在这样的情况下——默认的序列化形式在很大程度上与我们要设计的自定义的序列化形式相同——才应该接受它。

一个对象的默认的序列化形式，是对以该对象为根的对象图的*物理*表示进行的合理有效的编码。换句话说，它描述了包含在该对象中的数据，以及从该对象可达的每个对象中的数据。它还描述了所有这些对象相互连接的拓扑结构。而一个对象的理想的序列化形式，应该只包含该对象所代表的*逻辑*数据，它是独立于其物理表示的。

如果一个对象的物理表示与其逻辑内容完全相同，则可以考虑默认的序列化形式。例如，对于下面这个简单表示人名的类，采用默认的序列化形式是合理的：

```
// 适合使用默认的序列化形式
public class Name implements Serializable {
    /**
     * Last name. Must be non-null.
     * @serial
     */
    private final String lastName;

    /**
     * First name. Must be non-null.
     * @serial
     */

    private final String firstName;
    /**
     * Middle name, or null if there is none.
     * @serial
     */
    private final String middleName;
    ... // 其余代码略去
}
```

从逻辑上讲，一个名字由表示姓、名和中间名的 3 个字符串组成。`Name` 类中的实例字段精确地反映了这个逻辑内容。

即使我们已经做出决定，默认的序列化形式是合适的，通常也必须提供一个 `readObject` 方法来确保其不变式和安全性。对于 `Name` 类来说，`readObject` 方法必须确保 `lastName` 和 `firstName` 字段不为 `null`。这个问题会在**条目 88** 和**条目 90** 中详细讨论。

注意，尽管 `lastName`、`firstName` 和 `middleName` 字段都是私有的，但它们有文档注释。这是因为，这些私有的字段定义了一个公有的 API，也就是这个类的序列化形式，而作为公有的 API，就应该提供文档说明。这里使用了`@serial` 标签，告诉 Javadoc 将这些文档信息放在一个专门记录序列化形式的特殊页面中。

考虑下面这个类，它和 Name 不同，而是走向了另一个极端，它表示一个字符串列表（真实情况下最好使用某个标准的 List 实现，不过暂且忽略这一点）：

```
// 不适合使用默认的序列化形式
public final class StringList implements Serializable {
    private int size = 0;
    private Entry head = null;

    private static class Entry implements Serializable {
        String data;
        Entry next;
        Entry  previous;
    }

    ... // 其余代码略去
}
```

从逻辑上讲，这个类表示一个字符串序列。而在物理上，它将序列表示为一个双向链表。如果接受默认的序列化形式，该形式会费力地将链表中的每个项，以及项与项之间的双向链接关系都反映出来。

当一个对象的物理表示与其逻辑数据内容大不相同时，使用默认的序列化形式有以下 4 个缺点。

- **它将导出的 API 与当前的内部表示永远绑到了一起。**在上面的示例中，私有的 StringList.Entry 类成为公有的 API 的一部分。如果这种表示在未来的版本中发生了改变，StringList 类仍然需要接受这种链表形式的表示作为输入，并生成这种表示作为输出。即使这个类已经不再使用链表项，但它永远都无法摆脱处理链表项的所有代码。
- **它可能会消耗过多的空间。**在上面的示例中，序列化形式不必要地表示了链表中的每个项和所有的链接关系。这些项和链接只是实现细节，没有必要包含在序列化形式中。由于序列化形式过大，将其写入磁盘或通过网络发送会非常缓慢。
- **它可能会消耗过多的时间。**序列化逻辑对对象图的拓扑结构一无所知，因此必须进行开销很高的图遍历操作。在上面的示例中，其实只要跟踪 next 引用就足够了。
- **它可能会引导致溢出。**默认的序列化过程会对对象图进行递归遍历，即使对于中等规模的对象图，也可能导致栈溢出。在我的机器上，序列化一个包含 1000～1800 个元素的 StringList 实例，就会导致 StackOverflowError。奇怪的是，最少多少个元素的 StringList 会导致栈溢出，每次运行都有所不同（在我的机器上）。这可能与平台实现和命令行标志有关；而有些实现可能根本没有这样的问题。

StringList 的合理的序列化形式，只须包含列表中的字符串的数量，然后是字符串本身。这构成了 StringList 所表示的逻辑数据，剥离了其物理表示的细节。下面是 StringList 的一个修订版本，其中包含了实现这个序列化形式的 writeObject 和 readObject 方法。顺便提醒一下，transient 修饰符表示一个实例字段不会出现在这个类的默认的序列化形式中。

```
// 提供了一个合理的自定义序列化形式的 StringList
public final class StringList implements Serializable {
    private transient int size   = 0;
```

```
    private transient Entry head = null;

    // 不再实现 Serializable
    private static class Entry {
        String data;
        Entry next;
        Entry  previous;
    }

    // 将指定的字符串附加到列表中
    public final void add(String s) { ... }

    /**
     * Serialize this {@code StringList} instance.
     *
     * @serialData The size of the list (the number of strings
     * it contains) is emitted ({@code int}), followed by all of
     * its elements (each a {@code String}), in the proper
     * sequence.
     */
    private void writeObject(ObjectOutputStream s)
            throws IOException {
        s.defaultWriteObject();
        s.writeInt(size);

        // 按照正确的顺序将所有的元素写到流中
        for (Entry e = head; e != null; e = e.next)
            s.writeObject(e.data);
    }

    private void readObject(ObjectInputStream s)
            throws IOException, ClassNotFoundException {
        s.defaultReadObject();
        int numElements = s.readInt();

        // 读入所有的元素，并将其插入列表中
        for (int i = 0; i < numElements; i++)
            add((String) s.readObject());
    }

    ... // 其余代码略去
}
```

WriteObject 做的第一件事是调用 defaultWriteObject，而 readObject 做的第一件事是调用 defaultReadObject，尽管 StringList 的所有字段都是瞬时（transient）的。你可能会听到有人说，如果一个类的所有实例字段都是瞬时的，那就可以不调用 defaultWriteObject 和 defaultReadObject，但是序列化的规格说明要求，无论如何都要调用它们。这些调用的存在，使得在以后的版本中添加非瞬时的实例字段成为可能，同时保留了向后和向前兼容的能力。如果一个实例在较晚的版本中被序列化了，又在较早的版本中被反序列化，那么后续版本添加的字段将被忽略。如果较早版本的 readObject 方法没有调用

defaultReadObject，反序列化会在抛出 StreamCorruptedException 后失败。

注意，尽管 writeObject 方法是私有的，但也有一个文档注释。这和 Name 类中私有字段的文档注释类似。这个私有的方法定义了一个公有的 API，也就是其序列化形式，而作为公有的 API，就应该提供文档说明。和字段的@serial 标签一样，方法的@serialData 标签告诉 Javadoc 工具，将这个文档注释放在序列化形式相关的页面中。

为了让大家在规模上对前面讨论的性能问题有个直观的感觉，我们可以提供一些数据。如果字符串的平均长度是 10 个字符，修订之后的 StringList 的序列化形式，所占用的空间大约是原来的序列化形式的一半。在我的机器上，对长度为 10 的列表进行序列化，修订之后的 StringList 的序列化速度是原来版本的两倍以上。最后，修订之后的版本没有栈溢出问题，因此，对于可以序列化的 StringList 的大小，也没有实际的上限。

虽然默认的序列化形式不适合 StringList，至少还算可用，但对其他一些类来说，情况可能会更糟糕。对于 StringList 来说，默认的序列化形式不够灵活，而且性能较差，但在序列化和反序列化一个 StringList 实例时，会得到原始对象的一个副本，而且所有的不变式都是完整的，从这个意义上说，这种序列化形式是*正确的*。但对于那些其不变式与实现细节绑在一起的对象来说，情况就不是这样了。

例如，考虑哈希表的情况。其物理表示是一系列包含键-值项（entry）的哈希桶（bucket）。一个项会存在于哪个桶中，由它的键的哈希码的一个函数决定，但一般而言，不能保证哈希码在不同的实现之间是相同的。事实上，甚至不能保证每次运行都有相同的哈希码。因此，接受哈希表的默认的序列化形式，会造成严重的故障。对哈希表进行序列化和反序列化，可能会得到一个其不变式被严重破坏的对象。

无论是否接受默认的序列化形式，当 defaultWriteObject 方法被调用时，每个未被标记为 transient 的实例字段都将被序列化。因此，每个可以声明为 transient 的实例字段都应该这样做。这包括派生字段，其值可以从主要数据字段计算出来，比如缓存的哈希值。还包括其值与 JVM 的一次特定运行相关联的字段，比如用于表示指向本地数据结构的指针的 long 类型字段。**如果已经决定，不将一个字段设置为 transient，在此之前请说服自己，它的值是对象的逻辑状态的一部分。**如果要使用自定义的序列化形式，大部分或所有的实例字段都应该用 transient 标记，就像上面的 StringList 示例一样。

如果正在使用默认的序列化形式，并且已经将一个或多个字段标记为 transient，请记住，当实例被反序列化时，这些字段将被初始化为它们的*默认值*：对象引用字段为 null，数值型的基本类型字段为 0，boolean 类型字段为 false [JLS, 4.12.5]。如果对于某个 transient 的字段，这些值都是不可接受的，则必须提供一个 readObject 方法，这个方法会调用 defaultReadObject 方法，然后将 transient 字段恢复为可接受的值（**条目 88**）。也可以选择将这些字段的初始化延迟到其首次被使用时（**条目 83**）。

无论是否使用默认的序列化形式，**如果用于读取对象整个状态的任何方法需要同步，那么也必须对对象的序列化操作施加同样的同步措施。**因此，假设有一个线程安全的对象（**条目 82**），它是通过对每个方法进行同步来实现线程安全的，如果选择使用默认的序列化形式，则应该使用下面的 writeObject 方法：

```
// 用于采用默认序列化形式的同步类的 writeObject
private synchronized void writeObject(ObjectOutputStream s)
        throws IOException {
```

```
        s.defaultWriteObject();
    }
```

如果将同步放在 writeObject 方法中，必须确保它遵守与其他活动相同的锁排序（lock-ordering）约束，否则有可能出现资源排序（resource-ordering）死锁[Goetz06, 10.1.5]。

无论选择何种序列化形式，在我们编写的每个可序列化的类中，都要声明一个显式的序列化版本号。这样可以避免由序列化版本号造成的不兼容（**条目 86**）。它在性能方面还有一点优势。如果没有提供序列化版本号，就会在运行时生成一个，而计算的成本是非常高的。

声明序列化版本号非常简单，只须将下面这行代码加入自己的类中：

```
private static final long serialVersionUID = randomLongValue;
```

在编写新类时，为代码中的 *randomLongValue* 选择什么样的值并不重要。可以在这个类上运行 serialver 工具来生成，也可以随意选择一个数字。序列化版本号并不用保证唯一性。如果修改了一个没有序列化版本号的类，同时希望这个新版本能够接受已被序列化的老版本的实例，则必须使用老版本的那个自动生成的序列化版本号。可以在老版本的类上运行 serialver 工具来获取这个数字。

如果想创建一个与现有版本不兼容的新版本的类，只需修改声明中的序列化版本号。在这样的情况下，如果尝试在新版本中反序列化一个已被序列化的、之前版本的实例，则会抛出 InvalidClassException。**只要不想破坏类与所有现有的已被序列化的实例的兼容性，就不要修改其序列化版本号。**

总而言之，如果已经决定让类支持序列化（**条目 86**），则应该认真考虑其序列化形式应该是什么样的。只有当默认的序列化形式是对其对象的逻辑状态的合理描述时，才使用它；否则就应该设计一个自定义的序列化形式，来恰当地描述其对象。在设计导出方法（**条目 51**）上花了多少时间，就应该为设计类的序列化形式分配多少时间。就像不能在未来的版本中去掉导出方法一样，也不能去掉序列化形式中的字段；它们必须被永远保留，以确保序列化的兼容性。如果选错了序列化形式，会对类的复杂性和性能产生永久性的负面影响。

条目 88：保护性地编写 readObject 方法

条目 50 提供了一个不可变的日期范围类，其中包含的是可变的私有 Date 类型字段。这个类为了维护其不变式和不可变性可谓不遗余力，这是通过在其构造器和访问器方法中对 Date 对象进行保护性复制来实现的。下面就是这个类：

```
// 使用了保护性复制的不可变类
public final class Period {
    private final Date start;
    private final Date end;

   /**
    * @param start the beginning of the period
    * @param end the end of the period; must not precede start
    * @throws IllegalArgumentException if start is after end
    * @throws NullPointerException if start or end is null
    */
```

```
    public Period(Date start, Date end) {
        this.start = new Date(start.getTime());
        this.end   = new Date(end.getTime());
        if (this.start.compareTo(this.end) > 0)
            throw new IllegalArgumentException(
                           start + " after " + end);
    }

    public Date start () { return new Date(start.getTime()); }
    public Date end () { return new Date(end.getTime()); }
    public String toString() { return start + " - " + end; }
    ... // 其余代码略去
}
```

假设我们决定让这个类支持序列化。因为 Period 对象的物理表示完全反映了其逻辑数据内容，所以使用默认的序列化形式并非不合理（**条目 87**）。因此，好像所需的就是在这个类的声明中加上 implements Serializable。然而，如果真这样做的话，这个类将不再能保证其关键的不变式。

问题在于，readObject 方法实际相当于另一个公有的构造器，需要和其他任何构造器一样谨慎对待。正如构造器必须检查其参数的有效性（**条目 49**），必要时还要对参数进行保护性复制（**条目 50**），readObject 方法也必须如此。如果它没有做到这两点中的任何一点，那么对于攻击者来说，要破坏这个类的不变式就是小菜一碟了。

不严格地讲，readObject 是一个以字节流作为其唯一参数的构造器。在正常情况下，字节流是通过对一个正常构造的实例进行序列化而生成的。但如果 readObject 面对的是一个人为构造的字节流——由此产生的对象会破坏类的不变式，这时问题就出现了。这样的字节流可以用来创建一个无法通过正常的构造器创建出来的“不可能的对象”。

假设我们只是在 Period 的类声明中加上了 implements Serializable。下面这个丑陋的程序会生成一个结束时间在开始时间之前的 Period 实例。对于高位为 1 的字节值，我们使用了强制类型转换，这是因为 Java 没有 byte 类型的字面常量，而且很不幸，Java 的 byte 还被设计成了带符号的类型。

```
public class BogusPeriod {
  // 不可能来自真正的 Period 实例的字节流
  private static final byte[] serializedForm = {
    (byte)0xac, (byte)0xed, 0x00, 0x05, 0x73, 0x72, 0x00, 0x06,
    0x50, 0x65, 0x72, 0x69, 0x6f, 0x64, 0x40, 0x7e, (byte)0xf8,
    0x2b, 0x4f, 0x46, (byte)0xc0, (byte)0xf4, 0x02, 0x00, 0x02,
    0x4c, 0x00, 0x03, 0x65, 0x6e, 0x64, 0x74, 0x00, 0x10, 0x4c,
    0x6a, 0x61, 0x76, 0x61, 0x2f, 0x75, 0x74, 0x69, 0x6c, 0x2f,
    0x44, 0x61, 0x74, 0x65, 0x3b, 0x4c, 0x00, 0x05, 0x73, 0x74,
    0x61, 0x72, 0x74, 0x71, 0x00, 0x7e, 0x00, 0x01, 0x78, 0x70,
    0x73, 0x72, 0x00, 0x0e, 0x6a, 0x61, 0x76, 0x61, 0x2e, 0x75,
    0x74, 0x69, 0x6c, 0x2e, 0x44, 0x61, 0x74, 0x65, 0x68, 0x6a,
    (byte)0x81, 0x01, 0x4b, 0x59, 0x74, 0x19, 0x03, 0x00, 0x00,
    0x78, 0x70, 0x77, 0x08, 0x00, 0x00, 0x00, 0x66, (byte)0xdf,
    0x6e, 0x1e, 0x00, 0x78, 0x73, 0x71, 0x00, 0x7e, 0x00, 0x03,
    0x77, 0x08, 0x00, 0x00, 0x00, (byte)0xd5, 0x17, 0x69, 0x22,
    0x00, 0x78
  };
```

```
  public static void main(String[] args) {
    Period p = (Period) deserialize(serializedForm);
    System.out.println(p);
  }

  // 使用指定的序列化形式返回相应对象
  static Object deserialize(byte[] sf) {
    try {
      return new ObjectInputStream(
          new ByteArrayInputStream(sf)).readObject();
    } catch (IOException | ClassNotFoundException e) {
      throw new IllegalArgumentException(e);
    }
  }
}
```

用于初始化 serializedForm 的字节数组字面常量是这样生成的：将一个正常的 Period 实例序列化，然后手动编辑生成的字节流。就这个示例而言，该字节流的细节并不重要，但如果有兴趣，可以参考 *Java Object Serialization Specification*[Serialization, 6]中对序列化字节流格式的描述。运行这个程序，它会打印 Fri Jan 01 12:00:00 PST 1999 - Sun Jan 01 12:00:00 PST 1984。因此，仅仅在 Period 类的声明中加上 implements Serializable 是不够的，我们可以创建出违反类的不变式的对象。

要解决这个问题，可以在 Period 中提供一个 readObject 方法，让它先调用 defaultReadObject，然后再检查反序列化对象的有效性。如果有效性检查失败，就让 readObject 方法抛出 InvalidObjectException，阻止反序列化完成。

```
// 带有有效性检查的 readObject 方法——这还不够
private void readObject(ObjectInputStream s)
        throws IOException, ClassNotFoundException {
    s.defaultReadObject();

    // 检查不变式是否满足
    if (start.compareTo(end) > 0)
        throw new InvalidObjectException(start +" after "+ end);
}
```

虽然这样可以防止攻击者创建一个无效的 Period 实例，但现在还潜伏着一个更微妙的问题。攻击者可以构造一个这样的字节流，其开头是一个有效的 Period 实例，但后面附加了额外的引用，使其指向 Period 实例内部私有的 Date 字段，这样就可以创建出一个可变的 Period 实例。攻击者从 ObjectInputStream 中读取 Period 实例，然后读取附加到流中的“恶意对象引用”。这些引用使攻击者可以访问 Period 对象内部私有的 Date 字段所引用的对象。通过修改这些 Date 实例，攻击者可以改变这个 Period 实例。下面的类演示了这种攻击：

```
public class MutablePeriod {
    // 一个Period实例
    public final Period period;

    // period实例的start字段，我们不应该有访问权
    public final Date start;
```

```
    // period 实例的 end 字段，我们不应该有访问权
    public final Date end;

    public MutablePeriod() {
        try {
            ByteArrayOutputStream bos =
                new ByteArrayOutputStream();
            ObjectOutputStream out =
                new ObjectOutputStream(bos);

            // 序列化一个有效的 Period 实例
            out.writeObject(new Period(new Date(), new Date()));

            /*
             * 将恶意的对象引用附加到 Period 内部的 Date 字段上。
             * 更多细节，请参考 Java Object Serialization
             *  Specification 6.4 节
             */
            byte[] ref = { 0x71, 0, 0x7e, 0, 5 }; // Ref #5
            bos.write(ref); // start 字段
            ref[4]=4; // Ref #4
            bos.write(ref); // end 字段

            // 反序列化 Period，并“窃取”Date 引用
            ObjectInputStream in = new ObjectInputStream(
                new ByteArrayInputStream(bos.toByteArray()));
            period = (Period) in.readObject();
            start  = (Date)   in.readObject();
            end    = (Date)   in.readObject();
        } catch (IOException | ClassNotFoundException e) {
            throw new AssertionError(e);
        }
    }
}
```

要看到攻击的实际效果，可以运行以下程序：

```
public static void main(String[] args) {
    MutablePeriod mp = new MutablePeriod();
    Period p = mp.period;
    Date pEnd = mp.end;

    // 让我们将时钟拨回
    pEnd.setYear(78);
    System.out.println(p);

    // 回到 60 年代
    pEnd.setYear(69);
    System.out.println(p);
}
```

在我的区域设置下，运行这个程序会产生以下输出：

```
Wed Nov 22 00:21:29 PST 2017 - Wed Nov 22 00:21:29 PST 1978
```

```
Wed Nov 22 00:21:29 PST 2017 - Sat Nov 22 00:21:29 PST 1969
```

尽管在 Period 实例创建时，其不变式是完整的，但现在可以随意修改其内部组件。有些类会依赖 Period 的不可变性来保证其安全性，因此，一旦获得了可变的 Period 实例，攻击者就可以将该实例传递给这样的类，从而造成巨大的危害。这可不是牵强附会，有些类就是依赖 String 的不可变性来保证其安全性的。

问题的根源在于，Period 的 readObject 方法还没有进行足够的保护性复制。**在反序列化对象时，有一点非常关键，有些字段会包含客户端不得拥有的对象引用，对于任何这样的字段都要进行保护性复制。**因此，对于包含私有可变组件的不可变类，如果要支持序列化，就必须在其 readObject 方法中对这些可变组件进行保护性复制。下面的 readObject 方法，足以确保 Period 的不变式，并保持其不可变性：

```
// 带有保护性复制和有效性检查的 readObject 方法
private void readObject(ObjectInputStream s)
        throws IOException, ClassNotFoundException {
    s.defaultReadObject();

    // 对可变组件进行保护性复制
    start = new Date(start.getTime());
    end   = new Date(end.getTime());

    // 检查不变式是否满足
    if (start.compareTo(end) > 0)
        throw new InvalidObjectException(start +" after "+ end);
}
```

注意，保护性复制是在有效性检查之前进行的，并且没有使用 Date 的 clone 方法来执行保护性复制。为了保护 Period 免受攻击，这两个细节都是必要的（**条目 50**）。还要注意，final 字段无法进行保护性复制。为了使用 readObject 方法，必须将 start 和 end 字段声明为非 final 的。这很不幸，但两害相权取其轻。借助新的 readObject 方法，并将 start 和 end 字段前的 final 修饰符删除，MutablePeriod 类就无效了。再次运行前面的攻击程序，输出如下：

```
Wed Nov 22 00:23:41 PST 2017 - Wed Nov 22 00:23:41 PST 2017
Wed Nov 22 00:23:41 PST 2017 - Wed Nov 22 00:23:41 PST 2017
```

对于一个类而言，默认的 readObject 方法是否可以接受，有个简单的判断方式：你是否能够放心地加入一个这样的公有的构造器，它以参数形式接收对象中每个非 transient 字段的值，而且不经任何验证，就将这些值保存到相应字段中？如果不能，就必须提供一个 readObject 方法，并且它必须执行所有的有效性检查和保护性复制，就像构造器所需要的那样。另外，还可以使用序列化代理模式（serialization proxy pattern）（**条目 90**）。强烈推荐使用该模式，因为它把安全反序列化的许多工作都做了。

对于非 final 的可序列化的类而言，readObject 方法和构造器还有一个相似之处。和构造器一样，readObject 方法不能直接或间接地调用可重写的方法（**条目 19**）。如果违反了这个规则，并且所调用的方法被重写了，那么这个重写的方法会在子类的状态被反序列化完毕之前执行。这很可能会导致程序出错[Bloch05, Puzzle 91]。

总而言之，每当编写 readObject 时，都要抱着这样的心态：我们正在编写一个公有的构造器，无论给定的字节流是什么样的，它都必须生成一个有效的实例。不要假设字节流代表的就是一个实际的序列化的实例。虽然本条目中的示例涉及的都是使用默认的序列化形式的类，但出现的所有问题，同样适用于使用自定义的序列化形式的类。下面我们再概括一下编写 readObject 方法的准则。

- 如果类中的对象引用字段必须保持私有，对这类字段中的每个对象执行保护性复制。不可变类的可变组件就属于这一类。
- 检查任何不变式，如果检查失败，抛出 InvalidObjectException。这些检查应该放在任何保护性复制之后进行。
- 如果在反序列化之后必须验证整个对象图，请使用 ObjectInputValidation 接口（本书不会讨论）。
- 不要直接或间接地调用类中的任何可重写的方法。

条目 89：对于实例受控的类，首选枚举类型而不是 readResolve

条目 3 描述了 Singleton 模式，并给出了下面这个 Singleton 类的示例。这个类限制了对其构造器的访问，以确保永远只创建一个实例：

```
public class Elvis {
    public static final Elvis INSTANCE = new Elvis();
    private Elvis() { ... }

    public void leaveTheBuilding() { ... }
}
```

正如**条目 3** 所指出的，如果在其声明中加上 implements Serializable，那么这个类就不再是一个 Singleton 类了。无论这个类使用的是默认的序列化形式，还是自定义的序列化形式（**条目 87**），也无论它是否提供了显式的 readObject 方法（**条目 88**）。任何 readObject 方法（不管是显式的还是默认的）都会返回一个新创建的实例，而这个实例并不是在类初始化时创建的那个。

readResolve 特性允许用另一个实例替代 readObject 创建的实例[Serialization, 3.7]。如果类中定义了一个具有恰当的声明的 readResolve 方法，那么在这个类的对象被反序列化时，新创建的对象会在反序列化之后调用这个方法。该方法返回的引用将代替新创建的对象被最终返回。在这个特性的大多数使用情况下，指向新创建对象的引用不会被保留，因此它会立即进入等待垃圾收集处理的状态。

如果 Elvis 类要实现 Serializable 接口，下面的 readResolve 方法足以保证其单例属性：

```
// 使用 readResolve 方法进行实例控制——我们可以做得更好
private Object readResolve() {
    // 返回真正的 Elvis 实例，让垃圾收集器来处理假 Elvis
    return INSTANCE;
}
```

这个方法忽略了反序列化而来的对象，并返回了在类初始化时创建的那个特殊的 Elvis 实例。因此，Elvis 实例的序列化形式并不需要包含任何实际的数据；所有的实例字段都应该被声明为瞬时的。事实上，**如果依赖 readResolve 进行实例控制，那么所有具有对象引用类型的实例字段都必须用 transient 来声明**。否则，志在必得的攻击者有可能在

readResolve 方法运行之前获取到指向反序列化对象的引用，使用的技术与**条目 88** 中的 MutablePeriod 攻击有点类似。

这种攻击有点复杂，但基本思想非常简单。如果 Singleton 中包含一个没有用 transient 来声明的对象引用字段，这个字段的内容将在 readResolve 方法运行之前被反序列化。利用一个精心构造的流，在这个对象引用字段被反序列化时，可以“窃取”到指向最初通过反序列化得到的 Singleton 的引用。

下面更详细地介绍一下它是如何工作的。首先，编写一个“窃取者”类，它有一个 readResolve 方法和一个实例字段，该字段指向序列化的 Singleton，而窃取者就藏身其中。在序列化流中，将单例的非 transient 字段替换为窃取者的实例。现在就形成了一个循环：Singleton 中包含窃取者，而窃取者指向了 Singleton。

因为 Singleton 中包含窃取者，所以当 Singleton 被反序列化时，窃取者的 readResolve 方法会首先运行。因此，当窃取者的 readResolve 方法运行时，它的实例字段仍然指向被部分反序列化（但尚未调用 readResolve）的 Singleton。

窃取者的 readResolve 方法将这个引用从其实例字段复制到一个静态字段中，以便在 readResolve 方法运行完毕之后，还可以访问该引用。然后，该方法返回它所藏身的字段的正确类型的值。如果不这样做，当序列化系统尝试将窃取者引用存储到该字段时，虚拟机会抛出 ClassCastException。

为了更具体地说明，考虑下面这个存在问题的 Singleton 类：

```
// 存在问题的 Singleton——类中存在非 transient 的对象引用字段
public class Elvis implements Serializable {
    public static final Elvis INSTANCE = new Elvis();
    private Elvis() { }

    private String[] favoriteSongs =
        { "Hound Dog", "Heartbreak Hotel" };
    public void printFavorites() {
        System.out.println(Arrays.toString(favoriteSongs));
    }

    private Object readResolve() {
        return INSTANCE;
    }
}
```

下面是按照上面的描述构造的一个“窃取者”类：

```
public class ElvisStealer implements Serializable {
    static Elvis impersonator;
    private Elvis payload;

    private Object readResolve() {
        // 保存一个指向尚未调用 readResolve 的 Elvis 实例的引用
        impersonator = payload;

        // 返回 favoriteSongs 字段的正确类型的对象
        return new String[] { "A Fool Such as I" };
    }
    private static final long serialVersionUID = 0;
}
```

最后，这是一个很丑陋的程序，它反序列化了一个手工打造的流，生成了上面存在问题的 Singleton 类的两个不同实例。这里省略了程序中的 deserialize 方法，因为它与**条目 88** 中的那个是一样的。

```
public class ElvisImpersonator {
  // 不可能来自真正的 Elvis 实例的字节流
  private static final byte[] serializedForm = {
    (byte)0xac, (byte)0xed, 0x00, 0x05, 0x73, 0x72, 0x00, 0x05,
    0x45, 0x6c, 0x76, 0x69, 0x73, (byte)0x84, (byte)0xe6,
    (byte)0x93, 0x33, (byte)0xc3, (byte)0xf4, (byte)0x8b,
    0x32, 0x02, 0x00, 0x01, 0x4c, 0x00, 0x0d, 0x66, 0x61, 0x76,
    0x6f, 0x72, 0x69, 0x74, 0x65, 0x53, 0x6f, 0x6e, 0x67, 0x73,
    0x74, 0x00, 0x12, 0x4c, 0x6a, 0x61, 0x76, 0x61, 0x2f, 0x6c,
    0x61, 0x6e, 0x67, 0x2f, 0x4f, 0x62, 0x6a, 0x65, 0x63, 0x74,
    0x3b, 0x78, 0x70, 0x73, 0x72, 0x00, 0x0c, 0x45, 0x6c, 0x76,
    0x69, 0x73, 0x53, 0x74, 0x65, 0x61, 0x6c, 0x65, 0x72, 0x00,
    0x00, 0x00, 0x00, 0x00, 0x00, 0x00, 0x00, 0x02, 0x00, 0x01,
    0x4c, 0x00, 0x07, 0x70, 0x61, 0x79, 0x6c, 0x6f, 0x61, 0x64,
    0x74, 0x00, 0x07, 0x4c, 0x45, 0x6c, 0x76, 0x69, 0x73, 0x3b,
    0x78, 0x70, 0x71, 0x00, 0x7e, 0x00, 0x02
  };

  public static void main(String[] args) {
    // 初始化 ElvisStealer.impersonator 并
    // 返回真正的 Elvis 实例（即 Elvis.INSTANCE）
    Elvis elvis = (Elvis) deserialize(serializedForm);
    Elvis impersonator = ElvisStealer.impersonator;

    elvis.printFavorites();
    impersonator.printFavorites();
  }
}
```

运行这个程序，输出如下。最终证明可以创建两个不同的 Elvis 实例（他们有不同的音乐品位）：

```
[Hound Dog, Heartbreak Hotel]
[A Fool Such as I]
```

通过用 transient 来声明 favoriteSongs 字段，可以修复这个问题，但最好通过将 Elvis 设计为一个单元素的枚举类型来解决（**条目 3**）。正如 ElvisStealer 攻击所证明的，使用 readResolve 方法来防止攻击者访问“临时”的反序列化实例是非常脆弱的，需要特别小心。

对于需要支持序列化的实例受控的类，如果将其实现为枚举类型，Java 可以确保除了声明的常量之外不会有其他实例，除非攻击者滥用了诸如 AccessibleObject.setAccessible 之类的特权方法。但是任何能够做到这一点的攻击者，都已经具备足够的权限来执行任意的本地代码，这时所有的努力都没有意义了。下面是将 Elvis 示例实现为枚举类型的代码：

```
// 枚举类型的 Singleton 类——首选方式
public enum Elvis {
    INSTANCE;
    private String[] favoriteSongs =
        { "Hound Dog", "Heartbreak Hotel" };
```

```
    public void printFavorites() {
        System.out.println(Arrays.toString(favoriteSongs));
    }
}
```

尽管如此，使用 readResolve 进行实例控制还是有其用武之地的。如果必须编写一个可序列化的实例受控的类，但它的实例在编译时是不知道的，就无法将其表示为枚举类型。

readResolve 的可访问性非常重要。如果 readResolve 位于一个 final 类中，它应该被声明为私有的。如果是非 final 的类，必须仔细考虑其可访问性。如果它是私有的，它将无法应用于任何子类。如果它是包私有的，它就只能应用于同一个包中的子类。如果它是受保护的或公有的，它就可以应用于任何没有重写它的所有子类。如果一个 readResolve 是受保护的或公有的，并且子类没有重写它，那么在反序列化这个子类的实例时，将产生一个超类的实例，这很可能会导致 ClassCastException。

总而言之，应该尽可能使用枚举类型来强制实施实例控制这类不变式。如果无法做到，而且我们需要一个实例受控的类同时支持序列化，则必须提供一个 readResolve 方法，并确保该类的所有实例字段要么是基本类型的，要么是用 transient 修饰的。

条目 90：考虑使用序列化代理代替序列化实例

正如**条目 85** 和**条目 86** 所提到的，也是本章一直在讨论的，如果决定实现 Serializable，会增加出现故障和安全问题的可能性，因为它允许使用 Java 核心语言之外的机制来创建实例，而不是使用普通的构造器。然而，有一种技术可以极大地降低这些风险，这就是*序列化代理模式*（serialization proxy pattern）。

序列化代理模式相当简单明了。首先，设计一个私有的静态嵌套类，简明地表示其包围类实例的逻辑状态。这个嵌套类被称为包围类的*序列化代理*。它应该只提供一个构造器，以包围类作为其参数的类型。这个构造器仅复制来自参数的数据：它不需要进行任何的一致性检查或保护性复制。按照设计，序列化代理的默认序列化形式，就是包围类的完美的序列化形式。包围类和它的序列化代理都必须被声明为实现 Serializable 接口。

例如，考虑在**条目 50** 中编写的不可变的 Period 类，它在**条目 88** 中实现了 Serializable 接口。下面是该类的一个序列化代理。Period 类非常简单，所以其序列化代理具有完全相同的字段：

```
// Period类的序列化代理
private static class SerializationProxy implements Serializable {
    private final Date start;
    private final Date end;

    SerializationProxy(Period p) {
        this.start = p.start;
        this.end = p.end;
    }

    private static final long serialVersionUID =
        234098243823485285L; // 任何数字都可以（条目87）
}
```

接下来，将下面的 writeReplace 方法添加到其包围类中。这个方法可以原封不动地复制到任何使用序列化代理的类中：

```
// 用于序列化代理模式的 writeReplace 方法
private Object writeReplace() {
    return new SerializationProxy(this);
}
```

包围类上这个方法的存在，会使序列化系统在序列化时生成 SerializationProxy 实例，而不是包围类的实例。换句话说，writeReplace 会在序列化之前将包围类的实例转换为其序列化代理。

有了这个 writeReplace 方法，序列化系统永远不会再生成包围类的序列化实例，但攻击者可能会伪造一个，企图破坏这个类的不变式。为了预防此类攻击，只需将下面的 readObject 方法加入包围类中：

```
// 用于序列化代理模式的 readObject 方法
private void readObject(ObjectInputStream stream)
        throws InvalidObjectException {
    throw new InvalidObjectException("Proxy required");
}
```

最后，在 SerializationProxy 类上提供一个 readResolve 方法，它负责返回一个逻辑上等价的包围类的实例。这个方法的存在，会使序列化系统在反序列化时将序列化代理转换回其包围类的实例。

readResolve 方法会使用其包围类的公有的 API 来创建实例，该模式的魅力就在于此。它在很大程度上消除了序列化这种 Java 核心语言之外的机制的特征，因为反序列化实例是使用与其他任何实例相同的构造器、静态工厂和方法来创建的。这样我们就不必单独确保反序列化的实例不会违反类的不变式了。如果这个类的静态工厂或构造器建立了这些不变式，并且其实例方法会保持这些不变式，我们就已经确保了序列化也会保持这些不变式。

上述 Period.SerializationProxy 的 readResolve 方法如下：

```
// Period.SerializationProxy 的 readResolve 方法
private Object readResolve() {
    return new Period(start, end);  // 使用公有的构造器
}
```

和保护性复制方式一样，序列化代理方式可以中途拦截伪造字节流攻击和内部字段窃取攻击。与前两种方式不同的是，这种方式允许 Period 的字段设置为 final，而要使 Period 成为真正不可变的类（**条目 17**），这是必需的。还有一点不同，这种方式不需要绞尽脑汁：我们不必弄清楚哪些字段会受到不择手段的序列化攻击，也不必在反序列化的过程中执行显式的有效性检查。

还有一种使用方式，使得序列化代理模式比在 readObject 方法中进行保护性复制更为强大。序列化代理模式允许反序列化出来的实例与最初被序列化的实例具有不同的类。你可能认为，这在实践中没什么用，其实不然。

以 EnumSet（**条目 36**）为例，这个类没有公有的构造器，只有静态工厂。从客户端的角度来看，这些静态工厂返回的都是 EnumSet 实例，但在当前的 OpenJDK 实现中，它们返回的其实是两个子类之一的实例，具体取决于底层枚举类型的大小。如果底层枚举类型的元素数量不超过 64，静态工厂会返回一个 RegularEnumSet 实例；否则会返回一个 JumboEnumSet 实例。

现在考虑这样的情况：我们序列化了一个枚举类型包含 60 个元素的 EnumSet 实例，

然后向这个枚举类型中添加了5个元素，之后再反序列化这个 EnumSet 实例，这样会发生什么呢？在被序列化的时候，它是 RegularEnumSet 实例，但一旦被反序列化，它最好是一个 JumboEnumSet 实例。而事实上，真实情况就是这样的，因为 EnumSet 使用了序列化代理模式。如果你感兴趣，下面就是 EnumSet 的序列化代理。真的非常简单：

```
// EnumSet的序列化代理
private static class SerializationProxy <E extends Enum<E>>
        implements Serializable {
    // 这个EnumSet实例的元素类型
    private final Class<E> elementType;

    // 包含在这个EnumSet实例中的元素
    private final Enum<?>[] elements;

    SerializationProxy(EnumSet<E> set) {
        elementType = set.elementType;
        elements = set.toArray(new Enum<?>[0]);
    }

    private Object readResolve() {
        EnumSet<E> result = EnumSet.noneOf(elementType);
        for (Enum<?> e : elements)
            result.add((E)e);
        return result;
    }

    private static final long serialVersionUID =
        362491234563181265L;
}
```

序列化代理模式有两个限制。首先，它不能用于可由用户扩展的类（**条目19**）。其次，对于对象图中包含循环的某些类，它也不能使用：如果试图从其序列化代理的 readResolve 方法之内，调用该对象上的某个方法，则会出现 ClassCastException，因为这时候该对象尚不存在，而只有其序列化代理。

最后，序列化代理模式带来的功能和安全性是有代价的。在我的机器上，与使用保护性复制相比，使用序列化代理对 Period 实例进行序列化和反序列化，其开销要高出14%。

总而言之，对于一个不能由客户端扩展的类，如果必须为其编写一个 readObject 或 writeObject 方法，这时可以考虑序列化代理模式。而对于其不变式非常复杂的对象而言，要保证序列化的健壮性，这可能是最简单的方式。

附录 与第 2 版中条目的对应关系

第 2 版中的条目编号	第 3 版中的条目编号及标题
1	条目 1：用静态工厂方法代替构造器
2	条目 2：当构造器参数较多时考虑使用生成器
3	条目 3：利用私有构造器或枚举类型强化 Singleton 属性
4	条目 4：利用私有构造器防止类被实例化
5	条目 6：避免创建不必要的对象
6	条目 7：清除过期的对象引用
7	条目 8：避免使用终结方法和清理方法
8	条目 9：与 `try-finally` 相比，首选 `try-with-resources`
9	条目 11：重写 `equals` 方法时应该总是重写 `hashCode` 方法
10	条目 12：总是重写 `toString` 方法
11	条目 13：谨慎重写 `clone` 方法
12	条目 14：考虑实现 `Comparable` 接口
13	条目 15：最小化类和成员的可访问性
14	条目 16：在公有类中，使用访问器方法，而不使用公有的字段
15	条目 17：使可变性最小化
16	条目 18：组合优先于继承
17	条目 19：要么为继承而设计并提供文档说明，要么就禁止继承
18	条目 20：与抽象类相比，优先选择接口
19	条目 22：接口仅用于定义类型
20	条目 23：优先使用类层次结构而不是标记类
21	条目 42：与匿名类相比，优先选择 Lambda 表达式
22	条目 24：与非静态成员类相比，优先选择静态成员类
23	条目 26：不要使用原始类型
24	条目 27：消除 unchecked 类型的警告
25	条目 28：列表优先于数组
26	条目 29：首选泛型类型
27	条目 30：首选泛型方法
28	条目 31：使用有限制的通配符增加 API 的灵活性

续表

第2版中的条目编号	第3版中的条目编号及标题
29	条目33：考虑类型安全的异构容器
30	条目34：使用 enum 代替 int 常量
31	条目35：使用实例字段代替序号
32	条目36：使用 EnumSet 代替位域
33	条目37：不要以序号作为索引，使用 EnumMap 代替
34	条目38：使用接口模拟可扩展的枚举
35	条目39：与命名模式相比首选注解
36	条目40：始终使用 Override 注解
37	条目41：使用标记接口来定义类型
38	条目49：检查参数的有效性
39	条目50：必要时进行保护性复制
40	条目51：仔细设计方法签名
41	条目52：谨慎使用重载
42	条目53：谨慎使用可变参数
43	条目54：返回空的集合或数组，而不是 null
44	条目56：为所有导出的 API 元素编写文档注释
45	条目57：最小化局部变量的作用域
46	条目58：与传统的 for 循环相比，首选 for-each 循环
47	条目59：了解并使用类库
48	条目60：如果需要精确的答案，避免使用 float 和 double
49	条目61：首选基本类型，而不是其封装类
50	条目62：如果其他类型更适合，就不要使用字符串
51	条目63：注意字符串拼接操作的性能
52	条目64：通过接口来引用对象
53	条目65：与反射相比，首选接口
54	条目66：谨慎使用本地方法
55	条目67：谨慎进行优化
56	条目68：遵循普遍接受的命名惯例
57	条目69：异常机制应该仅用于异常的情况
58	条目70：对于可恢复的条件，使用检查型异常；对于编程错误，使用运行时异常
59	条目71：避免不必要地使用检查型异常
60	条目72：优先使用标准异常
61	条目73：抛出适合于当前抽象的异常

续表

第 2 版中的条目编号	第 3 版中的条目编号及标题
62	条目 74：将每个方法抛出的所有异常都写在文档中
63	条目 75：将故障记录信息包含在详细信息中
64	条目 76：努力保持故障的原子性
65	条目 77：不要忽略异常
66	条目 78：同步对共享可变数据的访问
67	条目 79：避免过度同步
68	条目 80：与线程相比，首选执行器、任务和流
69	条目 81：与 wait 和 notify 相比，首选高级并发工具
70	条目 82：将线程安全性写在文档中
71	条目 83：谨慎使用延迟初始化
72	条目 84：不要依赖线程调度器
73	删去
74	条目 85：优先选择其他序列化替代方案 条目 86：在实现 Serializable 接口时要特别谨慎
75	条目 85：优先选择其他序列化替代方案 条目 87：考虑使用自定义的序列化形式
76	条目 85：优先选择其他序列化替代方案 条目 88：防御性地编写 readObject 方法
77	条目 85：优先选择其他序列化替代方案 条目 89：对于实例受控的类，首选枚举类型而不是 readResolve
78	条目 85：优先选择其他序列化替代方案 条目 90：考虑使用序列化代理代替序列化实例

参考文献

[Asserts] *Programming with Assertions*. 2002. Sun Microsystems.

[Beck04] Beck, Kent. 2004. *JUnit Pocket Guide*. Sebastopol, CA: O'Reilly Media, Inc. ISBN: 0596007434.

[Bloch01] Bloch, Joshua. 2001. *Effective Java Programming Language Guide*. Boston: Addison- Wesley. ISBN: 0201310058.

[Bloch05] Bloch, Joshua, and Neal Gafter. 2005. *Java Puzzlers: Traps, Pitfalls, and Corner Cases*. Boston: Addison-Wesley. ISBN: 032133678X.

[Bracha04] Bracha, Gilad. 2004. "Lesson: Generics" online supplement to *The Java Tutorial: A Short Course on the Basics,* 6th ed. Upper Saddle River, NJ: Addison-Wesley, 2014.

[Burn01] Burn, Oliver. 2001–2017. *Checkstyle*.

[CompSci17] Brief of Computer Scientists as Amici Curiae for the United States Court of Appeals for the Federal Circuit, Case No. 17-1118, Oracle America, Inc. v. Google, Inc. in Support of Defendant-Appellee. (2017)

[Dagger] *Dagger*. 2013. Square, Inc.

[Gallagher16] Gallagher, Sean. 2016. "Muni system hacker hit others by scanning for year-old Java vulnerability." *Ars Technica,* November 29, 2016.

[Gamma95] Gamma, Erich, Richard Helm, Ralph Johnson, and John Vlissides. 1995. *Design Patterns: Elements of Reusable Object-Oriented Software*. Reading, MA: Addison-Wesley. ISBN: 0201633612.

[Goetz06] Goetz, Brian. 2006. *Java Concurrency in Practice*. With Tim Peierls, Joshua Bloch, Joseph Bowbeer, David Holmes, and Doug Lea. Boston: Addison-Wesley. ISBN: 0321349601.

[Gosling97] Gosling, James. 1997. "The Feel of Java." *Computer* 30 no. 6 (June1997): 53-57.

[Guava] *Guava*. 2017. Google Inc.

[Guice] *Guice*. 2006. Google Inc.

[Herlihy12] Herlihy, Maurice, and Nir Shavit. 2012. *The Art of Multiprocessor Programming, Revised Reprint*. Waltham, MA: Morgan Kaufmann Publishers. ISBN: 0123973376.

[Jackson75] Jackson, M. A. 1975. *Principles of Program Design*. London: Academic Press. ISBN: 0123790506.

[Java-secure] *Secure Coding Guidelines for Java SE*. 2017. Oracle.

[Java8-feat] *What's New in JDK 8*. 2014. Oracle.

[Java9-feat] *Java Platform, Standard Edition What's New in Oracle JDK 9*. 2017. Oracle.

[Java9-api] *Java Platform, Standard Edition & Java Development Kit Version 9 API Specification*. 2017. Oracle.

[Javadoc-guide] *How to Write Doc Comments for the Javadoc Tool*. 2000–2004. Sun Microsystems.

[Javadoc-ref] *Javadoc Reference Guide*. 2014-2017. Oracle.

[JLS] Gosling, James, Bill Joy, Guy Steele, and Gilad Bracha. 2014. *The Java Language Specification, Java SE 8 Edition*. Boston: Addison-Wesley. ISBN: 013390069X.

[JMH] *Code Tools: jmh*. 2014. Oracle.

[JSON] *Introducing JSON*. 2013. Ecma International.

[Kahan91] Kahan, William, and J. W. Thomas. 1991. *Augmenting a Programming Language with Complex Arithmetic*.UCB/CSD-91-667, University of California, Berkeley.

[Knuth74] Knuth, Donald. 1974. Structured Programming with go to Statements. In *Computing Surveys* 6: 261–301.

[Lea14] Lea, Doug. 2014. *When to use parallel streams*.

[Lieberman86] Lieberman, Henry. 1986. Using Prototypical Objects to Implement Shared Behavior in Object-Oriented Systems. In *Proceedings of the First ACM Conference on Object- Oriented Programming Systems, Languages, and Applications*, pages 214–223, Portland, September 1986. ACM Press.

[Liskov87] Liskov, B. 1988. Data Abstraction and Hierarchy. In *Addendum to the Proceedings of OOPSLA '87* and *SIGPLAN Notices,* Vol. 23, No. 5: 17–34, May 1988.

[Naftalin07] Naftalin, Maurice, and Philip Wadler. 2007. *Java Generics and Collections*. Sebastopol, CA: O'Reilly Media, Inc. ISBN: 0596527756.

[Parnas72] Parnas, D. L. 1972. On the Criteria to Be Used in Decomposing Systems into Modules. In *Communications of the ACM* 15: 1053–1058.

[POSIX] 9945-1:1996 (ISO/IEC) [IEEE/ANSI Std. 1003.1 1995 Edition]Information Technology—Portable Operating System Interface(POSIX)—Part 1: System Application: Program Interface (API) C Language] (ANSI), IEEE Standards Press, ISBN: 1559375736.

[Protobuf] *Protocol Buffers*. 2017. Google Inc.

[Schneider16] Schneider, Christian. 2016. SWAT (Serial Whitelist Application Trainer).

[Seacord17] Seacord, Robert. 2017. *Combating Java Deserialization Vulnerabilities with Look- Ahead Object Input Streams (LAOIS)*. San Francisco: NCC Group Whitepaper.

[Serialization] *Java Object Serialization Specification*. March 2005. Sun Microsystems.

[Sestoft16] Sestoft, Peter. 2016. *Java Precisely*, 3rd ed. Cambridge, MA: The MIT Press. ISBN: 0262529076.

[Shipilëv16] Aleksey Shipilëv. 2016. *Arrays of Wisdom of the Ancients.*

[Smith62] Smith, Robert. 1962. Algorithm 116 Complex Division. In *Communications of the ACM* 5, no. 8 (August 1962): 435.

[Snyder86] Snyder, Alan. 1986. "Encapsulation and Inheritance in Object-Oriented Programming Languages." In *Object-Oriented Programming Systems, Languages, and Applications Conference Proceedings*, 38–45. New York, NY: ACM Press.

[Spring] *Spring Framework*. Pivotal Software, Inc. 2017.

[Stroustrup] Stroustrup, Bjarne. [ca. 2000]. "Is Java the language you would have designed if you didn't have to be compatible with C?" *Bjarne Stroustrup's FAQ*. Updated Ocober 1, 2017.

[Stroustrup95] Stroustrup, Bjarne. 1995. "Why C++ is not just an object-oriented programming language." In *Addendum to the proceedings of the 10th annual conference on Object- oriented programming systems, languages, and applications*, edited by Steven Craig Bilow and Patricia S. Bilow New York, NY: ACM.

[Svoboda16] Svoboda, David. 2016. *Exploiting Java Serialization for Fun and Profit*. Software Engineering Institute, Carnegie Mellon University.

[Thomas94] Thomas, Jim, and Jerome T. Coonen. 1994. "Issues Regarding Imaginary Types for C and C++." In *The Journal of C Language Translation* 5, no. 3 (March 1994): 134–138.

[ThreadStop] *Why Are Thread.stop, Thread.suspend, Thread.resume and Runtime. runFinalizers OnExit Deprecated?* 1999. Sun Microsystems.

[Viega01] Viega, John, and Gary McGraw. 2001. *Building Secure Software:How to Avoid Security Problems the Right Way.* Boston: Addison-Wesley. ISBN: 020172152X.

[W3C-validator] *W3C Markup Validation Service*. 2007. World Wide Web Consortium.

[Wulf72] Wulf, W. A Case Against the GOTO. 1972. In *Proceedings of the 25th ACM National Conference* 2: 791–797. New York, NY: ACM Press.